动物常见病特征与防控知识集要系列丛书

蛋鸡

常见病特征与防控知识集要

史利军　主编

中国农业科学技术出版社

图书在版编目（CIP）数据

蛋鸡常见病特征与防控知识集要／史利军主编.—北京：中国农业科学技术出版社，2016.1

（动物常见病特征与防控知识集要系列丛书）

ISBN 978-7-5116-2297-6

Ⅰ.①蛋…　Ⅱ.①史…　Ⅲ.①卵用鸡-鸡病-防治　Ⅳ.①S858.31

中国版本图书馆 CIP 数据核字（2015）第 240161 号

责任编辑　徐　毅　褚　怡
责任校对　贾海霞

出 版 者　中国农业科学技术出版社
　　　　　北京市中关村南大街 12 号　邮编：100081
电　　话　（010）82106631（编辑室）　（010）82109702（发行部）
　　　　　（010）82109709（读者服务部）
传　　真　（010）82106631
网　　址　http://www.castp.cn
经 销 者　各地新华书店
印 刷 者　北京昌联印刷有限公司
开　　本　880mm×1230mm　1/32
印　　张　8.375
字　　数　200 千字
版　　次　2016 年 1 月第 1 版　2016 年 1 月第 1 次印刷
定　　价　25.00 元

动物常见病特征与防控知识集要系列丛书

《蛋鸡常见病特征与防控知识集要》

编 委 会

编委会主任　史利军

编委会委员　史利军　　袁维峰　　侯绍华

胡延春　　曹永国　　王　净

刘　锴　秦　彤　金红岩

主　　　编　史利军

副 主 编　刘　锴　张贺楠　李淑英

编 写 人 员　（以姓氏笔画为序）

史利军　刘　锴　李淑英

张　杨　张贺楠　杨晶晶

藏玉婷

序

　　我国家畜、家禽及伴侣动物的饲养数量与种类急剧增加，伴随而来的动物疾病防控问题越来越突出。动物疾病，尤其是传染病，不仅影响动物的健康生长，而且严重威胁到了畜主、基层一线人员自身的安全，该类疾病的发生引起了社会的广泛关注，所以有必要对主要动物疾病有整体的了解与把握。由于环境的改变、饲料种类与质量的变化等因素造成的动物普通病，严重制约了当前农村养殖业的稳定持续协调健康发展，必须高度重视这些问题。

　　为使全国广大养殖户及畜主重视动物疾病的防控，掌握动物疾病防控的基本知识和最新进展，并有针对性地采取相关措施，拟编写该系列丛书。该丛书让养殖户、畜主等基层一线读者系统全面地了解动物疾病防治的基础知识以及病毒性传染病、细菌性传染病、寄生虫病、营养缺乏和代谢病、普通病、繁殖障碍病等的临床表现与症状，找出治疗方法，正确掌握动物疾病的用药基本知识，做到药到病除。

　　该系列书从我国目前动物疾病危害及严重流行的实际出发，针对制约我国养殖生产水平、食品安全与公共卫生安全等关键问题，详细介绍各种动物常见病的防治措施，包括临床表现、诊治技术、预防治疗措施及用药注意事项等。选择多发、常发的动物普通病、繁殖障碍病、细菌病、病毒病、寄生虫病进行详细介绍。全书做到文字简练，图文并茂，通俗易懂，科学实用，是基层兽医人员、养殖户一本较好的自学教科书与工具书。

　　该系列丛书是落实农村科技工作部署，把先进、实用技术推广到农村，为新农村建设提供有力科技支撑的一项重要举措。该系列丛书凝结了一批权威专家、科技骨干和具有丰富实践经验的专业技术人员的心血和智慧，体现了科技界倾注"三农"，依靠科技推动新农村建设的信心和决心，必将为新农村建设做出新的贡献。

丛书编写委员会

2014 年 9 月

前　言

　　20世纪80年代中期，我国鸡蛋产量超过美国排名世界第一，此后蛋鸡存栏和鸡蛋产量一直居于世界首位，鸡蛋产量占世界总产量的比重不断攀升，目前已接近40%。随着我国蛋鸡产业的蓬勃发展，疾病逐渐成为制约蛋鸡生产可持续发展的主要障碍之一。由于我国蛋鸡产业"小规模、大群体"的特征，蛋鸡养殖企业大部分处于FAO界定的较低生物安全生产方式分类。我国规模化养殖企业被周边庭院式养殖包围，生物安全措施对周边疫情防不胜防，容易受周边疫情影响。此外，我国蛋鸡疫情中，鸡白痢、支原体病和禽白血病的阳性率还普遍较高。由此产生的生产成本加大、出口受限和公共卫生安全等问题严重制约行业进一步发展。在国家层面，要重视疫病防控，要以疫病防控专项研究为依据，科学规划疫病防控事业，规范蛋鸡养殖产业，建立健全蛋鸡重大疫病防控系统，加大公益性蛋鸡疫病防控经费投入，做好蛋鸡基础防疫、疫病防控指导、疫病预警和疫病扑灭等公益性疫病防控服务，推进健康养殖和标准化养殖，持续提高蛋鸡疫病综合防控能力和风险抵御能力。同时，企业也要建立健全蛋鸡疫病内部防控制度。

　　为使广大养殖场（户）相关人员了解常见的蛋鸡疾病，有效防控蛋鸡疾病的发生，提高生产效率，降低死亡率和淘汰率，特编写本书。本书对于每个疾病从病因分析、流行特点、临床表现及特征、诊断及防控方法层面介绍，注重实际应用，结合最新文献资料，内容浅显、实用、易懂。

本书的编者来自以下单位：中国农业科学院北京畜牧兽医研究所（史利军），内蒙古民族大学（刘锴），中牧实业股份有限公司（张贺楠），中国农业科学院农产品加工研究所（李淑英），哈药集团生物疫苗有限公司（张杨，藏玉婷），西藏职业技术学院（杨晶晶）。

由于作者水平有限，时间仓促，难免有不足及错误之处，恳请读者批评指正。

编　者

2015 年 5 月于北京

目　　录

第一章　蛋鸡的传染病

第一节　蛋鸡的病毒性传染病

一、新城疫

新城疫是由新城疫病毒引起禽的一种急性、热性、败血性和高度接触性传染病。以高热、呼吸困难、下痢、神经紊乱、黏膜和浆膜出血为特征。具有很高的发病率和病死率，是危害养禽业的一种主要传染病。OIE 将其列为 A 类疫病。

1. 病原

新城疫病毒为副黏病毒科禽腮腺炎病毒属的禽副黏病毒Ⅰ型。病毒存在于病禽的所有组织器官、体液、分泌物和排泄物中，以脑、脾、肺含毒量最高，以骨髓含毒时间最长。在低温条件下抵抗力强，在4℃可存活 1～2 年，−20℃时能存活 10 年以上；真空冻干病毒在30℃可保存 30 天，15℃可保存 230 天；不同毒株对热的稳定性有较大的差异。

该病毒对消毒剂、日光及高温抵抗力不强，一般消毒剂的常用浓度即可很快将其杀灭，很多种因素都能影响消毒剂的效果，如病毒的数量、毒株的种类、温度、湿度、阳光照射、贮存条件及是否存在有机物等，尤其是以有机物的存在和低温的影响作用最大。

2. 流行病学

鸡、野鸡、火鸡、珍珠鸡、鹌鹑易感。其中，以鸡最易感，野鸡次之。不同年龄的鸡易感性存在差异，幼雏和中雏易感性最高，两年以上的老鸡易感性较低。水禽如鸭、鹅等也能感染本病，并已从鸭、鹅、天鹅、塘鹅和鸬鹚中分离到病毒，但它们一般不能将病毒传给家禽。鸽、斑鸠、乌鸦、麻雀、八哥、老鹰、燕子以及其他自由飞翔的或笼养的鸟类，大部分能自然感染本病或伴有临诊症状或取隐性经过。历史上有好几个国家因进口观赏鸟类而招致了本病的流行。

病鸡是本病的主要传染源，鸡感染后临床症状出现前 24 小时，其口、鼻分泌物和粪便就有病毒排出。病毒存在于病鸡的所有组织器官、体液、分泌物和排泄物中。在流行间歇期的带毒鸡，也是本病的传染源。鸟类也是重要的传播者。

病毒可经消化道、呼吸道，也可经眼结膜、受伤的皮肤和泄殖腔黏膜侵入机体。

该病一年四季均可发生，但以春秋季较多。鸡场内的鸡一旦发生本病，可于 4～5 天内波及全群。

3. 临床特点与表现

（1）临床特征。潜伏期 2～15 天或更长，平均为 5～6 天。

根据临诊表现和病程长短把新城疫分为最急性、急性和慢性 3 个型。

①最急性型：此型多见于雏鸡和流行初期。常突然发病，无特征性症状而迅速死亡。往往头天晚上饮食活动如常，翌晨发现死亡。

②急性型：表现有呼吸道、消化道、生殖系统、神经系统异常。往往以呼吸道症状开始，继而下痢。起初体温升高达 43～44℃，呼吸道症状表现咳嗽，黏液增多，呼吸困难而引颈张口、呼吸出声，鸡冠和肉髯呈暗红色或紫色。精神委顿，食欲减少或

丧失，渴欲增加，羽毛松乱，不愿走动，垂头缩颈，翅翼下垂，鸡冠和肉髯呈紫色，眼半闭或全闭，状似昏睡。母鸡产蛋停止或软壳蛋。病鸡咳嗽，有黏性鼻液，呼吸困难，有时伸头、张口呼吸，发出"咯咯"的喘鸣声，或突然出现怪叫声。口角流出大量黏液，为排除黏液，常甩头或吞咽。嗉囊内积有液体状内容物，倒提时常从口角流出大量酸臭的暗灰色液体。排黄绿色或黄白色水样稀便，有时混有少量血液。后期粪便呈蛋清样。部分病例中，出现神经症状，如翅、腿麻痹，站立不稳，水禽、鸟等不能飞动、失去平衡等，最后体温下降，不久在昏迷中死去，死亡率达90%以上。1月龄内的雏禽病程短，症状不明显，死亡率高。

③慢性型：多发生于流行后期的成年禽。耐过急性型的病禽，常以神经症状为主，初期症状与急性型相似，不久有好转，但出现神经症状，如翅膀麻痹、跛行或站立不稳，头颈向后或向一侧扭转，常伏地旋转，反复发作。在间歇期内一切正常，貌似健康。但若受到惊扰刺激或抢食，则又突然发作，头颈屈仰，全身抽搐旋转，数分钟又恢复正常。最后可变为瘫痪或半瘫痪，或者逐渐消瘦，终至死亡，但病死率较低。

（2）病理变化。由于病毒侵害心血管系统，造成血液循环高度障碍而引起全身性炎性出血、水肿。在病的后期，病毒侵入中枢神经系统，常引起非化脓性脑炎变化，导致神经症状。

消化道病变以腺胃、小肠和盲肠最具特征。腺胃乳头肿胀、出血或溃疡，尤其在与食管或肌胃交界处最明显。十二指肠黏膜及小肠黏膜出血或溃疡，有时可见到"岛屿状或枣核状溃疡灶"，表面有黄色或灰绿色纤维素膜覆盖。盲肠扁桃体肿大、出血和坏死。

呼吸道以卡他性炎症和气管充血、出血为主。鼻道、喉、气管中有浆液性或卡他性渗出物。弱毒株感染、慢性或非典型性病例可见到气囊炎，囊壁增厚，有卡他性或干酪样渗出。

产蛋鸡常有卵黄泄漏到腹腔形成卵黄性腹膜炎，卵巢滤泡松软变性，其他生殖器官出血或褪色。

4. 诊断

可根据典型临床症状和病理变化做出初步诊断，确诊需进一步做实验室诊断。

（1）临床诊断

①精神委靡，采食减少，呼吸困难，饮水增多。常有"咕噜"声，排黄绿色稀便。

②发病后部分鸡出现转脖、望星、站立不稳或卧地不起等神经症状，多见于发病的雏鸡和育成鸡。

③产蛋鸡产蛋减少或停产，软皮蛋、褪色蛋、沙壳蛋、畸形蛋增多，卵泡变形、卵泡血管充血、出血。

④腺胃乳头出血，肠道表现有枣核状紫红色出血、坏死灶。喉头和气管黏膜充血、出血，有黏液。

⑤血凝抑制抗体（HI）显著升高或两极分离，离散度增大。

⑥注意新城疫与禽流感、传染性支气管炎、传染性喉气管炎、肾传支等的并发和继发感染情况，在诊断和防治鸡新城疫的同时，应特别留意与这些疾病的鉴别诊断与联合防治，特别是联合免疫工作。

⑦应注意非典型新城疫患病鸡群和高免鸡群中由于漏免而存在的易感个体在存储和散播新城疫病毒过程中的作用，重视防治非典型新城疫及避免漏免的情况发生。

（2）实验室诊断。在国际贸易中，尚无指定诊断方法。替代诊断方法为血凝抑制试验。

①病原检查

a. 病毒培养鉴定。样品经处理后，接种 9～10 日龄 SPF 鸡胚，37℃孵育 4～7 天，收集尿囊液做 HA 试验测定效价，用特异抗血清（鸡抗血清）或 HI 试验判定新城疫病毒存在。

b. 毒力测定。1 日龄雏鸡脑内接种致病指数（ICPI）测定、6 周龄鸡静脉内接种致病指数（IVPI）测定，鸡胚平均死亡时间（MDT）测定。

②血清学试验：病毒血凝试验、病毒血凝抑制试验、酶联免疫吸附试验，用于现场诊断、流行病学调查和口岸进出境鸡检疫的筛检。

③样品采集：用于病毒分离，可从病死或濒死禽采集脑、肺、脾、肝、心、肾、肠（包括内容物）或口鼻拭子，除肠内容物需单独处理外，上述样品可单独采集或者混合。或从活禽采集气管和泄殖腔拭子，雏禽或珍禽采集拭子易造成损伤，可收集新鲜粪便代替。上述样品立即送实验室处理或于 4℃ 保存待检（不超过 4 天）或 -30℃ 保存待检。

用于血清学试验的样品，一般采集血清。

5. 防制

（1）平时要重视免疫接种，新城疫的免疫程序，科学的方法是通过 HI 抗体检测后才能确定。一般来讲，首次免疫在 10 日龄进行（Ⅳ系苗点眼、滴鼻），经过 10～15 天后进行二次免疫（Ⅳ系苗饮水）。

（2）鸡发病多呈急性、亚急性和慢性经过，在临床治疗多是亚急性病例，治疗常用西药利巴韦林抗病毒，安乃近退烧解表，β-内酰胺类抗生素防止继发感染；中药治疗方案：生石膏 1 700g、生地黄 300g、水牛角 600g、黄连 200g、栀子 300g、丹皮 200g、黄芩 250g、赤芍 250g、玄参 250g、知母 300g、连翘 300g、桔梗 250g、甘草 150g、淡竹叶 250g、地龙 200g、细辛 5g、干姜 10g、板蓝根 150g、青黛 100g，共同粉碎 0.5%～1% 拌料或煲水，药液饮水，药渣拌料。

二、禽流感

禽流感为禽类的病毒性流行性感冒，是由 A 型流感病毒引起禽类的一种从呼吸系统到严重全身败血症等多种症状的传染病。禽流感容易在鸟类间流行，过去在民间称为"鸡瘟"，OIE 将其定为甲类传染病。禽流感1994 年、1997 年、1999 年和2003年分别在澳大利亚、意大利、中国香港、荷兰等地暴发，2005年则主要在东南亚和欧洲暴发。

1. 病原

禽流感病毒属正黏病毒科流感病毒属，为 A 型流感病毒，负链单股 RNA 病毒，有囊膜。典型的病毒粒子为球形，直径为 80~120nm。病毒表面有 10~12nm 的密集钉状物或纤突覆盖，病毒囊膜内有螺旋形核衣壳。两种不同形状的表面钉状物是含有血凝素（HA）和神经氨酸酶（NA）活性的糖蛋白纤突，HA 犹如病毒的钥匙，用来打开及入侵人类或畜禽的细胞，呈棒状三聚体；NA 是帮助病毒感染其他靶细胞，呈蘑菇形四聚体。根据血凝素（HA）和神经氨酸酶（NA）的抗原特性，将 A 型流感病毒分为 16 个 H 亚型和 10 个 N 亚型。

流感病毒属分节段 RNA 病毒，基因组由 8 个负链的单股 RNA 片段组成，不同毒株间基因重组率很高，流感病毒抗原性变异的频率快，其变异主要以两种方式进行：抗原漂移和抗原转变。抗原漂移可引起 HA 和（或）NA 的次要抗原变化，而抗原转变可引起 HA 和（或）NA 的主要抗原变化。单一位点突变就能改变表面蛋白的结构，因此，也改变了它的抗原或免疫学特性，导致产生抗原性的变异体。而当细胞感染两种不同的流感病毒粒子时，病毒的 8 个基因组片段可以随机互相交换，发生基因重排。通过基因重排有可能产生高致病性毒株。基因重排只发生于同类病毒之间，它不同于基因重组。这也就是为什么流感病毒容易发生变异的原因。

禽流感病毒是囊膜病毒，对去污剂等脂溶剂比较敏感。福尔马林、β丙内酯、氧化剂、稀酸、乙醚、脱氧胆酸钠、羟胺、十二烷基硫酸钠和铵离子能迅速破坏其传染性。禽流感病毒没有超常的稳定性，因此，对病毒本身的灭活并不困难。病毒可在加热、极端的pH值、非等渗和干燥的条件下失活。在野外条件下，禽流感病毒常从病禽的鼻腔分泌物和粪便中排出，病毒受到这些有机物的保护极大地增加了抗灭活能力。此外，禽流感病毒可以在自然环境中，特别是凉爽和潮湿的条件下存活很长时间。粪便中病毒的传染性在4℃条件下可以保持长达30～50天，20℃时为7天。

2. 流行病学

鸡、火鸡、鸭、鹅、鹌鹑、雉鸡、鹧鸪、鸵鸟、鸽和孔雀等多种禽类对禽流感均易感。最敏感的为鸡、火鸡，鸭、鹅及其他水禽多为隐性感染。各种日龄的禽均可感染。它可以通过消化道、呼吸道、皮肤损伤和眼结膜等多种途径传播。主要通过病禽和健康禽直接接触和病禽污染物间接接触两种形式传播。禽流感病毒存在于病禽和感染禽的消化道、呼吸道和禽体脏器组织中，病毒可随眼、鼻、口腔分泌物、排泄物和死禽的尸体、污染的饲料、饮水、禽舍、空气、笼具、饲养管理用具、运输车辆、工作人员、昆虫、老鼠以及各种携带病毒的鸟类等传播。健康禽可通过呼吸道和消化道感染，引起发病。禽流感病毒可通过空气流通，候鸟的迁徙，带病毒的禽及其产品的流通，从一个地方传到另一个地方。水禽与旱禽同场混养可造成交叉感染，病毒很容易在大规模饲养的鸡群或鸭群中传播。野生与养殖水禽可通过使用共同水体传播。

高致病性禽流感在一年四季均可发生，但以冬春季节多发。

3. 临床特点与表现

（1）临床特征。禽流感的潜伏期从几小时到 3 天不等，潜伏期的长短依赖于感染病毒的毒力和剂量、感染途径、被感染禽的种别和禽体的状态。

低致病性禽流感仅引起轻微的症状，有时仅表现为轻微的呼吸道症状、羽毛蓬乱和产蛋量下降。

高致病性禽流感禽类可突然死亡，并有高死亡率；病禽食欲减退，饮水量增加，排白色、黄色和绿色的粪便，有的病禽口角流出大量黏液；病禽精神沉郁，伏卧、缩颈、倒歪、站立不稳，多数病禽死前表现摇头和角弓反张等神经症状；病禽产蛋量可由 90% 下降到 10% 以下甚至停产，且产的蛋为小型蛋、畸形蛋、软壳蛋或沙壳蛋；产蛋母禽在出现产蛋量下降后就大批死亡；病禽头部和脸部水肿，禽冠发绀，脚鳞出血和神经紊乱；鸭、鹅等水禽有明显神经和腹泻症状，也有的出现角膜炎症状，甚至失明。可突然死亡，且死亡率高，饲料和饮水消耗量及产蛋量急剧下降。病鸡极度沉郁，头部和脸部水肿，伴有鸡冠发绀、脚鳞出血、神经紊乱。鸭、鹅等水禽有明显的神经和腹泻症状，可出现角膜炎症状，甚至失明。

（2）病理变化。颈部或腹部皮下有时有淡黄绿色胶冻样渗出物，胸部肌肉呈紫红色或似煮过一样有白色的区域；心冠脂肪严重弥漫性出血，心脏内外膜有出血点；腹部脂肪有多量出血点；肝脏肿大易碎，有时有红黄相间的条纹；脾脏肿大有出血点；肺脏出血，严重者呈黑红色；肾脏肿胀，严重者呈花斑样；腺胃乳头上覆盖一层灰白色黏稠的分泌物，刮掉分泌物，可见乳头基部出血，腺胃与肌胃连接处出血，肌胃角质层易剥离，病情严重时肌胃皱褶有出血斑点或出血溃疡；胰脏出血或胰脏边缘出血呈深红色，有时有半透明的坏死灶；肠管变粗，肠壁出血，肠黏膜严重脱落，肠壁薄脆；有时并发坏死型肠炎，肠道呈灰褐色或蓝灰色；卵泡出血，好似在卵泡外面包了一层红布，病情严重者卵泡呈紫红色；常伴随卵黄性腹膜炎，腹腔内有多量灰白或黄白色的稀汤；输卵管出血、水肿、变粗、变短、变宽、变扁，内有多量黏稠灰白色似糨糊样或豆腐脑样分泌物；子宫水肿、体积增大、出血、溃疡，有的病鸡子宫黏膜上布满了密密麻麻的小水泡，有时子宫腔内也有多量灰白色液状或豆腐渣样分泌物；肉鸡卵巢呈紫红色，睾丸出血，严重时呈黑红色。盲肠扁桃体肿胀出血，泄殖腔严重弥漫性出血；喉头、气管环出血，鸣管出血，喉头、气管黏膜上有多少不一的带血的渗出物；眶下窦黏膜充血、出血，有时有鼻汁或灰白色干酪样物；胸腺肿胀出血。

低致病性禽流感病变轻微，一般表现为胰脏、卵巢、卵泡、泄殖腔轻度出血，常并发输卵管炎、肠炎，但一般不会在腹腔内出现液状的卵黄性腹膜炎。雏鸡或肉仔鸡感染发病后并发传染性支气管炎时，气管的下端或支气管内有黄白色干酪样物。

4. 临床诊断

禽流感的临床症状和剖检变化因禽的日龄、种类和并发感染情况不同而异，仅仅根据临床症状和剖检变化很难做出准确的诊断，因此，必须进行实验室诊断。我国已制定了多项推荐性标准，用于禽流感的检测，要求在国家指定的实验室进行。如：国标 GB/T 18936—2003 高致病性禽流感诊断技术，规定了高致病性禽流感病毒分离与鉴定、血凝（HA）和血凝抑制（HI）试验、琼脂凝胶免疫扩散（AGID）试验、酶联免疫吸附试验（间接 ELISA）等方法；GB/T 19438.1 - 4—2004 禽流感病毒（通用、H5 亚型、H7 亚型、H9 亚型）荧光 RT - PCR 检测方法；农业行标 NY/T 772—2004 禽流感病毒 RT - PCR 试验方法等。

（1）临床诊断。低致病性禽流感病毒感染基本无特征性的临床症状，病死率为 5% ~15%。

高致病性禽流感病毒感染主要表现为暴发型，发病率和病死率较高，均可达到100%。主要指标为：①急性发病死亡；②脚鳞出血；③鸡冠出血或发绀，头部水肿；④肌肉和其他组织器官广泛性严重出血；⑤明显的神经症状（适于水禽）。

临床怀疑为高致病性禽流感应符合临床诊断指标①，且至少有临床诊断指标②、③、④、⑤。

（2）病毒的分离和鉴定。以无菌拭子采集气管或泄殖腔病料或病变组织，用含双抗的 PBS 研磨制成 10%悬液。离心取上清液，尿囊腔接种 5 只 9～11 日龄的 SPF 鸡胚，37℃孵化。无菌收取 18 小时以后死胚及 96 小时仍存活鸡胚的尿囊液，测血凝活性。若检测出有凝血活性，可用其绒毛尿囊膜制成抗原，与 A 型禽流感病毒阳性血清进行 AGID 试验，检测是否为 A 型流感病毒。如检测为 A 型流感病毒后，应进行致病性测定，国家标准 GB/T 18936—2003 采用静脉接种致病指数（IVPI）和致死比例测定法。若 IVPI > 1.2 或接种 8 只 4～8 周龄 SPF 鸡，10 天内死亡 6～7 只或全部死亡，判定为高致病性禽流感病毒株。

（3）血清学诊断

①血凝（HA）及血凝抑制（HI）试验：AIV 能够与鸡红细胞发生凝集现象，这种红细胞凝集现象又可被特异性免疫血清所抑制，即红细胞凝集抑制试验。血凝和血凝抑制试验可以鉴定病毒、检测血清中的抗体水平。用抗不同血凝素的抗血清，由血凝抑制试验来确定 HA 亚型。我国采用微量法进行检测。HA、HI 特异性强，是鉴定病毒亚型的常用方法，但操作过程繁琐费时。

②琼脂凝胶免疫扩散（AGID）试验：是检测 A 型流感病毒群特异性血清抗体的一项试验，即用已知抗原或阳性血清对未知抗体或抗原进行 AGID 试验，因而适用于检测所有 A 型 AIV。受检样品一般为具有血凝素活性的鸡胚尿囊液。AGID 简单易行，但是敏感性较差，易出现假阳性。

③酶联免疫吸附（ELISA）试验：运用 ELISA 原理建立的禽

流感病毒检测方法较多，我国采用禽流感间接酶联免疫吸附试验诊断技术，既可用于禽流感病毒的早期诊断，又可用于抗体的监测。ELISA 具有敏感性高、特异性强、检出时间早、检出持续期长、速度快等特点，便于大批量检测。ELISA 成为禽流感病毒流行病学普查及早期快速诊断的最有效和最实用的方法。

④神经氨酸酶抑制（NI）试验：根据 A 型流感病毒的表面抗原神经氨酸酶（NA）特性进行鉴定，已成为流感病毒鉴定不可缺少的手段之一。因 NI 测定结果是流感病毒神经氨酸亚型划分的主要依据之一。有时该法也用于了解流感病毒 NA 抗原性变异和血清诊断等方面。在流感病毒鉴定中，常使用单价血清（只针对 NA 的）或基因重配毒株所制备的免疫血清。

⑤免疫荧光技术（IFT）：IFT 诊断具有快速、简便、敏感性好的特点，而且费用较低，其敏感度与病毒的分离鉴定相当，有时高于用鸡胚进行的病毒分离。但是需要注意的是如何避免和降低标本中出现的假阳性（非特异性荧光）问题。

⑥病毒中和试验：VN 试验是敏感而特异的血清学方法，只有抗体与病毒颗粒上的表面抗原相对应，特别是与吸附到宿主细胞上的病毒表面抗原相对应，才能在实验中取得满意的显示效果。病毒中和实验操作繁琐耗时费料。但作为经典方法在病毒鉴定中起着重要作用，许多新的检测方法都要以此作为标准进行比较。

（4）分子生物学诊断技术

①反转录 - 聚合酶链式反应（RT - PCR）：国家农业行业标准 NY/T 772—2004 禽流感病毒 RT - PCR 试验方法，分别建立了禽流感病毒通用、H5、H7、H9、N1、N2 亚型 RT - PCR 试验方法，为鉴定病毒及亚型提供依据。

②荧光 RT - PCR（real - time RT - PCR）检测方法：是在 RT - PCR 技术的基础上发展的方法。GB/T 19438.1—2004 禽流

感病毒（通用 H5、H7、H9）荧光 RT－PCR 检测方法，可用于禽流感病毒及 H5、H7、H9 亚型鉴定。荧光 RT－PCR 诊断方法既保持了 PCR 技术灵敏、快速的特点，又克服了假阳性和不能定量的缺点。

③依赖核酸序列的扩增技术（NASBA）：NASBA 是一项连续、等温、基于酶反应的核酸扩增技术。国家标准 GB/T 19440—2004 禽流感病毒 NASBA 检测方法、GB/T19439—2004 H5 亚型禽流感病毒 NASBA 检测方法，可用于禽流感病毒和 H5 亚型检测。NASBA 检测禽流感病毒的敏感性与经典的鸡胚病原分离方法相当，并具有检测速度快、特异性强、与鸡胚病原分离方法符合率高、易于操作的特点。

④电镜技术：由于流感病毒为正黏病毒，属于形态特征性强的病毒，因而可用电镜技术来诊断。为保证流感的检出率，除样品的制备技术外，取病料的部位和时间也是获得准确检验结果的关键。病料的采集部位和取材时间应根据流感病毒在动物体内分布特征及其感染特性而定。

5. 防制

主要靠加强预防措施。发生本病时要严格执行封锁、隔离、消毒、焚烧病鸡尸体等综合防治措施。在预防上，应尽量减少和避免野禽与家禽、饲料及水源的接触，防止野禽进入禽场、禽舍和饲料贮存间内，注意保持水源的清洁卫生。

（1）本病一旦发生。

①确诊后立即实施应急措施，封锁和隔离疫区。

②立即制订严格的安全防疫措施，将原发疫区和周围禽场严格隔离，对划入控制区的禽场密切监视。

③扑杀有高度危险的病禽群和没有任何症状而有潜在危险的禽群。

④清除被扑杀的家禽、禽产品、废物杂物、粪便、饲料及设

备，然后对整个鸡场进行彻底清洗、消毒。

⑤所有饲养过病禽的房舍充分清洗消毒，并空置 30 天以上才允许恢复生产，以后还要对家禽严加监视。

⑥对疫区外的禽群和各种野禽进行血清学检查，阳性者一律扑杀，对新进场的禽群定期做血清学检查。

（2）高致病性禽流感免疫程序

①种鸡、蛋鸡免疫：雏鸡 7～14 日龄时，用 H5N1 亚型禽流感灭活疫苗初免，也可使用禽流感 – 新城疫重组二联活疫苗进行初免，在 3～4 周后可再进行一次加强免疫，开产前再用 H5N1 亚型禽流感灭活疫苗进行强化免疫，以后根据免疫抗体检测结果，每隔 4～6 个月用 H5N1 亚型禽流感灭活苗免疫一次。

②商品代肉鸡免疫：7～10 日龄时，用禽流感 – 新城疫重组二联活疫苗首免，2 周后，用禽流感 – 新城疫重组二联活疫苗加强免疫一次。

③调运家禽免疫：对调出县境的种禽或其他非屠宰家禽，要在调运前 2 周进行一次禽流感强化免疫。未进行强化免疫的（1 周龄内雏禽除外），动物防疫监督机构不得出具检疫合格证。

④紧急免疫：发生疫情时，要对受威胁区域的所有家禽进行一次强化免疫；边境地区受到境外疫情威胁时，要对距边境 30 公里范围内所有县的家禽进行一次强化免疫。最近 1 个月内已免疫的家禽可以不强化免疫。

⑤受变异毒株威胁区免疫：对宁夏回族自治区、山西、陕西、河南、河北、山东、北京、天津、内蒙古自治区、辽宁等省市区用重组禽流感病毒 H5 亚型二价灭活疫苗（H5N1，Re – 5 + Re – 4 株）免疫。

（3）温和型流感参考免疫程序

①基础免疫：20 日龄之内进行：禽流感 H9 颈部皮下注射（H9 单苗或是新支流三联油苗）。

②二次免疫：（很重要）50 日龄之内进行：禽流感 H9 颈部皮下注射（H9 单苗）。

③三次免疫：（进行）开产前：禽流感 H9 颈部皮下或肌内注射（新支流三联油苗或是 H9 单苗）。

④加强免疫：在第三次免疫之后抗体可达到理想水平，以后为加强免疫，可以考虑 80 天左右免疫一次，可使用新支流油苗。

三、传染性法氏囊病

鸡传染性法氏囊病称甘波罗病，是由呼肠弧类病毒引起的一种急性、高度传染性疾病。由于该病发病突然、病程短、死亡率高，且可引起鸡体免疫抑制，目前，仍然是养鸡业的主要传染病之一。

1. 病原

传染性法氏囊病毒属于双股 RNA 病毒科禽双股 RNA 病毒属。病毒颗粒无囊膜，直径 60nm，有一层外壳，20 面对称，基因组含 A. B 两个线状双股 RNA 分子，大小 6kbp，病毒对热（60℃ 30 分钟）稳定，在 pH 值 3~9、经乙醚或氯仿处理均不丧失其活性。病毒的复制对细胞的 RNA 及蛋白质的合成无明显影响，病毒在胞浆组装并蓄积。

病鸡舍中的病毒可存活 100 天以上。病毒耐热、耐阳光及紫外线照射。56℃加热 5 小时仍存活，60℃可存活 0.5 小时，70℃则迅速灭活。病毒耐酸不耐碱，pH 值 2.0 经 1 小时不被灭活，pH 值 12 则受抑制。病毒对乙醚和氯仿不敏感。3% 的煤酚皂溶液、0.2% 的过氧乙酸、2% 次氯酸钠、5% 的漂白粉、3% 的石炭酸、3% 福尔马林、0.1% 的升汞溶液可在 30 分钟内灭活病毒。

2. 流行病学

自然条件下，本病只感染鸡，所有品种的鸡均可感染，但不同品种的鸡中，白来航鸡比重型品种的鸡敏感，肉鸡较蛋鸡敏感。本病仅发生于 2 周至开产前的小鸡，3 ~ 7 周龄为发病高峰期。病毒主要随病鸡粪便排出，污染饲料、饮水和环境，使同群鸡经消化道、呼吸道和眼结膜等感染；各种用具、人员及昆虫也可以携带病毒，扩散传播；本病还可经蛋传播。

3. 临床特点与表现

（1）临床特征。该病潜伏期为 2 ~ 3 天，易感鸡群感染后发病突然，病程一般为 1 周左右，典型发病鸡群的死亡曲线呈尖峰式。发病鸡群的早期症状之一是有些病鸡有啄自己肛门的现象，随即病鸡出现腹泻，排出白色黏稠或水样稀便。随着病程的发展，食欲逐渐消失，颈和全身震颤，病鸡步态不稳，羽毛蓬松，精神委顿，卧地不动，体温常升高，泄殖腔周围的羽毛被粪便污染。此时病鸡脱水严重，趾爪干燥，眼窝凹陷，最后衰竭死亡。急性病鸡可在出现症状 1 ~ 2 天后死亡，鸡群 3 ~ 5 天达死亡高峰，以后逐渐减少。在初次发病的鸡场多呈显性感染，症状典型，死亡率高。以后发病多转入亚临诊型。近年来，发现部分 I 型变异株所致的病型多为亚临诊型，死亡率低，但其造成的免疫抑制严重。

（2）病理变化。病死鸡肌肉色泽发暗，大腿内外侧和胸部肌肉常见条纹状或斑块状出血。腺胃和肌胃交界处常见出血点或出血斑。法氏囊病变具有特征性，水肿，比正常大 2 ~ 3 倍，囊壁增厚，外形变圆，呈土黄色，外包裹有胶冻样透明渗出物。黏膜皱褶上有出血点或出血斑，内有炎性分泌物或黄色干酪样物。随病程延长法氏囊萎缩变小，囊壁变薄，第八天后仅为其原重量的 1/3 左右。一些严重病例可见法氏囊严重出血，呈紫黑色如紫葡萄状。肾脏肿大，常见尿酸盐沉积，输尿管有多量尿酸盐而扩张。盲肠扁桃体多肿大、出血。

4. 临床诊断

该病根据其流行病学、病理变化和临诊症状可作出初步诊断。确诊须做实验室诊断。

（1）死鸡呈严重脱水现象，腿肌及胸肌，可见大片出血点或出血块。

（2）法氏囊肿大、化脓，有时出血。

（3）肾脏肿大、尿酸盐沉着。

（4）腺胃及肌胃交接处黏膜有时出血。

（5）由于发病很快，经 3~4 天高死亡后迅速恢复正常。法氏囊肿大化脓、出血，至萎缩，以上之症状可诊断为该病。

5. 防制

（1）科学饲养管理。采用全进全出饲养体制，全价饲料。鸡舍换气良好，温度、湿度适宜，消除各种应激条件，提高鸡体免疫应答能力。对 60 日龄内的雏鸡最好实行隔离封闭饲养，杜绝传染来源。

（2）严格卫生管理。加强消毒净化措施。进鸡前鸡舍（包括周围环境）用消毒液喷洒→清扫→高压水冲洗→消毒液喷洒（几种消毒剂交替使用 2~3 遍）→干燥→甲醛熏蒸→封闭 1~2 周后换气再进鸡。饲养鸡期间，定期进行带鸡气雾消毒，可采用 0.3% 次氯酸钠或过氧乙酸等，按 30~50mL/m^3。

（3）搞好免疫接种。目前，使用的疫苗主要有灭活苗和活苗两类。灭活苗主要有组织灭活苗和油佐剂灭活苗，使用灭活苗对已接种活苗的鸡效果好，并使母源抗体保护雏鸡长达 4~5 周。疫苗接种途径有注射、滴鼻、点眼、饮水等多种免疫方法，可根据疫苗的种类、性质、鸡龄、饲养管理等情况进行具体选择。免疫程序的制定应根据琼脂扩散试验或 ELISA 方法对鸡群的母源抗体、免疫后抗体水平进行监测，以便选择合适的免疫时间。如用标准抗原作 AGP 测定母源抗体水平，若 1 日龄阳性率 <80%，可在 10~17 日龄首免，若阳性率 ≥80%，应在 7~10 日龄再检测后确定首免日龄；若阳性率 <50% 时，就在 14~21 日龄首免，

若 ≥50％，应在 17～24 日龄首免。如用间接 ELISA 测定抗体水平，雏鸡抵抗感染的母源抗体水平应为 ET≥350。如果未做抗体水平检测，一般种鸡采用 2 周龄较大剂量中毒型弱毒疫苗首免，4～5 周龄加强免疫一次，产蛋前（18～20 周龄）和 38 周龄时各注射油佐剂灭活苗一次，一般可保持较高的母源抗体水平。肉用雏鸡和蛋鸡视抗体水平多在 2 周龄和 4～5 周龄时进行两次弱毒苗免疫。目前，使用的疫苗主要有灭活苗和活苗两类。灭活苗主要有组织灭活苗和油佐剂灭活苗，使用灭活苗对已接种活苗的鸡效果好，并使母源抗体保护雏鸡长达 4～5 周。疫苗接种途径有注射、滴鼻、点眼、饮水等多种免疫方法，可根据疫苗的种类、性质、鸡龄、饲养管理等情况进行具体选择。免疫程序的制定应根据琼脂扩散试验或 ELISA 方法对鸡群的母源抗体、免疫后抗体水平进行监测，以便选择合适的免疫时间。如用标准抗原作 AGP 测定母源抗体水平，若 1 日龄阳性率＜80％，可在 10～17 日龄首免，若阳性率≥80％，应在 7～10 日龄再检测后确定首免日龄；若阳性率＜50％ 时，就在 14～21 日龄首免，若≥50％，应在 17～24 日龄首免。如用间接 ELISA 测定抗体水平，雏鸡抵抗感染的母源抗体水平应为 ET≥350。如果未做抗体水平检测，一般种鸡采用 2 周龄较大剂量中毒型弱毒疫苗首免，4～5周龄加强免疫一次，产蛋前（18～20 周龄）和 38 周龄时各注射油佐剂灭活苗一次，一般可保持较高的母源抗体水平。肉用雏鸡和蛋鸡视抗体水平多在 2 周龄和 4～5 周龄时进行两次弱毒苗免疫。

四、鸡马立克氏病

马立克氏病是鸡的一种淋巴组织增生性肿瘤病，其特征为外周神经淋巴样细胞浸润和增大，引起肢（翅）麻痹，以及性腺、虹膜、各种脏器、肌肉和皮肤肿瘤病灶。本病是一种世界性疾病，目前是危害养鸡业健康发展的三大主要疫病（马立克氏病、鸡新城疫及鸡传染性法氏囊病）之一，引起鸡群较高的发病率和死亡率。

1. 病原

本病病原属于疱疹病毒的 B 亚群（细胞结合毒），共分 3 个血清型：血清 1 型，对鸡致病致瘤，主要毒株有超强毒（Md5等）、强毒（JW、GA、京 1 等）；血清 2 型，对鸡无致病性，主要毒株有 SB/1 和 301B/1 等；血清 3 型，对鸡无致病性，但可使鸡有良好的抵抗力，是一株火鸡疱疹病毒株（HVT – FC126 株）。

该病毒能在鸡胚绒毛尿囊膜上产生典型的痘斑，卵黄囊接种较好。能在鸡肾细胞、鸡胚成纤维细胞和鸭胚成纤维细胞上生长产生痘斑。

完整病毒的抵抗力较强，在粪便和垫料中的病毒，室温下可存活 4~6 个月之久。细胞结合毒在 4℃ 可存活 2 周，在 37℃ 存活 18 小时，在 50℃ 存活 30 分钟，60℃ 只能存活 1 分钟。

2. 流行病学

本病感染鸡，无明显的品种差异。各种日龄的鸡都易感，但 5 周龄内的鸡症状较明显，死亡率可到 15%~19%。发病季节多见于秋末至次年春末，但以冬季最为严重。环境因素主要是冷、热、拥挤、通风不良，特别是强烈的应激作用如疫苗接种、转群等可诱发该病发生。传播方式主要是通过空气传播。此外，人员、用具及饲料等也是传播媒介。本病传播迅速，常在 1~2 天内波及全群。一般认为本病不能通过种蛋垂直传播。

3. 临床特点与表现

（1）临床特征。潜伏期常为 3~4 周，一般在 50 日龄以后出现症状，70 日龄后陆续出现死亡，90 日龄以后达到高峰，很少晚至 30 周龄才出现症状，偶见 3~4 周龄的幼龄鸡和 60 周龄的老龄鸡发病。

本病的发病率变化很大，一般肉鸡为 20% ~ 30%，个别达 60%，产蛋鸡为 10% ~ 15%，严重达 50%，死亡率与之相当。

根据临床表现分为神经型、内脏型、眼型和皮肤型等 4 种类型。

①神经型：常侵害周围神经，以坐骨神经和臂神经最易受侵害。当坐骨神经受损时病鸡一侧腿发生不全或完全麻痹，站立不稳，两腿前后伸展，呈"劈叉"姿势，为典型症状。当臂神经受损时，翅膀下垂；支配颈部肌肉的神经受损时病鸡低头或斜颈；迷走神经受损鸡嗉囊麻痹或膨大，食物不能下行。一般病鸡精神尚好，并有食欲，但往往由于饮不到水而脱水，吃不到饲料而衰竭，或被其他鸡只践踏，最后均以死亡而告终，多数情况下病鸡被淘汰。

②内脏型：常见于 50 ~ 70 日龄的鸡，病鸡精神委顿，食欲减退，羽毛松乱，鸡冠苍白、皱缩，有的鸡冠呈黑紫色，黄白色或黄绿色下痢，迅速消瘦，胸骨似刀锋，触诊腹部能摸到硬块。病鸡脱水、昏迷，最后死亡。

③眼型：在病鸡群中很少见到，一旦出现则病鸡表现瞳孔缩小，严重时仅有针尖大小；虹膜边缘不整齐，呈环状或斑点状，颜色由正常的橘红色变为弥漫性的灰白色，呈"鱼眼状"。轻者表现对光线强度的反应迟钝，重者对光线失去调节能力，最终失明。

④皮肤型：较少见，往往在禽类加工厂屠宰鸡只时褪毛后才发现，主要表现为毛囊肿大或皮肤出现结节。

临床上以神经型和内脏型多见，有的鸡群发病以神经型为主，内脏型较少，一般死亡率在 5% 以下，且当鸡群开产前本病流行基本平息。有的鸡群发病以内脏型为主，兼有神经型，危害大损失严重，常造成较高的死亡率。

（2）病理变化。神经病理变化多见于神经型，以受损害神经（常见于腰间神经、坐骨神经）的横纹消失，变成灰色或黄色，或增粗、水肿，比正常的大2～3倍，有时更大，多侵害一侧神经，有时双侧神经均受侵害。

内脏型主要表现内脏多种器官出现肿瘤，肿瘤多呈结节型，为圆形或近似圆形，数量不一，大小不等，略突出于脏器表面，灰白色，切面呈脂肪样。常侵害的脏器有肝脏、脾脏、性腺、肾脏、心脏、肺脏、腺胃、肌胃等。有的病例肝脏上不具有结节性肿瘤，但肝脏异常肿大，比正常大5～6倍，正常肝小叶结构消失，表面呈粗糙或颗粒性外观。性腺肿瘤比较常见，甚至整个卵巢被肿瘤组织代替，呈花菜样肿大，腺胃外观有的变长，有的变圆，胃壁明显增厚或薄厚不均，切开后腺乳头消失，黏膜出血、坏死。一般情况下肉眼不见法氏囊变化或萎缩。

4. 临床诊断

根据临床症状、典型病理变化可进行初步诊断，对于临床上较难判断的可送实验室进行病毒分离鉴定、血清学方法、组织学检查及核酸探针等方法进行确诊。

琼脂扩散试验方法简单易行，适宜现场及基层单位采用，是用马立克氏病抗血清确定病鸡羽毛囊中有无该病毒存在借以确诊。具体方法是，用含8%氯化钠溶液配成1%琼脂倒板，打孔，中央孔及周围6个孔，在中央孔内滴加定量的抗血清，在周围孔置少量生理盐水，然后从病鸡腋下拔下羽毛，从根部尖端剪下2厘米长的一段，每个周围孔内只放一根羽毛的材料，在保持湿润的平皿中于室温孵育2～3天后，观察，若放羽毛和血清的中央孔之间出现一条白不透明的沉淀线即为阳性反应。但它只能确定是否感染，不能确定是否发生肿瘤。

内脏型马立克氏病应与鸡淋巴性白血病进行鉴别，两者眼观变化很相似，其主要区别是马立克氏病常侵害外周神经、皮肤、肌肉和眼睛的虹膜，法氏囊被侵害时可能萎缩，而淋巴细胞性白血病则不是这样，且法氏囊被侵害时常见结节性肿瘤。

5. 防制

（1）综合防制措施

①加强养鸡环境卫生与消毒工作，尤其是孵化卫生与育雏鸡舍的消毒，防止雏鸡的早期感染，这是非常重要的，否则即使出壳后即刻免疫有效疫苗，也难防止发病。

②加强饲养管理，改善鸡群的生活条件，增强鸡体的抵抗力，对预防本病有很大的作用。饲养管理不善，环境条件差或某些传染病如球虫病等常是重要的诱发因素。

③坚持自繁自养，防止因购入鸡苗的同时将病毒带入鸡舍。采用全进全出的饲养制度，防止不同日龄的鸡混养于同一鸡舍。

④防止应激因素和预防能引起免疫抑制的疾病如鸡传染性法氏囊病、鸡传染性贫血病毒病、网状内皮组织增殖病等的感染。

⑤对发生本病的处理。一旦发生本病，在感染的场地清除所有的鸡，将鸡舍清洁消毒后，空置数周再引进新雏鸡。一旦开始育雏，中途不得补充新鸡。

（2）疫苗接种

目前，国内使用的疫苗有多种，主要是进口疫苗和国内生产的疫苗，这些疫苗均不能抗感染，但可防止发病。

①疫苗种类血清1型疫苗，主要是减弱弱毒力株 CV1 - 988 和齐鲁制药厂兽药分厂所生产的 814 疫苗，其中，CV1 - 988 应用较广；血清 2 型疫苗，主要有 SB - 1，301B/301A/1 以及中国的 Z4 株，SB - 1 应用较广，通常与火鸡疱疹病毒疫苗（即血清 3 型疫苗 HVT）合用，可以预防超强毒株的感染发病，保护率可达 85% 以上；血清 3 型疫苗，即火鸡疱疹病毒 HVT - FC126 疫苗，HVT 在鸡体内对马立克氏病病毒起干扰作用，常 1 日龄免疫，但不能保护鸡免受病毒的感染；多价苗，20 世纪 80 年代以

来，HVT 免疫失败的越来越多，部分原因是由于超强毒株的存在，市场上已有 SB - 1 + FC126、301B/1 + FC126 等二价或三价苗，免疫后具有良好的协同作用，能够抵抗强毒的攻击。

②免疫程序的制订 单价疫苗及其代次、多价疫苗常影响免疫程序的制订，单价苗如 HVT、CV1 - 988 等可在 1 日龄接种，也有的地区采用 1 日龄和 3~4 周龄进行两次免疫。通常父母代用血清 1 或 2 型疫苗，商品代则用血清 3 型疫苗，以免血清 1 或 2 型母源抗体的影响，父母代和子代均可使用 SB - 1 或 301B/1 + HVT 等二价疫苗。

（3）免疫失败原因及防止方法

①接种剂量不当。常用的商品疫苗要求每个剂量含 1 500~2 000 以上个蚀斑形成单位，接种该剂量 7 天后产生免疫力。若疫苗贮藏过久或稀释不当、接种程序不合理或稀释好的冻干苗未在 1 小时内用完，均会导致雏鸡接受的疫苗剂量不足而引起免疫失败。

②早期感染。疫苗免疫后至少要经 1 周才使雏鸡产生免疫力，而在接种后 3 天，雏鸡易感染马立克氏病并引起死亡，而且 HVT 疫苗不能阻止马立克氏病强毒株的感染。为此须改善卫生措施，以避免早期感染，但难以预防多种日龄混群的鸡群感染。

③母源抗体的干扰。血清 1 型、2 型、3 型疫苗病毒易受同源的母源抗体干扰，细胞游离苗比细胞结合苗更易受影响，而对异源疫苗的干扰作用不明显。为此，免疫接种时可进行下列调整：a. 增加 HVT 免疫剂量或使用其他疫苗病毒，被动抗体消失时于 3 周龄再次免疫接种；b. 对鸡不同代次选用不同血清型的疫苗，如父母代鸡用减弱血清 1 型疫苗，子代可用血清 3 型（HVT）疫苗；c. 多使用细胞结合 HVT 苗。

④超强毒株的存在。传统的疫苗不能有效地抵抗马立克氏病超强毒株的攻击从而引起免疫失败，对可能存在超强毒株的高发

鸡群使用814+SB-1二价苗或814+SB-1+FC126三价苗，具有满意的防治效果。

⑤品种的遗传易感性。某些品种鸡对马立克氏病具有高度的遗传易感性，难以进行有效免疫，甚至免疫接种后仍然易感，为此须选育有遗传抵抗力的种鸡。

⑥免疫抑制和应激。感染鸡传染性法氏囊病病毒、网状内皮组织增生性病病毒、鸡传染性贫血病病毒等均可导致鸡对马立克氏病的免疫保护力下降，以及环境应激导致免疫抑制可能是引起马立克氏病疫苗的免疫失败的原因。

总之，采用疫苗接种是控制本病的极重要的措施，但是它们的保护率均不能达到100%，因此，鸡群中仍有少量病例发生，故不能完全依赖疫苗接种，加强综合防疫措施是十分必要的。

五、鸡产蛋下降综合征

鸡产蛋下降综合征是由腺病毒引起的一种无明显症状，仅表现产蛋母鸡产蛋量明显下降的疾病。于1976年发现，故又命名为产蛋下降综合征1976。

鸡产蛋下降综合征是由禽类腺病毒引起的一种传染病，任何年龄的鸡都易感。鸡感染禽类腺病毒后影响整个产蛋期的生产。本病多为垂直传播，通过胚胎感染小鸡，鸡群产蛋率达50%以上时开始排毒，并迅速传播；也可水平传播，多通过污染的蛋盘、粪便、免疫用的针头、饮用水传播，传播较慢且呈间断性。笼养鸡比平养鸡传播快。肉鸡和产褐壳蛋的重型鸡较产白壳蛋的鸡传播快。

1. 病原

产蛋下降综合征病毒属于腺病毒Ⅲ群，无囊膜，能在鸭胚、鸭胚肾细胞和鸭胚成纤维细胞、鸡胚肝细胞和鸡胚成纤维细胞上生长繁殖，但在鸡胚肾细胞和火鸡细胞中生长不良，在哺乳动物细胞不能生长。在鸭胚生长良好，可使鸭胚致死。

本病病毒能凝集鸡、鸭、火鸡、鹅、鸽的红细胞，但不能凝集家兔、绵羊、马、猪、牛的红细胞。国内外分离的病毒株有10 余个，国际标准为荷兰 127 株。已知各地分离到的毒株同属一个血清型。病毒对乙醚、氯仿不敏感，对 pH 值适应谱广，0.3% 福尔马林 48 小时可使病毒完全灭活。

2. 流行病学

各种年龄的鸡均可感染，但幼龄鸡不表现临床症状，尤以25 ~ 35 周龄的产蛋鸡最易感。可使产蛋鸡群产蛋率下降 10% ~50%，蛋破损率达 38% ~ 40%，无壳蛋、软蛋壳可达 15%。本病主要经种蛋垂直传播，也可水平传播，尤其产褐壳蛋的母鸡易感性高。

鸡产蛋下降综合征的病原是鸟腺病中的鸡腺病毒，本病的传播途径尚不十分明确，推测家鸭培养细胞混入 EDS－76，鸡因接种疫苗被感染。病鸡与健康鸡接触传染；感染鸡经卵传给鸡雏，但是经卵传染的病毒，为什么直到产蛋期才大群发，尚无法说明。

3. 临床特点与表现

（1）临床特征。感染鸡群以突然发生群体性产蛋下降为特征。开始发病时有或没有一般性的下痢、食欲下降和萎靡不振，随后蛋壳褪色，接着泛起软壳蛋、薄壳蛋。薄壳蛋的外表粗拙，一端常呈细颗粒状如砂纸样。产蛋下降通常发生于 24 ~ 36 周龄，产蛋率降低 20% ~ 30%，甚至 50%，产无色蛋、薄壳蛋、软壳蛋、无壳蛋、畸形蛋等异常蛋，褐壳蛋蛋壳表面粗拙，褪色如白灰、灰黄粉样，蛋白呈水样，蛋黄色淡，有时蛋白中混有血液、异物等，种蛋孵化率降低，出壳后弱雏增多，产蛋下降持续 4 ~10 周后一般可恢复正常。

（2）病理变化。本病无特征性病理变化，一般不引起死亡。

天然病例仅见有些病鸡卵巢和输卵管萎缩，人工感染的病鸡常见子宫黏膜水肿性肿胀，有些则见卵巢萎缩。

4. 临床诊断

根据流行特点和临床症状（产蛋率突然下降，异常蛋增多，尤其是褐壳蛋品种鸡在产蛋下降前1～2天泛起蛋壳褪色、变薄、变脆等）可作出初步诊断，尚需进一步作病毒分散和血清学检查（主要是血凝试验和琼脂扩散试验等），才能确诊。

5. 防制

（1）增强管理措施。因为本病主要是经蛋垂直传播的，所以，应严禁购进该病毒污染的种蛋，做到鸡、鸭分开饲养，不使用该病毒污染的疫苗等。

（2）免疫接种。产蛋下降综合征油佐剂苗在海内已广泛应用，效果很好。该苗合用于蛋鸡后备鸡、种鸡后备母鸡群，于开产前2～4周（即140日龄左右）打针，整个产蛋周期内可得到较好的保护。疫苗在5～10℃前提下可保留一年，勿冷冻，使用时充分摇匀，使苗温升到室温后皮下或肌内打针0.5mL/只。

（3）治疗。发病时，可用抗生素、维生素、矿物质等辅助治疗。

六、传染性支气管炎

传染性支气管炎是鸡的一种急性、高度接触传染的病毒性呼吸道和泌尿生殖道疾病。其特征是咳嗽、喷嚏、气管啰音和呼吸道黏膜呈浆液性卡他性炎症。如发生肾病变型传染性支气管炎还会出现病鸡肾肿大、肾小管和输尿管内有尿酸盐沉积等病理变化。雏鸡通常表现流鼻液、呼吸困难等呼吸道症状，有时会发生死亡；产蛋鸡则以产蛋量减少和蛋白品质下降较为常见。

目前，该病在世界上大多数养鸡地区都有发现。我国于1972年由邝荣禄教授在广东首先报道了传染性支气管炎的存在。

此后北京、上海等地相继有报道，现该病已蔓延至全国大部分地区，给养鸡业造成了巨大的经济损失。

1. 病原

传染性支气管炎病毒属冠状病毒科冠状病毒属。本病毒对环境抵抗力不强，对普通消毒药敏感，对低温有一定的抵抗力。传染性支气管炎病毒具有很强的变异性，目前，世界上已分离出30多个血清型。在这些毒株中多数能使气管产生特异性病变，但也有些毒株能引起肾脏病变和生殖道病变。

本病主要通过空气传播，也可以通过饲料、饮水、垫料等传播。饲养密度过大、多热、过冷、通风不良等可诱发本病。1 日龄雏鸡感染时使输卵管发生永久性的损伤，使其不能达到应有的产量。

2. 流行病学

本病感染鸡，无明显的品种差异。各种日龄的鸡都易感，但5 周龄内的鸡症状较明显，死亡率可到 15% ~19%。发病季节多见于秋末至次年春末，但以冬季最为严重。环境因素主要是冷、热、拥挤、通风不良，特别是强烈的应激作用如疫苗接种、转群等可诱发该病发生。传播方式主要是通过空气传播。此外，人员、用具及饲料等也是传播媒介。本病传播迅速，常在 1~2 天内波及全群。一般认为本病不能通过种蛋垂直传播。

3. 临床特点与表现

（1）临床特征。人工感染的潜伏期为 18~36 小时，自然感染的潜伏期长，有母源抗体的幼雏潜伏期可达 6 天以上。雏鸡突然出现呼吸症状并很快波及全群，病鸡表现为气喘、咳嗽、打喷嚏、气管鸣音和流鼻涕，精神沉郁、畏寒、食欲减少、羽毛松乱、打堆，个别鸡鼻窦肿胀、流泪。6 周龄以上的鸡症状不明显，主要是气管鸣音、喘气和轻微咳嗽等。蛋鸡产蛋量下降，并产软壳蛋、畸形蛋或粗壳蛋，蛋白稀薄如水样，蛋黄与蛋白分离以及蛋白粘壳等。肾病理变化型传染性支气管炎是目前发生多、流行范围较广的疾病，20～30日龄是其高发阶段。病初，病鸡表现怕冷、喷嚏和咳嗽，有的张口喘气及气管鸣音，2～3天后出明显的全身症状，表现为厌食、拱背、饮水量增大，拉白色水样粪便，粪便中含有大量尿酸盐。病鸡失水，肌肉干燥，冠髯及皮肤发绀。出现上述症状2～3天后开始死亡，7天后达到死亡高峰，逐渐至15～17天停止死亡，发病日龄越小，死亡率越高，成年鸡很少发病。本病发病率高，雏鸡的死亡率为25%，6周龄以上的鸡死亡率低，感染肾型毒株一般死亡严重。病程一般为1～2周。

传染性支气管炎的临床表现比较复杂。这一方面是由于传染性支气管炎病毒本身变异快、血清型多造成的；另一方面也与环境中的其他致病因子（如大肠杆菌、支原体等）混合感染，以及不良的饲养管理因素（如滥用抗生素、饲料配比失当等）有关。

（2）病理变化。病鸡的支气管、鼻腔和窦中有浆液性、黏液性和干酪样渗出物，气囊可能混浊含有黄色干酪样渗出物。在大的支气管周围可见小面积的肺炎。产蛋鸡卵泡充血、出血或变形，甚至在腹腔内可见液体状的卵黄物质。输卵管萎缩，其长度和重量明显减小或发生囊肿。肾病理变化型，呼吸道无明显病理变化，主要病理变化是引起肾肿大、苍白，肾小管和输尿管被尿酸盐结晶充盈并扩张，肾脏外观呈花斑状。

4. 临床诊断

（1）病毒分离。常用于病毒分离的材料包括病鸡的喉头分泌物和泄殖腔内容物（用无菌棉拭子蘸取）、气管、肺组织和肾脏等。接种于9～11日龄SPF鸡胚或非免疫健康鸡胚的尿囊腔内，37℃孵育36～48小时。如病料中有传染性支气管炎病毒，则部分鸡胚在接种后3～5天发生死亡，胚体比同日龄正常鸡胚矮小，卷成球形，又称"侏儒胚"。羊膜及尿囊膜增厚，胚体充血。初次分离的野毒往往要经过鸡胚盲传 2~3 代后，才能见到明显和规律的鸡胚病变。此外，也可通过鸡胚气管环培养法分离传染性支气管炎病毒。

（2）血清学诊断。对本病的血清学检验方法有病毒中和试验（VN）、琼脂扩散试验（AGP）、血凝抑制试验（HI）、酶联免疫吸附试验（ELISA）等。

①病毒中和试验：用病毒中和试验可对传染性支气管炎病毒进行定性和定量检验。试验方法有鸡胚（7~11 日龄）法、鸡肾细胞培养法和蚀斑法 3 种。鸡感染传染性支气管炎病毒后约 10 天（疾病流行过后的恢复期），其血液内出现中和抗体，并可持续 6~12 个月。因此，对患病鸡群的检验，通常采双份血清样，第一次是在发病初期，第二次是在发病后 2~3 周。若第二次血清样抗体滴度比第一次高出 4 倍，即可诊断为鸡传染性支气管炎感染。

②琼脂扩散试验：可用感染鸡胚的绒毛尿囊膜制备抗原，也可用聚乙二醇浓缩感染鸡胚尿囊液制备抗原，按常规方式完成试验，经 24~48 小时观察结果。此法特异性较强，操作方法简单而快速。鸡感染 IBV 野毒或接种弱毒疫苗 7~9 天后就能检出沉淀抗体，并可持续 2~3 个月。一般认为雏鸡血清中和指数在 3.17 以上时，就能用琼扩试验测出沉淀抗体的存在，因此，采用 AGP 试验对疫苗接种效果的监测有现实使用意义。

③血凝抑制试验：将含有传染性支气管炎病毒的鸡胚尿囊液离心浓缩后，加等量磷脂酶 C 置 37℃处理 90 分钟作为抗原，再按微量法操作进行血凝抑制试验。

（3）鉴别诊断。传染性支气管炎流行初期，要注意与新城疫、禽流感、传染性喉气管炎、支原体等引起的慢性呼吸道病、传染性鼻炎、大肠杆菌性气囊炎、雏鸡曲霉菌病及维生素 A 缺乏症等相区别。从临床表现上来看，新城疫和禽流感的病情往往比本病严重，雏鸡常可见到神经症状及内脏组织的出血和坏死。传染性喉气管炎很少发生于幼雏，且患鸡的呼吸道症状较重，常咳出黄色或血样黏液，气管、喉头黏膜出血和坏死严重，同时气管黏膜上皮细胞会出现合胞体和核内包涵体。慢性呼吸道病的特点是传播慢，病程长，气囊增厚并有大量干酪样物附着。其他疾病也都有各自独特的流行规律、临床症状和病理变化。当然，最可靠的还是通过病原学和血清学方法加以鉴别。

5. 防制

（1）预防。本病无特效药物治疗，通常采取加强饲养管理，注意鸡舍环境卫生，保持通风良好，有利于本病的防制。目前常用的疫苗有活苗和灭活苗两种，我国广泛应用的活苗是 H52 和 H120 株疫苗，H120 株疫苗用于雏鸡和其他日龄的鸡，H52 用于经 H120 免疫过的大鸡，育成鸡开产时可选用 H52 疫苗，或在雏鸡阶段选用新城疫 + 传染性支气管炎二联苗，灭活油乳剂苗主要在种鸡及产蛋鸡开产前应用。由于传染性支气管炎病毒血清型众多，各血清型之间交叉保护性差，应根据当地流行的血清型株制备疫苗使用，制订合理的免疫计划。一般的免疫程序是 4 ~ 5 日龄接种 H120 弱毒苗，而后 1 月龄接种第二次或种用鸡在 2 ~ 4 月龄加强一次，用毒力较强的 H52 疫苗，种鸡和蛋鸡在开产前用油乳剂灭活苗再接种一次。活苗免疫可用滴鼻、气雾和饮水方法，灭活苗采用肌内注射。发生肾型传支时可在 5 ~ 7 日龄用 MA5 疫苗滴鼻点眼免疫，18 日龄时注射用当地分离的病毒株制成的油乳剂灭活苗，28 日时用 MA5 疫苗滴鼻点眼或饮水免疫。

（2）治疗。对传染性支气管炎目前尚无有效的治疗方法，人们常用中西医结合的对症疗法。由于实际生产中鸡群常并发细菌性疾病，故采用一些抗菌药物有时显得有效。对肾病变型传染性支气管炎的病鸡，有人采用口服补液盐、0.5% 碳酸氢钠、维生素 C 等药物投喂能起到一定的效果。天宇生物禽疫灵肌内注射。①咳喘康，开水煎汁半小时后，加入冷开水 20～25kg 作饮水，连服 5～7 天。同时，每 25kg 饲料或 50kg 水中再加入盐酸吗啉胍原粉 50g，效果更佳。②每克强力霉素原粉加水 10～20kg 任其自饮，连服 3～5 天。③每千克饲料拌入病毒灵 1.5g、板蓝根冲剂 30g，任雏鸡自由采食，少数病重鸡单独饲养，并辅以少量雪梨糖浆，连服 3～5 天，可收到良好效果。④咳喘敏、阿奇喘定等有特效。

七、鸡痘

鸡痘是鸡的一种急性、接触性传染病，病的特征是在鸡的无毛或少毛的皮肤上发生痘疹，或在口腔、咽喉部黏膜形成纤维素性坏死性假膜。在集体或大型养鸡场易造成流行，可使增重缓慢、消瘦；产蛋鸡受感染时，产蛋量暂时下降，若并发其他传染病、寄生虫病和卫生条件或营养不良时，可引起较多的死亡，对幼龄鸡更易造成严重的损失。

1. 病原

鸡痘病毒属于双股 DNA 病毒目，痘病毒科，禽痘病毒属。成熟的病毒粒子呈砖形，直径为 250～354nm。病毒基因组由单分子的线状双股 DNA 组成，大小 280kbp。在胞浆复制，通过胞吞方式出芽，而非细胞裂解释放出病毒粒子。

对外界环境有高度抵抗力，在上皮细胞屑中的病毒，完全干燥和阳光照射数周后仍能保存活力。但游离的病毒在 1%～2% 氢氧化钠或钾、10% 醋酸或 0.1% 汞中很快被灭活。在腐败环境中病毒迅速死亡。而冷冻干燥可使病毒长期保持活力，达几年之久。

2. 流行病学

鸡痘主要发生于鸡和火鸡，鹅、鸭虽能发生，但不严重。许多鸟类，如金丝雀、麻雀、鸽、鹌鹑、野鸡、松鸡和一些野鸟都有易感性。已在分属于 20 个科的 60 种野生鸟类中有发病的报道。各种龄期、性别和品种的鸡都能感染，但以雏鸡和中雏最常发病，且病情严重，死亡率高。成鸡较少患病，但在某些应激因素的作用下，也可感染。

鸡痘一年四季都可发生，夏秋季多发生皮肤型禽痘，冬季则以白喉型禽痘多见。南方地区春末夏初由于气候潮湿，蚊虫多，更多发生，病情也更为严重。

禽痘的传染常通过病禽与健康家禽的直接接触而发生，脱落和碎散的痘痂是禽痘病毒散播的主要形式之一。禽痘的传播一般要通过损伤的皮肤和黏膜而感染，常见于头部、冠和肉垂外伤或经过拔毛后从毛囊侵入。黏膜的破损多见于口腔、食道和眼结膜。有资料表明，无损伤的上皮，病毒是不能入侵的。库蚊、疟蚊和按蚊等吸血虫，以及体表寄生虫如鸡刺皮螨在传播鸡痘中起着重要的作用。蚊虫吸吮过病灶部的血液之后即带毒，带毒时间可长达 10～30 天，其间易感染的鸡被带毒的蚊虫刺吮后而传染，这是夏秋季节禽痘流行的主要传播途径。

某些不良环境因素，如拥挤、通风不良、阴暗、潮湿、体外寄生虫、啄癖或外伤、饲养管理不良、维生素缺乏等，可使禽痘加速发生或病情加重，如有慢性呼吸道病等并发感染，则可造成大批家禽的死亡。

3. 临床特点与表现

（1）临床特征。

①皮肤型：主要是皮肤及毛囊病变，在上皮组织有增生性病灶，突出高于皮肤，由白色变成黄色形成结痂，发炎出血，经 2～3 周上皮层退化脱落，结痂部位留有疤痕，特别是在鸡冠、肉髯、眼睑和翅下无毛处明显。由于体温升高，影响采食量和产蛋率。

②白喉型又称湿豆：在口腔、食道或气管黏膜表层出现急性炎症，并形成白色不透明的纤维蛋白状奶酪样坏死痂膜，及时拨去痂膜，可见到出血糜烂性炎症，而使鸡生还。若痂膜增大可堵塞咽喉，引起呼吸困难和窒息死亡，痂膜堵塞食道，影响采食，病程长可引起死亡和产蛋率下降。

③混合型：在同一鸡群中有的是全身皮肤的毛囊出现痘疹，有的是喉头出现黏膜痘性结痂，也有的鸡是两种都有，死亡率较高。

（2）病理变化。鸡痘病毒与哺乳动物痘病毒具有基本相似的病理过程。痘病毒分化为对宿主的特异性可能是由于长期适应于该动物，使病原的生物学特性发生了变化所致。

皮肤型鸡痘的特征性病变是局部表皮及其下层的毛囊上皮增生，形成结节。结节起初表现湿润，后变为干燥，外观呈圆形或不规则形，皮肤变得粗糙，呈灰色或暗棕色。结节干燥前切开，切面出血、湿润。结节结痂后易脱落，并出现瘢痕。

黏膜型禽痘，其病变出现在口腔、鼻、咽、喉、眼或气管黏膜上。发病初期只见黏膜表面出现稍微隆起的白色结节，后期连片，并形成干酪样假膜，可以剥离。有时全部气管黏膜增厚，病变蔓延到支气管时，可引起附近的肺部出现肺炎病变。

实质脏器变化不大，但当发生败血型禽痘时，可出现内脏器官萎缩，肠黏膜脱落。

病理组织学检查，最为特征性的是感染细胞的胞浆内出现大型的嗜酸性包涵体。由于病毒在表皮细胞和黏膜上皮细胞内增殖，细胞本身增大，细胞质淡染和空泡化，胞浆中央部位出现包涵体，包涵体急速增大，逐渐使细胞核崩解，细胞死亡。多数场合，细胞发生二次感染，最后形成无结构的痂皮而脱落。

4. 临床诊断

根据临床症状和发病情况，常可作出正确诊断。

应用组织学方法寻找感染上皮细胞内的大型嗜酸性包涵体和原生小体，也有较大诊断意义。血清学鉴定：取自然或人工感染后 1~2 周的病鸡血清作为免疫血清。将痘疹、痘疱、白喉型假膜或感染的绒毛尿囊膜作成乳剂后与抗鸡痘免疫血清作琼脂扩散试验。这种初步提纯抗原也可用于包被醛化红细胞，作间接血凝试验，用以检测抗体。抗体出现于感染后 1 周，持续约 15 周。以提纯的鸡痘病毒蛋白（10mg/mL）包被反应板，检疫免疫接种或自然感染鸡的血清抗体，具有较高敏感性和特异性，可用于实际免疫监测。如作中和试验，可于病料乳剂中加入免疫血清，感作后接种鸡胚或细胞培养物。应用荧光抗体或酶标抗体检测涂片或切片中的病毒粒子或病毒抗原，也可获得较好结果。

5. 防制

（1）综合防制措施。搞好灭蚊措施，注意鸡舍及环境的清洁卫生。由于蚊子是本病的主要传播媒介，应对所有可以孳生蚊虫的水源进行检查，清除这些污水池；鸡舍要钉好纱窗、纱门防止蚊子进入，并用灭蚊药杀死鸡舍内和环境中的蚊子。因为，鸡痘病毒主要存在于病变和脱落的痂皮中，而且鸡痘病毒对环境的抵抗力很强，能在环境中存活数月，所以要注意舍内和环境的消毒。采取措施防止鸡体表外伤：①及时修理笼具，防止竹刺、铁丝等尖锐物刺伤鸡皮肤；②出现外伤的病鸡及时用 5% 碘酊或紫药水涂擦伤部。

（2）预防接种。1 日龄以上鸡均可刺种。6~20 日龄雏鸡用 200 倍稀释的疫苗刺种一下，20 日龄以上雏鸡用 100 倍稀释的疫苗刺种一下，1 月龄以上刺种两下。本苗接种 3~4 天，刺种部位出现红肿、结痂，2~3 周后痂块即可脱落，免疫后 14 天产生免疫力，雏鸡免疫期两个月，成年鸡免疫期 5 个月。首次免疫多在 10~20 日龄左右，二次免疫在开产前进行。为有效预防鸡痘发生，应根据各地情况在蚊虫孳生季节到来之前，做好免疫接种。需要注意的是，鸡痘疫苗的免疫后必须认真检查，只有结痂放为生效，如不结痂，必须重新接种。另外鸡痘疫苗只有皮肤刺种才能有效，肌内注射效果不好，饮水则无效。

（3）治疗。以减轻症状，防止并发症。对症治疗可剥除痂块，伤口处涂擦紫药水或碘酊。口腔、咽喉处用镊子除去假膜，涂敷碘甘油，眼部可把蓄积的干样物挤出，用2%的硼酸液冲洗干净，再滴入5%的蛋白银液。大群鸡用鸡痘散和吗啉呱混料，连用3～5日。为防止继发感染，可在饲料或饮水中加入广谱抗生素，如环丙沙星、蒽诺沙星等连用5～7日。也可以用诺安瑞特痘痘消，连用10天。

八、传染性喉气管炎

鸡传染性喉气管炎是由传染性喉气管炎病毒引起的一种急性、接触性上部呼吸道传染病。其特征是呼吸困难、咳嗽和咳出含有血样的渗出物。剖检时可见喉部、气管黏膜肿胀、出血和糜烂。在病的早期患部细胞可形成核内包涵体。

本病1925年在美国首次报道后，现已遍及世界许多养鸡地区。本病传播快，死亡率较高，在我国较多地区发生和流行，危害养鸡业的发展。

1. 病原

鸡传染性喉气管炎的病原属疱疹病毒 I 型，病毒核酸为双股DNA。病毒颗粒呈球形，为20面立体对称，核衣壳由162个壳粒组成，在细胞核内呈散在或结晶状排列。该病毒分成熟和未成熟病毒两种，成熟的病毒粒子直径为195～250nm。成熟粒子有囊膜，囊膜表面有纤突。未成熟的病毒颗粒直径约为100nm。

病毒主要存在于病鸡的气管组织及其渗出物中。肝、脾和血液中较少见。病毒最适宜在鸡胚中增殖，病料接种10日龄鸡胚绒毛尿囊膜，鸡胚于接种后2～12天死亡，病料接种的初代鸡胚往往不死亡，随着在鸡胚继代次数的增加，鸡胚死亡时间缩短，并逐渐有规律地死亡。死亡胚体变小，鸡胚绒毛尿囊膜增生和坏死，形成混浊的散在的边缘隆起、中心低陷的痘斑样坏死病灶。一般在接毒后 48 小时开始出现，以后逐渐增大。

传染性喉气管炎病毒对鸡和其他常用实验动物的红细胞无凝集特性。本病毒对乙醚、氯仿等脂溶剂均敏感。对外界环境的抵抗力不强。加热 55℃ 存活 10 ~ 15 分钟，37℃ 存活 22 ~ 24 小时；死亡鸡只气管组织中的病毒，在 13 ~ 23℃ 可存活 10 天。37℃ 44 小时死亡；气管黏液中的病毒，在直射阳光下 6 ~ 8 小时死亡，但在黑暗的房舍内可存活 110 天；在绒毛尿囊膜中，在 25℃ 经 5 小时被灭活。病毒在干燥环境下可存活 1 年以上。在低温条件下，存活时间长，如在 -20 ~ -60℃ 时，能长期保存其毒力。煮沸立即死亡。兽医临床常用的消毒药如 3% 来苏尔、1% 苛性钠溶液或 5% 石炭酸 1 分钟可以杀死。甲醛、过氧乙酸等消毒药也有较好消毒效果。

2. 流行病学

在自然条件下，本病主要侵害鸡，各种年龄及品种的鸡均可感染。但以成年鸡症状最为明显。幼龄火鸡、野鸡、鹌鹑和孔雀也可感染。鸭、鸽、珍珠鸡和麻雀不易感。哺乳动物不易感。

病鸡、康复后的带毒鸡和无症状的带毒鸡是主要传染来源。经呼吸道及眼传染，亦可经消化道感染。由呼吸器官及鼻分泌物污染的垫草、饲料、饮水及用具可成为传播媒介，人及野生动物的活动也可机械地传播。种蛋蛋内及蛋壳上的病毒不能传播，因为被感染的鸡出壳前死亡。病毒通常存在病鸡的气管组织中，感染后排毒 6 ~ 8 天。有少部分（2%）康复鸡可以带毒，并向外界不断排毒，排毒时间可长达 2 年，有报道最长带毒时间达 741 天。由于康复鸡和无症状带毒鸡的存在，本病难以扑灭，并可呈地区性流行。

本病一年四季均可发生，秋冬寒冷季节多发。鸡群拥挤，通风不良，饲养管理不好，缺乏维生素，寄生虫感染等，都可促进本病的发生和传播。本病一旦传入鸡群，则迅速传开，感染率可达90%～100%，死亡率一般在10%～20%或以上，最急性型死亡率可达50%～70%，急性型一般在10%～30%，慢性或温和型死亡率约5%。

3. 临床特点与表现

（1）临床特征。自然感染的潜伏期6～12天，人工气管接种后2～4天鸡只即可发病。潜伏期的长短与病毒株的毒力有关。

发病初期，常有数只病鸡突然死亡。患鸡初期有鼻液，半透明状，眼流泪，伴有结膜炎，其后表现的特征为呼吸道症状，呼吸时发出湿性啰音，咳嗽，有喘鸣音，病鸡蹲伏地面或栖架上，每次吸气时头和颈部向前向上、张口、尽力吸气的姿势，有喘鸣叫声。严重病例，高度呼吸困难，痉挛咳嗽，可咳出带血的黏液，可污染喙角、颜面及头部羽毛。在鸡舍墙壁、垫草、鸡笼、鸡背羽毛或邻近鸡身上沾有血痕。若分泌物不能咳出堵住时，病鸡可窒息死亡。病鸡食欲减少或消失，迅速消瘦，鸡冠发紫；有时还排出绿色稀粪。最后多因衰竭死亡。产蛋鸡的产蛋量迅速减少（可达35%）或停止，康复后1～2个月才能恢复。

（2）病理变化。本病主要典型病变在气管和喉部组织，病初黏膜充血、肿胀，高度潮红，有黏液，进而黏膜发生变性、出血和坏死，气管中有含血黏液或血凝块，气管管腔变窄，病程2～3天后有黄白色纤维素性干酪样假膜。由于剧烈咳嗽和痉挛性呼吸，咳出分泌物和混血凝块以及脱落的上皮组织，严重时，炎症也可波及支气管、肺和气囊等部，甚至上行至鼻腔和眶下窦。肺一般正常或有肺充血及小区域的炎症变化。

病理组织学检查时，气管上皮细胞混浊肿胀，细胞水肿，纤毛脱落，气管黏膜和黏膜下层可见淋巴细胞、组织细胞和浆细胞浸润，黏膜细胞变性。病毒感染后 12 小时时，在气管、喉头黏膜上皮细胞核内可见嗜酸性包涵体。出现临诊症状 48 小时内包涵体最多。病毒接种鸡胚组织细胞 12 小时后可见到核内包涵体。

4. 临床诊断

鸡传染性喉气管炎的临诊症状和病理变化与某些呼吸道传染病，如鸡新城疫、传染性支气管炎有些相似，易发生误诊。因此，对本病应进行几方面检查综合诊断。

（1）临床诊断

①本病常突然发生，传播快，成年鸡发生最多；发病率高，死亡因条件不同而差别大。

②临诊症状较为典型：张口呼吸、喘气、有啰音，咳嗽时可咳出带血的黏液。有头向前向上吸气姿势。

③剖检死鸡时，可见气管呈卡他性和出血性炎症病变，以后者最为特征。气管内还可见到数量不等的血凝块。

（2）病毒分离与鉴定

①用病料（气管或气管渗出物和肺组织）做成 1：5～1：10的悬液，离心，取上清液，加入双抗（青霉素、链霉素）在室温下作用 30 分钟，取 0.1～0.2mL 接种 9～12 日龄鸡胚绒毛尿囊膜上或尿囊腔，在 2 天以后，绒毛尿囊膜上可出现痘斑样坏死病灶，在周围细胞内可检出核内包涵体。

②病毒接种在鸡胚肾细胞单层培养，24 小时后出现细胞病变，可检出多核细胞（合胞体）、核内包涵体和坏死病变。

③在病的初期（1～5 天），用气管和眼结膜组织，经固定、姬姆萨氏染色，可见上皮细胞核内包涵体。据报道，在 60 份样品中包含体检出率为 57%，病毒分离率为 72%。

（3）动物接种。病鸡的气管分泌物或组织悬液，经喉头或鼻腔或气管接种易感鸡和雏鸡，2～5 天可出现典型的传染性喉气管炎症状和病变。

（4）抗原和抗体检查。检查本病的抗原和抗体的方法有荧光抗体法、琼脂扩散试验、中和试验、核酸探针、PCR、ELISA、间接血凝、对流免疫电泳等。郑世军、甘孟侯建立的 Dot-ELISA 法，对发病鸡群口咽、泄殖腔拭子检查，检出抗原阳性率分别为 80.2%（162/202）、75.41%（92/122），敏感性好。

（5）鉴别诊断。本病易与传染性支气管炎、支原体病、传染性鼻炎、鸡新城疫、黏膜型鸡痘、维生素 A 缺乏等混淆，应重视鉴别工作。

5. 防制

（1）综合防制措施

①消毒：饲养管理用具及鸡舍进行消毒。来历不明的鸡要隔离观察，可放数只易感鸡与其同兼，观察 2 周，不发病，证明不带毒，这时方可混群饲养。

②淘汰：病愈鸡不可和易感鸡混群饲养，耐过的康复鸡在一定时间内带毒、排毒，所以，要严格控制易感鸡与康复鸡接触，最好将病愈鸡淘汰。

（2）免疫。本病流行的地区，可考虑接种鸡传染性喉气管炎弱毒疫苗，滴鼻、点眼（也有用饮水）免疫。按疫苗使用说明书进行。

鸡自然感染传染性喉气管炎病毒后可产生坚强的免疫力，可获得至少 1 年以上，甚至终生免疫。易感鸡接种疫苗后可获得保护力半年至 1 年不等。母源抗体可通过卵传给子代，但其保护作用甚差，也不干扰鸡的免疫接种，因为疫苗毒属于细胞结合性病毒。一般认为：没有本病流行的地区最好不用弱毒疫苗免疫，更不能用自然强毒接种，它不仅可使本病疫源长期存在，还可能散布其他疫病。

（3）治疗。禽优乐肌内注射，治疗量：中前期：0.5mL/kg。后期治疗量：1mL/kg，需配合抗菌消炎药一起治疗。

九、鸡病毒性关节炎

鸡病毒性关节炎是一种由呼肠孤病毒引起的鸡的重要传染病。病毒主要侵害关节滑膜、腱鞘和心肌，引起足部关节肿胀，腱鞘发炎，继而使腓肠腱断裂。病鸡关节肿胀、发炎，行动不便，跛行或不愿走动，采食困难，生长停滞。

鸡群的饲料利用率下降，淘汰率增高，在经济上造成一定的损失。1957 年，Olson 对该病作了首次报道。其后美国、英国、意大利、荷兰、日本、匈牙利等国相继报道了病毒性关节炎的病例。从 20 世纪 80 年代中期开始，我国先后在四川、河北、北京、黑龙江、上海、广东、吉林、云南、贵州、河南、山东、湖北等省市发现本病，并从有些病例中分离到呼肠孤病毒。鸡病毒性关节炎是我国养鸡业不可忽视的传染病之一。

1. 病原

病毒性关节炎的病原为禽呼肠孤病毒。该病毒与其他动物的呼肠孤病毒在形态方面基本相同，病毒粒子无囊膜，呈 20 面体对称排列，直径约为 75nm，在氯化铯中的浮密度为 1.36 ～ 1.37g/mL。其基因组由 10 个节段的双链 RNA 构成。

禽呼肠孤病毒可通过卵黄囊和绒毛尿囊膜（CAM）接种而在鸡胚中生长繁殖。通过卵黄囊接种，一般在接种后 3 ~ 5 天鸡胚死亡；通过 CAM 接种，通常在接种后 7 ~ 8 天鸡胚死亡。除鸡胚之外，鸡病毒性关节炎病毒还可在原代鸡胚成纤维细胞、肝、睾丸细胞，以及 Vero、BHK - 21 等传代细胞中生长。

由于缺乏对多种动物红细胞的凝集特性而使鸡病毒性关节炎病毒区别于其他动物的呼肠孤病毒。鸡病毒性关节炎病毒各毒株之间具有共同的沉淀抗原，但中和抗原具有明显的异源性。由于采用的试验方法不同，对毒株的分型结果也不尽相同。Rosenberger 等认为呼肠孤病毒经常以抗原亚型，而不是以独特的血清型存在。我国从 1985 年首次报道鸡病毒性关节炎以来，已经在全国各地分离了多个鸡病毒性关节炎病毒毒株，但不同毒株之间的相互关系还没有进行过系统研究。

禽呼肠孤病毒对热有一定的抵抗能力，能耐受 60℃ 达 8～10 小时。对乙醚不敏感。对 H_2O_2、pH 值 3、2% 来苏尔、3% 福尔马林等均有抵抗力。用 70% 乙醇和 0.5% 有机碘可以灭活病毒。

2. 流行病学

鸡呼肠孤病毒广泛存在于自然界，可从许多种鸟类体内分离到。但是鸡和火鸡是目前已知唯一可被鸡病毒性关节炎病毒引起关节炎的动物。病毒在鸡中的传播有两种方式：水平传播和垂直传播。虽然有资料表明，鸡病毒性关节炎病毒可通过种蛋垂直传播，但水平传播是该病的主要传染途径。病毒感染鸡之后，首先在呼吸道和消化道复制后进入血液，24～48 小时后出现病毒血症，随后即向体内各组织器官扩散，但以关节腱鞘及消化道的含毒较高。排毒途径主要是经过消化道。

试验表明，由口腔感染 SPF 成年鸡，4 天后可从呼吸道、消化道、生殖道和股关节分离到病毒，14～15 天后含毒量明显降低。感染后的鸡病毒性关节炎病毒在股关节内存在 3 周，14～16 周后，仍能从感染鸡的泄殖腔发现病毒。因此，带毒鸡是重要的传染源。

鸡病毒性关节炎的感染率和发病率因鸡的年龄不同而有差异。鸡年龄越大，敏感性越低，10 周龄之后明显降低。一般认为，雏鸡的易感性可能与雏鸡的免疫系统尚未发育完全有关。

自然感染发病多见于 4～7 周龄鸡，也有更大鸡龄发生关节炎的报道。发病率可高达 100%，而死亡率通常低于 6%。在山东部分地区进行的一次血清学调查结果显示，在 11 万羽肉仔鸡中，呼肠孤病毒感染的阳性率达 75.2%，5 万羽蛋鸡中阳性率为 23.5%。

3. 临床特点与表现

（1）临床特征。本病大多数野外病例均呈隐性感染或慢性感染，要通过血清学检测和病毒分离才能确定。在急性感染的情况下，鸡表现跛行，部分鸡生长受阻；慢性感染期的跛行更加明显，少数病鸡跗关节不能运动。病鸡食欲和活力减退，不愿走动，喜坐在关节上，驱赶时或勉强移动，但步态不稳，继而出现跛行或单脚跳跃。

病鸡因得不到足够的水分和饲料而日渐消瘦，贫血，发育迟滞，少数逐渐衰竭而死。检查病鸡可见单侧或双侧蹠部、跗关节肿胀。在日龄较大的肉鸡中可见腓肠腱断裂导致顽固性跛行。

种鸡群或蛋鸡群受感染后，产蛋量可下降 10% ~ 15%。也有报道种鸡群感染后种蛋受精率下降，这可能是病鸡因运动功能障碍而影响正常的交配所致。

（2）病理变化。患鸡跗关节上下周围肿胀，切开皮肤可见到关节上部腓肠腱水肿，滑膜内经常有充血或点状出血，关节腔内含有淡黄色或血样渗出物，少数病例的渗出物为脓性，与传染性滑膜炎病变相似，这可能与某些细菌的继发感染有关。其他关节腔呈淡红色，关节液增加。根据病程的长短，有时可见周围组织与骨膜脱离。大雏或成鸡易发生腓肠腱断裂。换羽时发生关节炎，可在患鸡皮肤外见到皮下组织呈紫红色。慢性病例的关节腔内渗出物较少，腱鞘硬化和粘连，在跗关节远端关节软骨上出现凹陷的点状溃烂，然后变大、融合，延伸到下方的骨质，关节表面纤维软骨膜过度增生。有的在切面可见到肌和腱交接部发生的不全断裂和周围组织粘连，关节腔有脓样、干酪样渗出物。有时还可见到心外膜炎，肝、脾和心肌上有细小的坏死灶。

4. 临床诊断

（1）根据症状和病变进行初步诊断。虽然此病的类症鉴别颇为困难，但根据症状和病变的特点，在临诊中可对该病做出初步诊断。以下几点具有诊断价值：

①病鸡跛行，跗关节肿胀。

②心肌纤维之间有异噬细胞浸润。

③患病毒性关节炎的鸡群中，常见有部分鸡呈现发育不良综合征现象，病鸡苍白，骨钙化不全，羽毛生长异常，生长迟缓或生长停止。

（2）病原学诊断

①病毒的分离与鉴定：病原的分离鉴定是最确切的诊断方法。可从肿胀的腱鞘、跗关节的关节液、气管和支气管、肠内容物及脾脏等取病料进行病毒分离。从病变部分分离病毒时，要注意取病料的时间，感染后2周之内较易分离到病毒。病料在接种前的处理可参考其他病毒分离时的操作程序。从野外病料分离病毒，最好采用5~7日龄的鸡胚卵黄囊内接种，鸡胚应来自SPF或没有鸡病毒性关节炎病毒感染的种鸡群。接种后3~5天，鸡胚死亡，胚体出血，内脏器官充血、出血、胚体呈淡紫色。如种蛋带有鸡病毒性关节炎病毒母源抗体，或者病料含毒量低，则鸡胚死亡的时间会推迟，也可能有部分鸡胚会孵出。在接种后较长时间才死亡的鸡胚，其胚体发育不良，肝、脾、心肿大并有细小坏死灶，胚体呈暗紫色。如将含病毒材料接种于CAM上，接种后的胚胎死亡规律和胚体变化与卵黄囊接种的结果基本相同，特征变化是绒毛尿囊膜增厚，有白色或淡黄色的痘斑样病变，CAM细胞内可见到胞浆内包涵体。

分离到病毒之后，可通过病毒理化特性测定、电镜观察、病毒核酸电泳、血清学检验皮动物敏感性试验等进行鉴定。

②酶联免疫吸附试验（ELISA）：应用ELISA双抗体夹心法可以检测鸡鸡病毒性关节炎病毒。该法具有较高的特异性和敏感性，在人工感染后2~27天，关节滑膜、腱鞘和脾脏中病毒检出率为100%。

③荧光抗体法（FA）：是检测鸡病毒性关节炎病毒的一个比较有效、快速、特异的方法。将病鸡的腱鞘、肝、脾等进行冰冻切片、丙酮固定后，用抗鸡病毒性关节炎病毒病毒的荧光抗体染色，荧光显微镜下可见到亮绿色的团块状抗原，据此可对本病进行诊断。肖成蕊等采用 FA 检测 8 例人工感染鸡及 18 例自然感染鸡，脾脏和肝脏检出率为 100%，认为脾和肝是 FA 检测鸡病毒性关节炎病毒的首选器官。

（3）血清学诊断

血清学检验的方法很多，除了常用的琼脂扩散试验（AGP）、酶联免疫吸附试验（ELISA）外，还有间接荧光抗体方法（IFA）及中和试验（VN）等。

①琼脂扩散试验（AGP）：AGP 是最常用的鸡病毒性关节炎的诊断方法。病毒感染 2~3 周后，该方法能检查出呼肠孤病毒的群特异性抗体。王锡望等采用 S1133 株接种鸡胚尿囊膜，制备鸡呼肠孤病毒 AGP 抗原。用该抗原对脚掌部接种的鸡血清进行 AGP 检测，接种后 7 天的阳性率为 93%，14~90 天为 100%，105 天为 94%，120 天为 64%，150 天为 25%。该法虽然敏感性稍低，不适宜检测低滴度抗体，但操作简便，易于推广，实用性强，既可用于鸡群流行病学调查，又可用于鸡病毒性关节炎的诊断。

②酶联免疫吸附试验（ELISA）：Slaght 等首次建立了 ELISA 方法检测禽鸡病毒性关节炎病毒抗体，使用 S1133 毒株作抗原，发现它与 Reo25 和 WVV2939 株的抗体发生反应，同源抗体滴度最高。国内陈士友等、单松华等先后建立了检测鸡病毒性关节炎病毒抗体的 ELISA 方法。该法与 AGP 相比，具有敏感性高、快速、适合自动化等优点。目前，ELISA 系统已商品化。该系统适合于群体鸡病毒性关节炎病毒抗体水平的分析。

5. 防制

对该病目前尚无有效的治疗方法，所以，预防是控制本病的唯一方法。由于鸡病毒性关节炎病毒本身的特点，加上现代养鸡的高密度，要防止鸡群接触病毒是困难的，因此，预防接种是目前条件下防止鸡病毒性关节炎的最有效方法。为了防止本病流行，在国外研制出了许多种弱毒苗和灭能的禽呼肠孤病毒疫苗，并制定了相应的免疫程序。目前，国外应用的弱毒疫苗有通过鸡胚72代致弱的 S-1133 弱毒株，可饮水免疫30周龄或10~17周龄种鸡，其后代能抵抗经口攻毒；完全减毒疫苗 P100 苗，此苗是用 S-1133 毒株通过鸡胚传235代后，再通过鸡胚成纤维细胞培养100代致弱而成。P-100 苗可用于1日龄雏鸡，皮下接种，经14日后免疫雏鸡能抵抗同源病毒的攻击。还有 UMI-203 弱毒苗，盖森对8~18周龄的种鸡无致病力，但对雏鸡的毒力很强。该苗的优点是交叉免疫比 S-1133 株强，因其抗原性较宽。

由于雏鸡对致病性鸡病毒性关节炎病毒最易感，而至少要到2周龄开始才具有对鸡病毒性关节炎病毒的抵抗力，因此，对雏鸡提供免疫保护应是防疫的重点。接种弱的活疫苗可以有效地产生主动免疫，一般采用皮下接种途径。但用 S-1133 弱毒苗与马立克氏病疫苗同时免疫时，S1133 会干扰马立克氏病疫苗的免疫效果，故两种疫苗接种时间应相隔5天以上。无母源抗体的后备鸡，可在6~8日龄用活苗首免，8周龄时再用活苗加强免疫，在开产前2~3周注射灭活苗，一般可使雏鸡在3周内不受感染。这已被证明是一种有效的控制鸡病毒性关节炎的方法。将活疫苗与灭活疫苗结合免疫种鸡群，可以达到很好的免疫效果。但在使用活疫苗时，要注意疫苗毒株对不同年龄的雏鸡的毒性是不同的。

一般的预防方法是加强卫生管理及鸡舍的定期消毒。采用"全进全出"的饲养方式，对鸡舍彻底清洗和消毒，可以防止由上批感染鸡留下的病毒的感染。由于患病鸡长时间不断向外排毒，是重要的感染源，因此，对患病鸡要坚决淘汰。

十、鸡传染性贫血病

鸡传染性贫血病是由鸡传染性贫血病毒引起雏鸡的以再生障碍性贫血和全身性淋巴组织萎缩为特征的一种免疫抑制性疾病，经常合并、继发和加重病毒、细菌和真菌性感染，危害很大。

1979 年首次在日本发现本病，之后相继在德国、瑞典、英国、美国、澳大利亚、荷兰、丹麦、波兰、巴西等国分离到鸡传染性贫血病毒。在我国，李孝欣，崔现兰于 1992 年从发病鸡群中分离到病毒，从而确证该病在我国的存在。根据近几年的流行病学调查，鸡传染性贫血病毒在我国鸡群中的感染率约在40%～70%。国内外的病原分离和血清学调查结果表明，鸡传染性贫血病可能呈世界性分布，由鸡传染性贫血病诱发的疾病已成为一个严重的经济问题，特别是对肉鸡的生产。

1. 病原

鸡传染性贫血病的病原为鸡传染性贫血病毒，现归类于圆环病毒科。该病毒纯化后经负染，在电镜下呈球形或六角形，无囊膜，病毒粒子呈 20 面体对称，平均直径为 25～26.5nm，在氯化铯中的浮密度为 1.35～1.37g/mL。

鸡传染性贫血病毒的基因组为单链、圆环状、共价连接的DNA，由 2 300 个碱基组成，有 3 个重叠的开放阅读框（ORF），编码 3 种蛋白质，分别为 52kD、24kD、13kD，有的毒株还含有第四个 ORF，但功能不清楚。

鸡传染性贫血病毒对乙醚和氯仿有抵抗力，对酸（pH 值3.0）作用 3 小时仍然稳定。加热 56℃或 70℃1 小时，80℃15 分钟仍有感染力；80℃30 分钟使病毒部分失活，100℃ 15 分钟完全失活。对 90% 的丙酮处理 24 小时也有抵抗力。病毒在 5% 酚中作用 5 分钟，在 5% 次氯酸中 37℃ 2 小时失去感染力。福尔马林和含氯制剂可用于消毒。

鸡传染性贫血病毒可在 1 日龄雏鸡、细胞培养或鸡胚上增殖，不能在常用的哺乳动物的细胞系中生长，只能在由鸡马立克氏病病毒和淋巴白血病病毒转化的某些淋巴瘤细胞上生长，最常用的是 MDCC－MSB1 和 MDCC－JP2 细胞，并出现细胞病变。鸡传染性贫血病毒感染的 MSB1 细胞做成超薄切片，经免疫组化染色可显示核内包涵体。鸡传染性贫血病毒分离毒株之间无抗原性差异，但在致病力上可能存在差异。

2. 流行病学

鸡是传染性贫血病毒的唯一宿主。各种年龄的鸡均可感染，自然感染常见于 2～4 周龄的雏鸡，不同品种的雏鸡都可感染发病。随着日龄的增加，鸡对该病的易感性迅速下降，肉鸡比蛋鸡易感，公鸡比母鸡易感。当与传染性法氏囊病毒混合感染或有继发感染时，日龄稍大的鸡，如 6 周龄的鸡也可感染发病。有母源抗体的鸡也可感染，但不出现临诊症状。

在火鸡或鸭血中检测不到鸡传染性贫血病毒抗体，用高剂量的病毒接种 1 日龄雏火鸡，对感染有抵抗力，并且不产生抗鸡传染性贫血病毒抗体。

鸡传染性贫血病毒可通过垂直传播和水平传播。经孵化的鸡蛋进行垂直传播认为是本病的最重要的传播途径。由感染公鸡的精液也可造成鸡胚的感染。实验感染母鸡，在感染后 8～14 天可经卵传播，在野外鸡群垂直传播可能出现在感染后的 3～6 周。水平传播可通过口腔、消化道和呼吸道途径引起感染。发病康复鸡可产生中和抗体。

3. 临床特点与表现

（1）临床特征。本病的唯一特征性症状是贫血。一般在感染后 10 天发病，14～16 天达到高峰。病鸡表现为精神沉郁，虚弱，行动迟缓，羽毛松乱，喙、肉髯、面部皮肤和可视黏膜苍白，生长不良，体重下降；临死前还可见到拉稀。血液稀薄如水，红细胞压积值降到 20% 以下（正常值在 30% 以上，降到27% 以下便为贫血），红细胞数低于 200 万个/mL，白细胞数低于 5 000 个，血小板值低于 27%。在病的严重时期，还可见到红细胞的异常变化。发病鸡的死亡率不一致，受到病毒、细菌、宿主和环境等许多因素的影响，实验感染的死亡率不超过 30%，无并发症的鸡传染性贫血，特别是由水平感染引起的，不会引起高死亡率。如有继发感染，可加重病情；死亡增多。感染后20~28 天存活的鸡可逐渐恢复正常。

（2）病理变化。病鸡贫血，消瘦，肌肉与内脏器官苍白、贫血；肝脏和肾脏肿大，褪色，或淡黄色；血液稀薄，凝血时间延长。骨髓萎缩是在病鸡所见到的最特征性病变，大腿骨的骨髓呈脂肪色、淡黄色或粉红色。有些病例，骨髓的颜色呈暗红色，组织学检查可见明显的病变。胸腺萎缩是最常见的病变，呈深红褐色，可能导致其完全退化，随着病鸡的生长，抵抗力的提高，胸腺萎缩比骨髓病变更容易观察到。法氏囊萎缩不很明显，有的病例法氏囊体积缩小，在许多病例的法氏囊的外壁呈半透明状态，以至于可见到内部的皱襞。有时可见到腺胃黏膜出血和皮下与肌肉出血。若有继发细菌感染，可见到坏疽性皮炎，肝脏肿大呈斑驳状以及其他组织的病变。

4. 临床诊断

本病根据流行病学特点、症状和病理变化可作出初步诊断，确切诊断需作病原学和血清学两方面的工作。

（1）现场诊断本病。主要发生于鸡，2~3 周龄的鸡最易感，日龄增大对本病的易感性迅速下降，日龄越小发病和死亡越严重。剖检病变以贫血为主要特征，可见贫血变化，胸腺萎缩，骨髓萎缩，呈脂肪色。病鸡的红细胞、白细胞及血小板均显著减少，红细胞压积值在 20% 以下。

（2）病毒分离。肝脏含有高滴度的鸡传染性贫血病毒，是分离病毒的最好材料，可将肝脏制成匀浆，离心取上清液，加热 70℃ 5 分钟或用氯仿处理以去除或灭活可能的污染物，用于雏鸡、鸡胚或细胞培养接种。

①接种雏鸡：用肝脏病料 1∶10 稀释肌肉或腹腔接种 1 日龄 SPF 雏鸡，每只 0.1mL，观察典型症状和病理变化。

②接种鸡胚：用肝脏病料卵黄囊接种 4~5 日龄鸡胚，无鸡胚病变，孵出小鸡发生贫血和死亡。

③接种细胞培养物：用病料接种 MDCC-MSB1 细胞，每隔 2~4 天进行病毒继代培养，经 1~6 次继代培养后出现细胞病变，表明有鸡传染性贫血病毒感染。

（3）血清学诊断。可用血清中和试验（VN）、间接免疫荧光抗体试验（IFA）、酶联免疫吸附试验（ELISA）检测感染鸡血清中的抗体。可用免疫荧光抗体或免疫过氧化物酶试验、DNA 探针、聚合酶链反应（PCR）检测鸡组织或细胞培养物中的病毒。

（4）鉴别诊断。鸡传染性贫血应与成红细胞引起的贫血、MDV 与 IBDV 感染、腺病毒感染、鸡球虫病，以及高剂量的磺胺类药物或真菌毒素中毒进行区别。对 6 周龄以下的鸡，从临诊症状、血液学变化、肉眼和显微镜下病变和鸡群病史的综合分析，可提示是鸡传染性贫血病毒感染。对血液的涂片镜检，可区分由成红细胞病毒引起的贫血。MDV 与 IBDV 均可引起淋巴组织的萎缩，并有典型的组织学变，但在自然感染发病鸡不引起贫血症。与急性 IBDV 感染有关的再生障碍性贫血也会发生，但比鸡传染性贫血病毒诱发的贫血消失早。腺病毒是包涵体肝炎-再生障碍性贫血综合征的主要病因，该综合征常发生于 5~10 周龄的鸡，而在单一病原感染的鸡不会引起再生障碍性贫血。球虫病引起的贫血可见到血便与明显的肠道出血，而鸡传染性贫血病没有血便，肠道见不到点状出血。磺胺类药物与真菌毒素中毒可引起再生障碍性贫血，但肌肉与肠道有点状出血，同时，鸡群有使用磺胺类药物的历史。

5. 防制

（1）综合防治

①预防措施：在引种时要从没有该病的种鸡场引种。建议有条件的种鸡场进行免疫抗体监测。发病鸡群可使用抗生素防止并发或继发感染，饲料中增加维生素、氨基酸、微量元素减缓病情、降低死亡，这对缩短病程及病鸡耐过康复有积极作用。

②管理措施：本病当前尚无特效治疗办法，必须以防为主，采取综合防治措施，严格生物安全防疫体系建设，实施隔离消毒、检疫监测、正确饲养管理。重视日常卫生管理。强化鸡舍、环境、饮水、用具经常性净化消毒。福尔马林和含氯制剂可用于消毒。

（2）免疫接种。目前，国外有两种商品活疫苗，一是由鸡胚生产的有毒力的鸡传染性贫血病毒活疫苗，可通过饮水途径免疫，对种鸡在 13～15 周龄进行免疫接种，可有效地防止子代发病，本疫苗不能在产蛋前 3～4 周免疫接种，以防止通过种蛋传播病毒。二是减毒的鸡传染性贫血病毒活疫苗，可通过肌肉、皮下或翅膀对种鸡进行接种，这是十分有效的。如果后备种鸡群血清学呈阳性反应，则不宜进行免疫接种。

（3）治疗。对鸡传染性贫血病毒感染的发病鸡尚无特异性治疗方法，如果有相关的继发感染细菌性疾病，一般用广谱抗生素进行控制。

十一、禽网状内皮组织增殖病

网状内皮组织增殖病是由网状内皮组织增殖病病毒（REV）

引起的鸭、火鸡、鸡和野禽的一组症状不同的综合征。包括免疫抑制、致死性网状细胞瘤、生长抑制综合征（矮小综合征）以及淋巴组织和其他组织的慢性肿瘤。

1. 病原

网状内皮组织增殖病毒属反转录病毒科，禽 C 型肿瘤病毒。本病毒可分为复制缺陷性（不完全复制型）和非复制型缺陷（完全复制型）。前者需要辅助病毒 REV－A 的参与才能进行复制。只有非复制缺陷型病毒可以引起矮小综合征和慢性淋巴瘤。病毒粒子直径约为 100nm。有囊膜，对乙醚敏感，对热敏感。37℃下 20 分钟可失活 50%。－70℃长期保存不会降低活性。目前证明 REV 只有一个血清型，但是分离到的毒株抗原性有一定的差异，根据这些差异可分为 1、2、3 三个亚型。

2. 流行病学

网状内皮组织增殖病通常为散发。自然宿主包括火鸡、鸭、鸡、雉、鹅和日本鹌鹑等。其中，鸡和火鸡常作为实验宿主。本病在商品禽，尤其是火鸡和鸭群中危害较严重。但尚未见哺乳动物被感染的报道。本病主要通过接触水平传播。李劲松等用 RV－1 株感染鸭与健康鸭在一起饲养，2～3 天后，健康鸭 REV 抗体转为阳性。感染鸭口腔和泄殖腔拭子中有病毒存在，说明分泌物和排泄物是病毒传播的来源。已证实 REV 可以经卵传播，但蛋传的发生率是很低的。在鸭感染模式中，不同的宿主因素具有重要意义，其中，年龄最为重要。胚胎期或新生期感染病毒鸭产生持续性病毒血症，不能产生 REV 抗体或者抗体水平很低。但 21 日龄左右鸭感染 REV 后，病毒血症非常短暂，抗体产生后病毒血症即消失。对 3 周龄鸭仅感染 RV－1 株，不表现免疫抑制，但幼年鸭感染 RV－1 株则产生免疫抑制。年龄较大鸭要经法氏囊切除手术结合感染 RV－1 株才产生免疫抑制，但仅切除法氏囊则没有这种效果，说明切除法氏囊仅仅部分地损伤体液免疫能力。不同品种对本病的敏感性也声差异。Matha 报道，REV 可通过蚊子传播。禽用疫苗的 REV 污染是该病传播的重要问题，目前，已引起世界各国的重视。

3. 临床特点与表现

（1）临床特征。鸡的矮小综合征，通常是由于 1 日龄雏鸡接种了污染 REV 生物制品造成的。表现严重的，生长停滞。羽毛生长不正常，在身体躯干部位羽小支紧贴羽干。慢性淋巴瘤的情况少见，但病鸡从发病到死亡的整个期间，精神委顿，食欲缺乏。郁晓岚（1988）报道，用 REV 感染 1 日龄雏鸡后，1~5 周龄的体重资料经统计学处理，试验组和对照组间体重差异极显著，$P < 0.001$。用 RV-1 人工感染鸭，在 4~6 个月的试验期间内，死亡率达 80%~100%，不论法氏囊是否已人工切除，大部分死亡鸭无肿瘤出现，约 25% 感染鸭可查出肿瘤，肿瘤包括淋巴肉瘤、淋巴细胞肉瘤和梭状细胞肉瘤。

（2）病理变化。感染鸡的法氏囊严重萎缩并重量减轻，滤泡缩小，滤泡中心淋巴细胞数目减少或发生坏死。胸腺萎缩、充血、出血和水肿，本病主要侵害肝、脾、心、胸腺、法氏囊、腺胃、胰腺和性腺等。最早出现病变是肝。特征变化是网状细胞的弥散性和结节性增生。用非缺陷性 REV 人工感染鸡，产生慢性淋巴瘤综合征，表现淋巴样白血病，看来 REV 和禽白血病病毒都可以产生淋巴样白血病，这可能是因为这两种病毒都以相似的方式激活 c-mvc 基因。REV 人工感染某些品系鸡可引起与马立克氏病相似的淋巴瘤。也具有神经病灶和肝、胸腺、心脏肿瘤，并且早在 6 周龄即可产生。

4. 临床诊断

（1）病毒学检查。取发病早期病变组织或血液的白细胞层进行病毒的分离，但全血、血浆、肝脾悬液接种细胞后易形成胶冻样，不利于细胞的生长，可能会影响病毒的增殖。另外，不同样品的病毒滴度也存在一定的差异，以白细胞的分离率最高。将病料接种于鸡胚成纤维细胞至少盲传两代，每次 7 天。可通过观察细胞病变、免疫荧光试验、免疫过氧化物试验测定培养物或血液中的 REV。ELISA 直接测定病毒时，蛋清的敏感性最高，因此，蛋清是检测 REV 感染的理想样品。若应用单克隆抗体可提高检测的特异性。聚合酶链反应具有灵敏度高、特异性强的特点，即使血清转阴该方法也能检测出血中的 REV 抗原。

（2）血清学试验。用血清学方法检测，世界各国有不同的规定，如日本用补体结合试验（CF）、琼脂扩散试验（AGP）和荧光抗体试验（FA）；美国用 CF、AGP 和 FA；澳大利亚用 FA；我国规定用 AGP 和 FA。我国和美国也推荐 ELISA 检测方法。

（3）鉴别诊断。网状内皮组织增殖病的诊断最好根据典型的病变结合病毒分离或抗体检测来加以证实。网状内皮组织增殖病主要是与禽白血病和马立克氏病相区分。矮小综合征必须与其他免疫抑制综合征相区别。特别是法氏囊病、苍白综合征、吸收障碍综合征以及呼肠孤病毒引起的传染性发育障碍综合征。在火鸡本病应与淋巴细胞增生病相区别。

5. 防制

对网状内皮组织增殖病的控制尚无比较成熟的方法。现阶段网状内皮组织增殖病防控的主要对策是加强原种鸡群中 REV 抗体和蛋清样本中病毒抗原的检测，淘汰阳性鸡，净化鸡群，同时，对阳性鸡所污染的鸡舍及其环境进行严格消毒。加强禽用疫苗生产的管理和监督，防止 REV 污染疫苗，慎用非 SPF 蛋生产的疫苗，以防注射疫苗引起本病的传播。目前，网状内皮组织增殖病疫苗的研究仅停留在实验室阶段，尚无商业化生产。

十二、禽传染性脑脊髓炎

禽传染性脑脊髓炎（又称流行性震颤）是由禽脑脊髓炎病

毒引起的一种主要侵害雏鸡中枢神经系统的传染病。以共济失调、头颈震颤和两肢麻痹、瘫痪为特征。产蛋鸡表现产蛋下降，蛋重减轻。

1. 病原

禽传染性脑脊髓炎病毒（AEV）属于小RNA病毒科的肠道病毒属。病毒粒子具有六边形轮廓，无囊膜，病毒直径约有 $26 \pm 0.4nm$，呈20面体对称，其衣壳（或病毒粒子）由32或42个壳粒组成，病毒在氯化铯中的浮密度为 $1.31 \sim 1.33g/mL$。马学恩对AEV的结构也有类似的报道。

病毒对氯仿、乙醚、酸、胰酶、胃蛋白酶及DNA酶有抵抗力，所有AEV的不同分离株属同一血清型，但各毒株的致病性和对组织的亲嗜性不同，大部分野外分离株为嗜肠性，且易经口传染给鸡并从粪便排毒，通过垂直传播或出壳早期水平传播使易感雏鸡致病，在这些病例中，一般表现有神经症状。野外分离株通过易感小鸡的脑内接种也能产生神经症状。

胚适应毒株与野毒株的致病性有明显的不同，胚适应株已失去野毒株的嗜肠道特性，因此经口给予胚适应株是不会传染的，病毒也不能在肠道中复制。非经口途径接种胚适应株不会在粪便中排毒。胚适应株是高度嗜神经性，通过脑内、皮下、肌肉等非经口方法接种可引起严重的神经症状。这种毒株一般不能水平传播。常用的胚适应毒株是VR株，用胚适应株接种易感鸡胚孵育至18天可出现特征性病变，如严重肌肉营养不良、胚体矮化、无论是自然野毒株或胚适应株，均可在敏感的雏鸡、鸡胚和鸡胚的多种细胞如脑细胞、成纤维细胞、肾细胞和胰细胞及神经胶质细胞上生长。细胞培养一般无细胞病变，用易感鸡胚于5～6天龄经卵黄囊接种是繁殖AEV最常用的方法。

2. 流行病学

自然感染见于鸡、雉、火鸡、鹌鹑、珍珠鸡等，鸡对本病最易感。各个日龄均可感染，但一般雏禽才有明显症状。此病具有很强的传染性，病毒通过肠道感染后，经粪便排毒，病毒在粪便中能存活相当长的时间。因此，污染的饲料、饮水、垫草、孵化器和育雏设备都可能成为病毒传播的来源，如果没有特殊的预防措施，该病可在鸡群中传播。在传播方式上本病以垂直传播为主，也能通过接触进行水平传播。产蛋鸡感染后，一般无明显临床症状，但在感染急性期可将病毒排入蛋中，这些蛋虽然大都能孵化出雏鸡，但雏鸡在出壳时或出生后数日内呈现症状。这些被感染的雏鸡粪便中含有大量病毒，可通过接触感染其他雏鸡，造成重大经济损失。本病流行明显的季节性，一年四季均可发生，以冬春季节稍多。本病一年四季均可发生，发病及死亡率与鸡群的易感鸡多少、病原的毒力高低，病原的毒力高低，发病的日龄大小而有所不同。雏鸡发病率一般为 40% ~ 60%，死亡率 10% ~25%，甚至更高。

3. 临床特点与表现

（1）临床特征。此病主要见于 3 周龄以内的雏鸡，虽然出雏时有较多的弱雏并可能有一些病雏，但有神经症状的病雏大多在 1~2 周龄出现。病雏最初表现为迟钝，继而出现共济失调，表现为雏鸡不愿走动而蹲坐在自身的跗关节上，驱赶时可勉强以跗关节着地走路，走动时摇摆不定，向前猛冲后倒下。或出现一侧或双侧腿麻痹，一侧腿麻痹时，走路跛行，双侧腿麻痹则完全不能站立，双腿呈一前一后的劈叉姿势，或双腿倒向一侧。肌肉震颤大多在出现共济失调之后才发生，在腿、翼，尤其是头颈部可见明显的阵发性震颤，频率较高，在病鸡受惊扰如给水、加料、倒提时更为明显。部分存活鸡可见一侧或两侧眼的晶状体混浊或浅蓝色褪色，眼球增大及失明。

（2）病理变化。病鸡唯一可见的肉眼变化是腺胃的肌层有细小的灰白区，个别雏鸡可发现小脑水肿。组织学变化表现为非化脓性脑炎，脑部血管有明显的管套现象；脊髓背根神经炎，脊髓根中的神经原周围有时聚集大量淋巴细胞。小脑分子层易发生神经原中央虎斑溶解，神经小胶质细胞弥漫性或结节性浸润。此外，尚有心肌、肌胃肌层和胰脏淋巴小结的增生、聚集以及腺胃肌肉层淋巴细胞浸润。

4. 临床诊断

根据临床症状和病理变化可做出初步诊断，确诊需进一步做实验室诊断。

实验室诊断。

①病原检查：细胞培养（病毒可在鸡胚成纤维细胞或鸡胚肾细胞培养物中生长，出现细胞病变、鸡胚接种（采用无禽脑脊髓炎病毒母源抗体的鸡胚于5日龄经卵黄囊接种分离和增殖病毒）、荧光抗体或免疫扩散试验（检查特异性病毒抗原）。

②血清学检查：琼脂扩散试验（检查群特异性沉淀抗原，可用于本病普查，对耐过型病鸡本法也可检出）、中和试验、荧光抗体试验（可检出受感染组织中的抗原）。

③病料采集：病死鸡的脑是最好的病料（尤以发病早期，发病不超过2~3天的病禽脑组织最好）。用无菌操作采取一只或几只禽的脑组织作为混合病料，于-20℃以下低温保存待检。

5. 防制

（1）综合防制措施

①加强消毒与隔离措施，防止从疫区引进种苗和种蛋。

②鸡感染后一个月内的蛋不宜孵化。

③禽传染性脑脊髓炎发生后，目前，尚无特异性疗法。将轻症鸡隔离饲养，加强管理并投与抗生素预防细菌感染，维生素E、维生素B1、谷维素等药可保护神经和改善症状。重症鸡应挑出淘汰。全群还可用抗禽传染性脑脊髓炎病毒的卵黄抗体（康复鸡或免疫后抗体滴度较高的鸡群所产的蛋制成）作肌内注射，

每只雏鸡 0.5 ~ 1.0mL，每日 1 次，连用 2 天。

（2）免疫接种

①活毒疫苗：一种用 1143 毒株制成的活苗，可通过饮水法接种，鸡接种疫苗后 1 ~ 2 周排出的粪便中能分离出禽传染性脑脊髓炎病毒，这种疫苗可通过自然扩散感染且具有一定的毒力，故小于 8 周龄的鸡只不可使用此苗，以免引起发病。处于产蛋期的鸡群也不能接种这种疫苗，否则可能使产蛋量下降 10% ~ 15%，持续时间从 10 天至 2 周。建议于 10 周以上，但不能迟于开产前 4 周接种疫苗。在接种后不足 4 周所产的蛋不能用于孵化，以防仔鸡由于垂直传播而导致发病。

另一种禽传染性脑脊髓炎活苗常与鸡痘弱毒苗制成二联苗。一般于 10 周龄以上至开产前 4 周之间进行翼膜刺种，接种后 4 天，在接种部位出现微肿，结出黄色或红色肿起的痘痂，并持续 3 ~ 4 天，第九天于刺种部位形成典型的痘斑为接种成功。因制苗的种毒为鸡胚适应毒株，病毒难以在个体间扩散，那些没接种的鸡就会处于易感状态。为了避免遗漏接种鸡，应至少抽查鸡群中 5% 的鸡只作痘痂检查，无痘痂者应再次接种。使用这种胚适应苗，疫苗在鸡胚连续传代会发生神经适应性，故偶见部分后备鸡群翼翅接种禽传染性脑脊髓炎苗后 2 周内可能出现神经系统疾病的免疫副反应。

②灭活疫苗：禽传染性脑脊髓炎灭活苗用 AEV 野毒或 AR－AE 胚适应株接种 SPF 鸡胚，取其病料灭活制成油乳剂苗。这种疫苗安全性好，免疫接种后不排毒、不带毒，特别适用于无禽传染性脑脊髓炎病史的鸡群。可于种鸡开产前 18 ~ 20 周或产蛋鸡作紧急预防接种。灭活苗价格较高，且要逐只抓鸡注射，但免疫效果确实，从而达到通过母源抗体保护雏鸡的目的。

十三、禽白血病

禽白血病是由禽 C 型反录病毒群的病毒引起的禽类多种肿瘤性疾病的统称，主要是淋巴细胞性白血病，其次，是成红细胞性白血病、成髓细胞性白血病。此外，还可引起骨髓细胞瘤、结缔组织瘤、上皮肿瘤、内皮肿瘤等。大多数肿瘤侵害造血系统，少数侵害其他组织。

1. 病原

禽白血病病毒属于反录病毒科禽 C 型反录病毒群。禽白血病病毒与肉瘤病毒紧密相关，因此统称为禽白血病/肉瘤病毒。本群病毒内部直径约 35～45nm 的电子密度大的核心，外面是中层膜和外层膜，整个病毒子直径 80～120nm，平均为 90nm。

禽白血病病毒的多数毒株能在 11～12 日龄鸡胚中良好生长，可在绒毛尿囊膜产生增生性痘斑。腹腔或其他途径接种 1～14 日龄易感雏鸡，可引起鸡发病。多数禽白血病病毒可在鸡胚成纤维细胞培养物内生长，通常不产生任何明显细胞病变，但可用抵抗力诱发因子试验（RIF）来检查病毒的存在。

禽白血病/肉瘤病毒对脂溶剂和去污剂敏感，对热的抵抗力弱。病毒材料需保存在 -60℃ 以下，在 -20℃ 很快失活。本群病毒在 pH 值 5～9 稳定。

2. 流行病学

本病在自然情况下只有鸡能感染。Rous 肉瘤病毒宿主范围最广，人工接种在野鸡、珍珠鸡、鸽、鹌鹑、火鸡和鹧鸪也可引起肿瘤。不同品种或品系的鸡对病毒感染和肿瘤发生的抵抗力差异很大。母鸡的易感性比公鸡高，多发生在 18 周龄以上的鸡，呈慢性经过，病死率为 5%～6%。

传染源是病鸡和带毒鸡。有病毒血症的母鸡，其整个生殖系统都有病毒繁殖，以输卵管的病毒浓度最高，特别是蛋白分泌部，因此，其产出的鸡蛋常带毒，孵出的雏鸡也带毒。这种先天性感染的雏鸡常有免疫耐受现象，它不产生抗肿瘤病毒抗体，长期带毒排毒，成为重要传染源。后天接触感染的雏鸡带毒排毒现象与接触感染时雏鸡的年龄有很大关系。雏鸡在2周龄以内感染这种病毒，发病率和感染率很高，残存母鸡产下的蛋带毒率也很高。4～8周龄雏鸡感染后发病率和死亡率大大降低，其产下的蛋也不带毒。10周龄以上的鸡感染后不发病，产下的蛋也不带毒。

在自然条件下，本病主要以垂直传播方式进行传播，也可水平传播，但比较缓慢，多数情况下接触传播被认为是不重要的。本病的感染虽很广泛，但临床病例的发生率相当低，一般多为散发。饲料中维生素缺乏、内分泌失调等因素可促使本病的发生。

3. 临床特点与表现

（1）临床特征。禽白血病由于感染的毒株不同，症状和病理特征不同。

①淋巴细胞性白血病：是最常见的一种病型。在14周龄以下的鸡极为少见，至14周龄以后开始发病，在性成熟期发病率最高。病鸡精神委顿，全身衰弱，进行性消瘦和贫血，鸡冠、肉髯苍白，皱缩，偶见发绀。病鸡食欲减少或废绝，腹泻，产蛋停止。腹部常明显膨大，用手按压可摸到肿大的肝脏，最后病鸡衰竭死亡。

②成红细胞性白血病：此病比较少见。通常发生于6周龄以上的高产鸡。临床上分为两种病型：即增生型和贫血型。增生型较常见，主要特征是血液中存在大量的成红细胞，贫血型在血液中仅有少量未成熟细胞。两种病型的早期症状为全身衰弱，嗜睡，鸡冠稍苍白或发绀。病鸡消瘦、下痢。病程从12天到几个月。

③成髓细胞性白血病：此型很少自然发生。其临床表现为嗜

睡，贫血，消瘦，毛囊出血，病程比成红细胞性白血病长。

④骨髓细胞瘤病：此型自然病例极少见。其全身症状与成髓细胞性白血病相似。

⑤骨硬化病：在骨干或骨干长骨端区存在均一的或不规则的增厚。晚期病鸡的骨呈特征性的"长靴样"外观。病鸡发育不良、苍白、行走拘谨或跛行。

⑥其他：如血管瘤、肾瘤、肾胚细胞瘤、肝癌和结缔组织瘤等，自然病例均极少见。

（2）病理变化。

①淋巴细胞性白血病：剖检可见肿瘤主要发生于肝、脾、肾、法氏囊，也可侵害心肌、性腺、骨髓、肠系膜和肺。肿瘤呈结节形或弥漫形，灰白色到淡黄白色，大小不一，切面均匀一致，很少有坏死灶。组织学检查，见所有肿瘤组织都是灶性和多中心性的，由成淋巴细胞（淋巴母细胞）组成，全部处于原始发育阶段。

②成红细胞性白血病：剖检时，见两种病型都表现全身性贫血，皮下、肌肉和内脏有点状出血。增生型的特征性肉眼病变是肝、脾、肾呈弥漫性肿大，呈樱桃红色到暗红色，有的剖面可见灰白色肿瘤结节。贫血型病鸡的内脏常萎缩，尤以脾为甚，骨髓色淡呈胶冻样。检查外周血液，红细胞显著减少，血红蛋白量下降。增生型病鸡出现大量的成红细胞，约占全部红细胞的90%～95%。

③成髓细胞性白血病：剖检时见骨髓坚实，呈红灰色至灰色。在肝脏偶然也见于其他内脏发生灰色弥散性肿瘤结节。组织学检查见大量成髓细胞于血管内外积聚。外周血液中常出现大量的成髓细胞，其总数可占全部血组织的75%。

④骨髓细胞瘤病：由于骨髓细胞的生长，头部、胸部和跗骨异常突起。这些肿瘤很特别地突出于骨的表面，多见于肋骨与肋

软骨连接处、胸骨后部、下颌骨以及鼻腔的软骨上。骨髓细胞瘤呈淡黄色、柔软脆弱或呈干酪状，呈弥散或结节状，且多两侧对称。

4. 临床诊断

实际诊断中常根据血液学检查和病理学特征结合病原和抗体的检查来确诊。成红细胞性白血病在外周血液、肝及骨髓涂片，可见大量的成红细胞，肝和骨髓呈樱桃红色。成髓细胞性白血病在血管内外均有成髓细胞积聚，肝呈淡红色，骨髓呈白色。淋巴细胞性白血病应注意与马立克氏病鉴别（详见马立克氏病）。但病原的分离和抗体的检测是建立无白血病鸡群的重要手段。

5. 防制

本病主要为垂直传播，病毒型间交叉免疫力很低，雏鸡免疫耐受，对疫苗不产生免疫应答，所以对本病的控制尚无切实可行的方法。

减少种鸡群的感染率和建立无白血病的种鸡群是控制本病的最有效措施。种鸡在育成期和产蛋期各进行2次检测，淘汰阳性鸡。从蛋清和阴道拭子试验阴性的母鸡选择受精蛋进行孵化，在隔离条件下出雏、饲养，连续进行4代，建立无病鸡群。但由于费时长、成本高、技术复杂，一般种鸡场还难以实行。

鸡场的种蛋、雏鸡应来自无白血病种鸡群，同时加强鸡舍孵化、育雏等环节的消毒工作，特别是育雏期（最少1个月）封闭隔离饲养，并实行全进全出制。抗病育种，培育无白血病的种鸡群。生产各类疫苗的种蛋、鸡胚必须选自无特定病原（SPF）鸡场。

十四、鸡出血性肠炎

出血性肠炎（HE）是4周龄或更大火鸡的一种急性病毒病，以精神沉郁、血便和死亡为特征。感染鸡体的临诊发病一般能够延续 7~10 天，但假如出血性肠炎引起免疫抑制后，继发细菌感染，发病和死亡的病程可能还要延伸 2~3 周。

由出血性肠炎所造成损失的完整记录不曾保存下来，但估计美国在研制出疫苗之前每年要超越 300 万美元。由免疫抑制和继发细菌感染所构成的丧失可能更高。当前，因为疫苗的广泛使用，在美国高致病力的出血性肠炎的暴发极其稀有。但当继发细菌感染，特殊是继发大肠杆菌病，疫苗的保护力可能降低。出血性肠炎仍然被认为是影响商业化火鸡主要经济价值的一种疫病。

1. 病原

出血性肠炎病毒（HEV）属于腺病毒科成员，DNA 病毒。经过电子显微镜观察超薄组织切片，发现出血性肠炎病毒粒子无囊膜，呈 20 面体立体对称，总壳粒数为 252 个，呈空的和致密的两种形态。它们在细胞核内不规则汇集或呈晶格排列，在每个顶点上仅有一根五邻体纤丝。出血性肠炎病毒由 11 种不同的构造多肽组成，分子品质在 14~97kD 及 95~96kD，其中，6 种已被进一步鉴定。

出血性肠炎病毒抵抗力较强。70℃加热 1 小时，37℃ 或 25℃下干燥 1 周，或用 0.0086% 次氯酸钠，1.0% 十二烷基磺酸钠，0.4% 氯杀螨，0.4% Phenocide，0.4% Wescodyne 或 1.0% 来苏儿处置，均可破坏出血性肠炎病毒的感染性。

2. 流行病学

天然和试验宿主火鸡、雉鸡和鸡是仅知的出血性肠炎病毒及其关病毒的天然宿主。珍珠鸡和鹦鹉也可能被天然感染。关于野禽，对 42 种禽类的血清学调查表明，除鸡形目以外未发现感染的证据。甚至野生的鸡形目成员，仿佛是因为其逃避本性，感染的危险很小。当火鸡和雉鸡感染时，仿佛宿主的遗传性影响临床发病和病变构成的严峻水平。

试验表明，火鸡的出血性肠炎病毒分离物能感染雉鸡。用出血性肠炎病毒试验感染鸡形目标其他禽种（包括金黄色雉鸡、孔雀、鸡、北美鹑和石鸡），能够产生病变。但在天然宿主以外的禽种上还没有死亡的报道。

宿主的易感龄期在疫情报道中，出血性肠炎发生于 6～11 周龄的火鸡。最近的野外观察表明更倾于感染 7～9 周龄的禽。仅有个别 2 周龄禽自觉感染出血性肠炎病毒的病例被报道，人们认为是因为缺少母源抗体而引起的。一般认为 4 周龄以下的雏火鸡很难感染出血性肠炎病毒，是因为母源抗体的存在。有材料报道，在一定条件下，母源抗体能够延续到 6 周龄。最近对孵化 24 天的 SPF 火鸡胚成功地进行感染仿佛颠覆了这种说法。在缺少母源抗体时，雏火鸡是易感的。但已报道 13 日龄和更小一些的雏火鸡在缺少母源抗体的状况下对出血性肠炎病毒的感染具备抵抗力，表明所需要的某些品种的靶细胞还没有成熟。

3. 临床特点与表现

（1）临床特征。临诊症状在 24 小时内快速出现是出血性肠炎的特征。这些症状包括沉郁、血便和死亡。在濒死和死亡禽直肠周围的皮肤和羽毛上常含有血粪便。假如在这些鸡的腹部稍加压力可从直肠挤出相同的血便。在野外发生的疫情，几乎所有的禽都被感染，而且对试验性攻击具备抵抗力。在临床上受感染精神沉郁的小火鸡，一般在 24 小时内死亡，或完全恢复。野外的死亡率领域从低于 1% 到略高于 60%，平均大概为 10%～15%。在试验室的试验中，当 100% 受到感染时，常出现 80% 的死亡率。

（2）病理变化。眼观病变死亡的小火鸡一般因失血而外观苍白，但其生长良好，且嗉囊中含有饲料。小肠一般扩张，极度变色，肠腔内充斥血性渗出物。肠黏膜充血，个别火鸡黏膜外表笼罩有黄色、坏死性纤维素膜。病变一般在近侧小肠更显然，但在较严重的病例也常扩散到远端。感染禽的脾脏特征性肿大、质脆，呈大理石或斑驳样。然而，那些死亡鸡只的脾脏常常可能因失血随后压缩导致变得更小。肺也可能充血，但其他的器官呈苍白色。据报道，死亡火鸡肝脏肿大，不同组织均有点状出血，但这些病变很不一致，因此，不具备诊断价值。

显微病变特征性出血性肠炎的病理学革新，大多见于淋巴网状系统和胃肠道系统。死亡时的脾脏病变包括白髓增生、淋巴样坏死和淋巴网状细胞的核内包涵体。早在出血性肠炎病毒感染后的第三天，脾髓面周围可见显然的白髓增生，这导致在感染后的4~5天，肉眼可见斑驳样且不规则的白髓融合岛。在感染后3~5天，经 HE 和免疫酶、过氧化酶染色，在这些区域可见大批的核内包涵体。从形态上看，这些细胞呈淋巴样。同样，脾脏的单核巨噬细胞中也发现有核内包涵体。到感染后的4~5天，白髓开端出现坏死。到感染后6~7天，已全体扩散，仅在红髓处偶然见到一些浆细胞。在感染后3~9天，除了脾脏的革新外，在胸腺的皮质和髓质部及法氏囊，也可见淋巴样衰竭。

胃肠道典型病变包括肠黏膜严峻充血，绒毛上皮细胞变性、脱落及肠绒毛顶端出血。因为固有层的血管是完整的，红细胞经过血细胞渗出而移出血管外，因此，与其说是由内皮细胞破坏不如说是崩解导致出血。除乳头细胞、浆细胞和异嗜细胞外，还在固有层发现了大批含核内包涵体的网状淋巴细胞。这些组织病理学病变在十二指肠后段到胰导管处最显然。但腺胃、肌胃、小肠、盲肠、盲肠扁桃体和法氏囊中与此相似，但病变水平稍低。

另外，在肝脏、骨髓、外周血液白细胞、肺脏、胰腺、脑和肾小管上皮细胞中也可观察到含有出血性肠炎病毒核内包涵体的细胞。

4. 临床诊断

病毒的分离与鉴定从死亡或濒死小火鸡的出血性肠内容物或脾组织能够发现大批的出血性肠炎病毒。出血性肠炎血清学阴性的火鸡，最好是 6 周龄的小火鸡，采用肠内容物经口接种，或用捣碎脾脏的生理盐水粗提物经口服接种或静脉注射接种。静脉注射强毒分离物后 3 天和经口服接种后 5 ~ 6 天常发生死亡。那些未死亡的小火鸡，脾脏含大批的病毒，一般表现肿胀，呈大理石样。这时采集的血清内也含有病毒。此外，还能够采用成淋巴细胞样的火鸡源 B 细胞传代系（MDTC—RP19）用作体外分离和培养出血性肠炎病毒。

一般采用琼脂扩散试验（AGP）方法来鉴定出血性肠炎病毒及其相关病毒。将脾组织（新鲜的或冷冻的）用生理盐水 1：1 稀释，加入多克隆的抗出血性肠炎病毒血清。采用免疫荧光和免疫过氧化物酶法能够检测冰冻或福尔马林固定组织中的病毒抗原。近年来，随着基因组序列数据库的建立，已经可容许采用定量 PCR 以及巢式 PCR 检测新鲜或冰冻组织及组织抽提物中的病毒 DNA。因为 PCR 的使用，脾脏原材料或 DNA 提取物在滤纸上干燥能够用于保存。此外，不常用的检测技巧；包括抗原捕捉ELISA、原位 DNA 杂交和制约性核酸内切酶指纹技术。

血清学诊断感染出血性肠炎病毒后 2 ~ 3 周康复禽的血浆或血清中，采用 AGP 法能够检测到出血性肠炎病毒抗体。假如是依据血清学作出诊断，最好是检测急性期和恢复期的血清。采用AGP 法能够检测到母源抗体，但这种方法一般对 1 周龄以后的禽敏感性较低。更敏感的 ELISA 方法已能够检测和定量出血性肠炎病毒抗体。尽管多数禽类到 3 周龄时的血清反应仍呈阴性，但约 4 ~ 6 周龄时，这种方法就能够检测出火鸡中的母源抗体。抗体最早在静脉注射接种后 3 天就能检测出来。

鉴别诊断在火鸡中，假如出现大理石样肿胀的脾脏，用AGP 法不能证明有出血性肠炎病毒抗原，而又缺少肠道出血现象，则应考虑网状内皮组织增生症或淋巴增生性疾病。在火鸡，增大而充血的脾脏常被误认为出血性肠炎病毒所致，但多数是细菌性败血症（如大肠杆菌病、沙门氏杆菌病、丹毒）所造成的结果。胃肠出血和黏膜充血可能与急性败血症、病毒血症或毒血症有关。但这些很少能被观察到，因为，没有其他与病因学相一致的病变或症状。此外，也应考虑到寄生虫病如球虫病和毒性物质（如重金属和化学物质）。

5. 防治

（1）综合防治。感染性垫料和粪便是最普遍的传播媒介，所以首先要采用良好的生物安全办法来预防和节制疾病。用0.0086% 次氯酸钠溶液或其他杀病毒制剂，包括酚类衍生物，辅以 25℃干燥 1 周能够清洁和消毒污染了的设施。但在大多数商品鸡群中，尤其是那些鸡龄档次多的鸡场，要想对病毒进行全面杀灭是不切实际的。在这种状况下，接种疫苗是节制和预防临床发病的最可行办法。

（2）疫苗免疫。出血性肠炎病毒的无毒力病毒分离物已经成功地被制成饮水型活疫苗。目前，有两种疫苗被广泛使用：一种是接种了无毒力出血性肠炎病毒 Ⅰ （MSD 毒株）或出血性肠炎病毒Ⅱ（源于火鸡）的 4～6 周龄火鸡的脾脏制成的粗匀浆；另一种是在体外用 MDTC—RP19 传代细胞系悬浮培养出产的。这两种疫苗好像都能产生足够的血清抗体和免疫保护，并在美国广泛使用。但只有后一种疫苗能买到。外周血液白细胞中增殖无毒力病毒的第三种疫苗出产方法也已有报道，并已在加拿大投入使用。其他疫苗，包括一种纯化的亚单位壳粒苗及基因工程苗、重组苗均在研制中。最初用禽痘病毒表达出血性肠炎病毒壳粒蛋白的重组疫苗来减少火鸡死亡率和严峻的肠道病变。经过试验证明，重组疫苗能够减少免疫克服。重组出血性肠炎病毒纤丝蛋白基因转基因植物，正作为一种疫苗的模式被研制。

近年来，已经报道了 SPF 火鸡的 OVO 疫苗，5～6 周龄间的健康火鸡常用饮水疫苗。水中增长疫苗稳固剂（例如，奶粉），清除任何消毒剂，包括水中的氯，这些对疫苗毒的存活和免疫的成功都十分必要。首次免疫试验鸡群的免疫保护率低于100%，它是经过以后2~3周后续的传染而取得保护的。尽管如此，二次免疫也仅是偶然使用。

（3）治疗。出血性肠炎疫情暴发后刚出现症状时，可采用恢复期鸡群的抗血清0.5~1.0mL/只进行皮下或肌内注射医治。

因为，这些病毒能使机体产生免疫克服，因此，一定要思索对继发细菌感染的医治，主要是大肠杆菌病。依据细菌培养和药敏试验来选择一种合适的抗生素。

第二节　蛋鸡的细菌性传染病

一、鸡大肠杆菌病

蛋鸡大肠杆菌病是由埃希氏大肠杆菌引起的一种常见病，其特征是引起心包炎、肝周炎、气囊炎、腹膜炎、孵卵管炎、滑膜炎、大肠杆菌性肉芽肿和脐炎等病变。大肠杆菌病既是肉仔鸡原发性疾病，又可成为新城疫、禽流感、慢性呼吸道疾病的继发病，从而造成高的发病率和死亡率，是养鸡业特别是蛋鸡饲养的一种重要的传染病。

1. 病原

大肠杆菌属于肠杆菌科埃希氏菌属。镜下本菌为革兰氏阴性无芽孢的直杆菌，两端钝圆、散在或成对。大多数菌株周生鞭毛，但也有无鞭毛或丢失鞭毛的无动力变异株。大肠杆菌为兼性厌氧菌，能够发酵多种碳水化合物产酸产气。大肠杆菌是健康畜禽肠道中的常在菌，可分为致病性和非致病性两大类。大肠杆菌病是一种条件性疾病，在卫生条件差、饲养管理不良的情况下，很容易造成此病的发生。大肠杆菌对环境的抵抗力很强，附着在粪便、土壤、鸡舍的尘埃或孵化器的绒毛等的大肠杆菌能长期存活。

2. 流行病学

病鸡、带菌鸡是本病的主要传染源，大肠杆菌普遍存在于外界环境和动物体内，鸡可经粪便、饲料、饮水、尘埃、设备、野外生物及昆虫等接触感染，该菌在饮水中出现被认为是粪便污染的指标。禽大肠杆菌在鸡场普遍存在，特别是通风不良，大量积粪存于鸡舍，在垫料、空气尘埃、污染用具和道路，粪场及孵化厅等环境中染菌最高。各种年龄的鸡（包括蛋用仔鸡）都可感染大肠杆菌病，发病率和死亡率受各种因素影响有所不同。不良的饲养管理、应激或并发其他病原感染都可成为大肠杆菌病的诱因。

3. 临床特点与表现

（1）临床症状。大肠杆菌败血症 6~10 周龄的蛋鸡多发，尤其在冬季发病率高，死淘率通常在 5%~20%，严重的可达 50%。雏鸡在夏季也较多发，病鸡精神沉郁，采食减少以及停止采食，呼吸困难，有啰音和喷嚏等症状。眼球炎是大肠杆菌败血病不常见的表现形式多为一侧性，少数为双侧性，病初羞明、流泪、红眼，随后眼睑肿胀突起开眼时，可见前房有黏液性脓性或干酪样分泌物。最后角膜穿孔失明；脑炎患鸡表现昏睡斜颈，歪头转圈，共济失调，抽搐，伸脖，张口呼吸，采食减少，腹泻，生长迟缓；病鸡跛行或呈伏卧姿势，一个或多个腱鞘、关节发生肿大。

（2）病理变化。大肠杆菌性急性败血症常引起幼雏或成鸡急性死亡特征性病变是全身皮下、浆膜和黏膜有大小不等的出血点，剖检可见头部、眼部、下颌及颈部皮下有黄色胶样渗出。气囊壁增厚、混浊，有的有纤维样渗出物。心包积液增多，心包囊混浊，心外膜水肿，并有淡黄色渗出物覆盖，与空气接触时凝固。严重者心包囊内充满淡黄白色纤维素性渗出物，心包粘连，心外膜水肿。肝脏边缘纯圆呈绿色、肝包膜呈白色混浊，有纤维素性附着物，有时可见白色坏死斑。脾充血肿胀。十二指肠及盲肠肠系膜有针头大至核桃大小的菜花状增生物，很容易与禽结核或肿瘤相混，肠黏膜充血、增厚、严重者血管破裂出血，形成出血性肠炎。

4. 临床诊断

（1）诊断。根据病死尸泛发性出血，浆膜性纤维素性、胸腹膜炎性、气囊炎、肝周炎性等流行病学、临床症状与病理变化可以作出初步诊断。

（2）病原学检测。病料采集，败血型采集血液、肝、脾等处病料，呼吸道感染从气囊、心包液、肝脏等处取材。将病料在麦康凯培养基上出现亮红色菌落，并向培养基内凹陷生长，即可作出初步确诊。

（3）鉴别诊断。与霍乱的区别：两者都有败血症的变化，但禽霍乱全身泛发性出血较大肠杆菌病要严重；禽霍乱有时也出现纤维素性心包炎、气囊炎，但与大肠杆菌病相比较要轻；另外，大肠菌病一般无卡他性、出血性十二指肠炎和局灶性坏死性肝炎的变化。

大肠杆菌败血症与支原体败血症、传染性喉气管炎、传染性支气管炎混合感染或继发感染上述疾病，病情复杂，需进行病原鉴定做出确诊。

大肠杆菌肉芽肿与结核性肉芽肿区别：前者多在肝、盲肠、肠系膜中发生，后者除了在肝、盲肠、肠系膜中发生外，还可在脾、肺、骨、关节处多为发生。两者结节组织结构不同，后者结节较小；前者结节呈放射状，中心有大量组织坏死，呈轮层状，在外围为普通肉芽组织，后者结节中心为干酪样坏死。

5. 防治

（1）预防

①选好场址和隔离饲养：场址应建立在地势高燥、水源充

足、水质良好、排水方便、远离居民区（最少 500m），特别要远离其他禽场，屠宰或畜产加工厂。生产区与生产区及经营管理区分开，饲料加工、种鸡、育雏、育成鸡场及孵化厅分开（相隔 500m）。

②科学饲养管理：禽舍温度、湿度、密度、光照、饲料和管理均应按规定要求进行。

③搞好禽舍空气净化：降低鸡舍内氨气等有害气体的产生和积聚是养鸡场必须采取的一项非常重要的措施。

常用方法如下。

a. 饲料内添加复合酶制剂。如使用含有 β - 葡聚糖的复合酶，每吨饲料可按 1kg 添加，可长期使用。

b. 饲料内添加有机酸。如延胡索酸、柠檬酸、乳酸、乙酸及丙醇等。

c. 使用微生态制剂。

d. 药物喷雾。第一，过氧乙酸：常规方法是用 0.3% 过氧乙酸，按 $30mL/m^3$ 喷雾，每周 1~2 次，对发病鸡舍每天 1~2 次。第二，多聚甲醛：在 $25m^2$ 垫料中加入 4.5kg 多聚甲醛，它可和空气中氨中和，氨浓度很快下降到 5×10^{-6}，但 21 天后又回升到 100×10^{-6}，因此，应重新使用。

e. 机械清除垃圾粪便。及时清粪，并堆积密封发酵，及时通风换气。

f. 重视环境治理 饲养场地绿化，种草植树。

④加强消毒卫生工作：

a. 加强种蛋消毒。加强孵化厅、孵化用具的消毒卫生管理。种蛋孵化前进行熏蒸或消毒，淘汰破损明显或有粪迹污染的种蛋。孵化厅及禽舍内外环境要搞好清洁卫生，并按消毒程序进行消毒，以减少种蛋、孵化和雏鸡感染大肠杆菌及其传播。

b. 防止水源和饲料污染。可使用颗粒饲料，饮水中应加消毒剂；采用乳头饮水器饮水，水槽料槽每天应清洗消毒。

c. 及时灭鼠、驱虫。

d. 禽舍带鸡消毒。有降尘、杀菌、降温及中和有害气体作用。

e. 加强种鸡管理。及时淘汰处理病鸡。进行定期预防性投药和做好病毒病、细菌病免疫。采精、输精严格消毒，每只鸡使用一个消毒的输精管。

⑤疫苗免疫：最好采用自家（或优势菌株）多价灭活佐剂苗。一般免疫程序为7~15日龄，25~35日龄，120~140日龄各一次。

⑥使用免疫促进剂：如维生素 E300×10^{-6}，左旋咪唑 200×10^{-6}，维生素 C 按 0.2% ~ 0.5% 拌饲或饮水；维生素 A 1.6 万 ~2 万单位/kg 饲料拌饲；电解多维氨 0.1% ~ 0.2% 饮水连用 3 ~5 天。

（2）治疗。应选择敏感药物在发病日龄前 1 ~2 天进行预防性投药，或发病后作紧急治疗。

①青霉素类：氨苄青霉素按 0.2g/L 饮水或按 5 ~10mg/kg 拌料内服。阿莫西林按 0.2g/L 饮水。

②头孢菌素类：头孢菌素类常用的有 20 种，按其发明年代的先后和抗菌性能不同而分为 1 ~4 代。第三代有头孢噻肟钠（头孢氨噻肟），头孢曲松钠（头孢三嗪），头孢呱酮钠头孢养派唑或先锋必），头孢他啶（头孢羧甲噻肟、复达欣），头孢唑肟（头孢去甲噻肟），头孢克肟（世伏素，FK207），头孢甲肟（倍司特克），头孢木诺钠、拉氧头孢钠（羟羧氧酰胺菌素、拉他头孢）。先锋必 1g/10L 水，饮水，连用 3 天，首次为 1g/7L 水。

③氨基糖苷类：庆大霉素 2 万 ~4 万单位/L 饮水。卡那霉素 2 万单位/L 饮水或 1 万 ~2 万单位/kg 肌注，每日一次，连用 3 天。硫酸新霉素 0.05% 饮水或 0.02% 拌饲。链霉素 30 ~

120mg/kg饮水，13～55g/t拌饲，连用3～5天。

④酰胺醇类：甲砜霉素按0.01%～0.02%拌饲，连用3～5天。氟苯尼考按禽每1L水0.25g，1次/日，连用3～5天。拌料，禽每1kg料0.5g，1次/日，连用3～5天。

⑤大环内脂类：红霉素50～100g/t拌饲，连用3～5天。泰乐菌素0.2%～0.5%拌饲，连用3～5天。

⑥磺胺类，磺胺嘧啶（SD）：0.2%拌饲，0.1%～0.2%饮水，连用3天。磺胺喹恶林（SQ）：0.05%～0.1%拌饲，0.025%～0.05%饮水，连用2～3天，停2天，再用3天。

⑦喹诺酮类：环丙沙星、蒽诺沙星、洛美沙星、氧氟沙星等，预防量为25×10^{-6}，治疗量50×10^{-6}，连用3～5天。

⑧抗感染中草药：黄连、黄芩、黄柏、秦皮、双花、白头翁、大青叶、板兰根、穿心莲、大蒜、鱼腥草等。

二、禽霍乱

禽霍乱是由多杀性巴氏杆菌引起的一种败血性传染病。急性病例表现突然发病死亡，高热下痢，呼吸困难。特征性病变为、全身黏膜、浆膜有针状出血点，出血性肠炎和肝脏表面有较多的坏死点。慢性病例表现为冠、肉髯水肿，呼吸困难，流鼻液，关节炎。

1. 病原

（1）形态特征。本菌为多杀性巴氏杆菌、革兰氏染色阴性，不能运动，不形成芽孢的球杆菌或短杆状菌，两端钝圆，常单个有时成双排列。病料涂片用美兰染色时两极着色明显。

（2）培养及生化特性。本菌为需氧或兼性厌氧菌，最适宜在37℃、pH值7.2～7.8生长，在马丁肉汤中加入裂解鸡血，细菌生长旺盛，肉汤混浊，菌株形成絮状沉淀物。而在鲜牛肉汤中生长良好，在血清琼脂培养上，本菌长成灰白色、露滴状小菌落，在麦康凯培养上不生长。

（3）细菌分类。可分为荧光型和血清型。

①荧光型：从病料内分离出的强毒菌，在血清琼脂上生长的菌落，用45度折光观察，依有无荧光和荧光的颜色，将巴氏杆菌分为三型，Fg型、此型菌落小、呈蓝色带金光，边缘有狭窄的红黄光带；FO型、禽类致病力最强，此型菌落大，呈橘红色带金光，边缘有乳白色光带；Nf型、是上述二型经过多次传代后，毒力降低或转为无毒力时、成为无荧光和无毒力的菌落。

②血清型：按菌的荚膜多糖抗原（K抗原）、可分为A、B、C、D、E、F五型，我国目前主要流行是A型。按菌体的抗原（O抗原）、可分成12个型，将K、O两种抗原组合，共组成15种O：K血清型，能引起禽霍乱的O：K血清型主要有5：A、8：A、9：A，各型之间无交叉免疫力。

（4）抵抗。本菌的抵抗力不强，常用的消毒药可迅速将其灭活，如搏灭杀、新农福、石炭酸、石灰乳、来苏尔、福尔马林等10分钟内可将菌体灭活。在血液内保持毒力6~10天，冷水中保持生活力14天，禽粪中可存活一个月，本菌易自溶，在无菌蒸馏水和生理盐水中迅速死亡。60℃20分钟，75℃5~10分钟可灭活。冷冻干燥后于-20℃以下保存26年之后仍有毒力。

2. 流行病学

（1）易感动物。各种禽类和野禽对本病均易感，家禽中以鸡、火鸡、鸭、鹅和鹌鹑最容易感染、麻雀、乌鸦也易感。雏鸡有一定的抵抗力。3~4月龄的鸡和成年鸡较易感，自然感染死亡率在20%左右。

（2）传播途径。病禽、带菌禽是最危险的传染源，可通过消化道、呼吸道的损伤和皮肤黏膜接触，死禽、排泄物、被污染的饲料、水、用具、工具、场地、尘埃等都能将细菌传给易感的禽类。在场内外流动的物如鼠、猫、狗、等以及人也能机械地携带病毒。苍蝇、蚊子、蜱、螨也能传播本病。

（3）流行形式。一年四季均可发生，但以高温、潮湿、多雨夏、秋两季及气候多变的春季最容易发生。禽霍乱的病原体是条件性致病菌，当饲养管理不当、鸡舍潮湿拥挤、日粮营养不平衡、缺乏维生素、矿物质、蛋白质以及长途运输等均可诱发本病。禽类感染后多呈败血性经过，死亡率可达25%～35%。

3. 临床症状与特征

本病的潜伏期为2～8天、人工发病的潜伏期为16～24小时。

（1）临床症状。按发病不同阶段、病程长短、可分为最急性型、急性型、慢性型。

①最急性型：发生于暴发初期，成年鸡、高产蛋鸡容易发生，由于病程仅几个小时，难以见到一些症状，偶尔见到个别鸡只出现呼吸困难，扑几下翅膀就倒地死亡。

②急性型：食料减少或废绝，饮欲增加，精神不振，羽毛松乱，离群独呆，翅膀下垂，呼吸困难，口鼻流涎，拉灰色、黄色。绿色稀粪，体温升至42～44℃，冠、肉垂水肿紫色，产蛋量减少或停产，发病1～2天死亡，病死的多数是体质健壮、高产的鸡只。

③慢性型：发生于流行后期或急性耐过的鸡群，病程长，死亡率低，其症状主要表现为冠、肉垂水肿苍白，关节肿大发炎、切开肿大处有干酪样物。鼻窦肿胀分泌物增多并有特殊的臭味，有些病鸡长期拉稀，产蛋鸡产蛋量下降。

（2）病理变化。

①最急性型：没有明显的病变，只见冠、肉垂紫红色，心外膜有出血点、肝表面有针尖大小的灰白色坏死点，有时可能没有灰白色坏死点。

②急性型：可见到明显的病变，以败血症为主要变化，心冠

脂肪有针尖大的出血点，心包积有黄色液体，肝大，呈棕红或棕黄色，表面有针头大的灰白色坏死点或出血点，皮下肌肉、腹部脂肪斑点出血，肠系膜、肠浆膜、肠黏膜有出血点，胸腔、腹腔、气囊有纤维素性或干酪样渗出物，十二指肠严重出血，肺充血、水肿，产蛋鸡卵子表面充血、出血。

③慢性型：病变多局限于某些器官，以呼吸道症状为主时，可见鼻腔、气管、支气管呈卡他性炎症，分泌物增多，肺实质变硬。病变局限于肉垂时，可见肉垂水肿、坏死；病变局限于关节时（腿部、翅膀）、关节肿大、变形、有炎症和干酪样坏死。产蛋鸡可见卵巢出血、腹内脏表面附有黄色物质。

4. 诊断

根据流行病学、临床症状、病理变化可作出初步诊断，确诊需要进行实验室诊断。

（1）病原学诊断。

①病原分离：最急性和急性病例，采集死亡动物肝脏、脾脏、心血，慢性病例可采局部病灶进行病菌分离；用病料制成触片，革兰氏和美兰染色，镜检可见到具有荚膜、无芽孢、散在革兰氏阴性球杆菌，美兰染色两极浓染。

②生化试验：本菌能发酵果糖、半乳糖、葡萄糖和蔗糖，产酸不产气。不发酵肌醇、菊糖、麦芽糖、水杨苷和鼠李糖，能产生吲哚和氧化酶，不溶血，不能在麦康凯琼脂上生长。

③药敏试验：取经鉴定为禽巴氏杆菌的菌株，选常用的药物在血清马丁平板上作药敏试验，可用纸片法、试管法等，选择敏感的抗生素。

（2）血清学诊断。目前，很少用血清学试验来诊断禽霍乱，常用于抗原性鉴定和对菌体抗原进行血清学分型。

（3）鉴别诊断。禽霍乱最容易与鸡新城疫、鸭瘟混淆。新城疫病程长，有神经症状，嗉囊积液，肌胃与腺胃交界处有明显的出血，腺胃乳头出血等，抗生素治疗无效。鸭瘟：头颈肿大流泪，头部皮下胶样浸润，口、咽、食管、泄殖腔有黄色假膜、肝脏表面有灰白色坏死灶等，抗生素、磺胺类类药物治疗无效。传染性鼻炎、禽伤寒、传染性滑膜炎等与禽霍乱有些相似，诊断要综合考虑分析。

5. 防治

（1）加强饲养管理。搞好饲养管理工作，使家禽有较强的抵抗力。饲养密度大，禽舍潮湿，日粮营养缺乏，内寄生虫，长途运输等都是发病的诱因。

引种时应隔离观察，证实无疾病时方可进场饲养。

一个禽场不能混养家禽，有些家禽如鹅对禽霍乱有一定的抵抗力，感染了也不显露症状，但会不断地排毒，如果与鸡、鸭混养，必然会引起鸡、鸭发病。

禽霍乱流行地区、禽场应进行疫苗接种。目前，国内使用的疫苗有弱毒疫苗和灭活疫苗两种，弱毒苗有禽霍乱731和G190-E40，免疫期为3个月；灭活苗有禽霍乱氢氧化铝苗和油乳剂灭活苗，免疫期为3~6个。有条件的禽场，可用病禽的肝脏制成禽霍乱组织灭活苗，每只肌注2mL，也可以从病死鸡分离出菌株，制成氢氧化铝甲醛苗，每只肌注2mL，可收到满意的预防效果。禽霍乱免疫程序，见下表。

表1-1 禽霍乱免疫程序（供参考）

周 龄	疫苗名称	接种途径	剂量（mL）
5~6	弱毒苗	饮水	1
9~10	弱毒苗	饮水	1.5
12~13	灭活苗	肌注	2
16~18	灭活苗	肌注	2

严格执行卫生防疫消毒制度，在本病流行季节，根据本地

区、本场的发病史，定期进行药物预防和消毒防疫工作，最大限度控制本病的发生。

环境消毒：新农福1∶300～500，每周一次，疫病流行时1∶100～200，每周2次。

带体消毒：搏灭杀1∶3 500～4 000，每周一次，发病时1∶2 500～3 000，每周3次。直至病情稳定为止。

（2）治疗

①活力100mL＋克肠液80mL（预防量减半）＋维舒尔康20g，加水100kg，自由用，连用4～5天。

②喉灵100mL＋禽腹安80g（预防量减半）＋维舒尔康20g，加水100kg，自由饮用，连用4～5天。

③喉灵100mL＋诺倍健50g＋（预防量减半）＋维舒尔康20g，加水100kg，自由饮用，连用4～5天。

以下药物对本病疗效也较好：硫酸链霉素、硫酸新霉素、恩诺沙星、庆大霉素、敌菌净、喹乙醇、磺胺二甲基嘧啶等。在实际生产应用中，禽霍乱耐药性较强，在使用抗生素治疗时，最好进行药敏试验，用敏感的药物进行治疗才能收到满意的疗效。

三、鸡白痢

鸡白痢是有沙门氏菌引起雏鸡的一种以肠炎和白色下痢为主要特征的急性败血症，多侵害20日龄以内幼雏，日龄较大的雏鸡可表现白痢，发病率和死亡率相当高。鸡白痢是鸡沙门氏菌病中一种对雏鸡危害较高的传染病，在世界各地区均有发生，其流行情况主要限于鸡和火鸡，呈流行性爆发。

1. 病原学

鸡白痢沙门氏菌属于肠道杆菌科沙门氏菌属 D 血清群中的一个成员，为肠炎沙门氏菌肠炎亚种。该菌为革兰氏阴性短杆菌，无荚膜，不形成芽孢，不能运动。该菌属为需氧或兼性厌氧菌。

该菌有 O 抗原，无 H 抗原，其中，O 抗原组合为 1、9、121、122、123，有时能分离出抗原变异菌株。由于在感染 3~5 天后能产生相应的凝集抗体，因此，临床上常用凝集试验来检测隐性感染和带菌者。

2. 流行病学

由于雏鸡抵抗力差，所以主要危害 3 周龄内的雏鸡。该病的传染源是病鸡和带菌鸡，经传染源排出的粪便、精液以及与其接触过的水、饲料、器具等水平传播；还可经病鸡所产带菌卵或受污染卵来垂直传播，是导致雏鸡死亡率高的主要疾病。成年鸡也可感染鸡白痢，大多数都呈现隐性感染，无明显临床症状，但严重影响其受精率，产蛋率及孵化率。而且成年病鸡会成为重要的传染源，其肠道和卵巢内均含有大量致病菌，经带菌种蛋垂直传播给雏鸡，也可以经粪便排菌，约有 1/3 带菌鸡产出的受精卵被雏沙门氏菌所污染，其在该病的传播中发挥主要的作用。该病四季均可发生，发病率与饲养管理水平、种鸡白痢净化程度以及预防措施有着密切联系。雏鸡白痢发病率高，传播速度快，死亡率高，可达 40%~70%，有的鸡群死亡率可达 100%，对养禽业造成严重的经济损失。

3. 临床特点与表现

（1）雏鸡。病死鸡表现为瘦小脱水眼睛凹陷脚趾干枯，急性死亡的雏鸡无明显肉眼可见的病变，仅见内脏器官出血。病程长的可见急性败血症的变化，主要集中在肝脏、肺脏、消化道。

①肝脏：打开胸腹腔可以看到肝脏肿大，充血，质脆易碎，在肝脏表面出现散发的坏死点，其中，坏死点的数量和大小不定，呈黄白色或大小不等的灰白色坏死结节，胆囊充盈，充满胆汁。

②脾脏：脾脏肿大，充血，被膜下可见小的坏死灶。

③肺脏：早期多呈弥漫性充血及出血，病程稍长的在肺部可以看到大小不等的灰白色脓液性坏死灶。

④心脏：主要呈现浆液性心包炎，心外膜炎以及心肌炎变化。表现为心包厚度增加，心肌可存在黄色坏死灶，其数量不等，心衰，色淡，心肌纤维变心。严重的心脏变形变圆几乎全部变为坏死组织。

⑤消化道：十二指肠黏膜有小米粒到黄豆粒大小不一的灰白色坏死灶；盲肠及盲肠扁桃体肿胀，肠黏膜潮红，肿胀，肠壁增厚，盲肠内发现干酪样坏死灶，即所谓的"盲肠芯"。

（2）成鸡。成年鸡主要病理变化在生殖系统。

①母鸡：主要发生卵巢炎，输卵管炎，表现为卵子在卵巢中已发育或正在发育的卵子其形状变为梨形，三角形，不规则形状等，颜色变成灰色，黄灰色等不正常色泽，卵子还变性，有的其内容物变成稀薄水样状，还有的表现为壁厚内容物呈油脂状。部分卵子破裂，卵黄物质布满腹腔形成卵黄性腹膜炎。部分卵子落入腹腔形成包囊肠道表现为卡他性炎症。

②公鸡：多呈现睾丸，输精管渗出性炎症的病理变化。可见一侧或两侧的睾丸肿大，萎缩变硬，睾丸实质内有许多小脓肿或坏死灶。输精管肿胀增粗，管腔内还有大量渗出物。

4. 临床诊断

（1）鉴别诊断。鸡球虫病、禽霍乱和鸡曲霉菌病与鸡白痢有着许多相似之处，而滑液囊支原体病、金黄色葡萄球菌病和多杀性巴氏杆菌病与鸡白痢的滑囊炎也十分类似。所以，与这些疾病的鉴别就变得十分重要。

鸡球虫病主要危害3周龄到3月龄小鸡，有血性下痢，在小肠或盲肠病变部位刮取黏膜镜检可发现鸡球虫卵囊。

禽霍乱只在肝脏上有灰白色结节，其他脏器无坏死灶。

鸡曲霉菌病无下痢，肺部虽有结节性变化，但曲霉菌病的肺结节明显突出肺表面，柔软富有弹性，内容物呈干酪样，且肺、气囊、气管等处有真菌斑，而其他脏器无结节性坏死变化。

为了与滑液囊支原体病、金黄色葡萄球菌病、多杀性巴氏杆菌病所致的关节炎相区别，对于鸡白痢的滑膜炎、滑囊炎的诊断应以实验室病原菌分离鉴定和血清学试验为主。

鸡白痢病不能与鸡伤寒、鸡副伤寒区别开来，因为鸡白痢的临床症状和病理变化与伤寒、副伤寒十分类似，只在流行病学上稍有差异，诊断需进行病原菌的分离鉴定和血清学试验来辨别。从临床诊断角度看，区别鸡白痢和鸡伤寒沙门菌意义不大，但在疫苗株和免疫研究方面区别两者应当是必要的。

（2）其他检测方法。在临床上检测鸡白痢沙门氏菌上比较常用是全血平板凝集反应，此外，还有一些更加准确的检测方法，如卵黄抗体琼脂扩散试验、免疫电泳试验、ELISA 等。研究表明，应用对流免疫电泳技术来诊断鸡白痢，其敏感性高于全血平板凝集反应。近年来，人们还采用等位基因特异性 PCR、PCR – RFLP 指纹图谱等方法对鸡白痢等疾病作出有效的诊断。

5. 防治

（1）防治措施。在防治的过程中，对于本病目前没有有效的疫苗。本病主要的防治在切断病原菌的传播途径以及清除群内带菌鸡或者是病鸡，从而清除传染源以免传染其他健康鸡。提高整体鸡群的体抗力，将一些体弱消瘦，体抗力低的鸡进行淘汰。

①制定检测计划，定期采用血清凝集试验检测，淘汰感染鸡和疑似鸡，在选用种蛋孵化时，要对种蛋来源鸡场的种鸡中鸡白痢沙门氏菌血清学检测，坚持自繁自养，确保鸡场无白痢，如一定要引进，则要选择从净化程度较高的鸡场购进，而且需要隔离观察一段时间（隔离区不要选在鸡场附近），同时，做好检测。

②加强育雏饲养管理卫生，避免各种应激因素的刺激，搞好环境卫生及饲养管理，定期针对各种器具消毒，提高鸡群自身抵

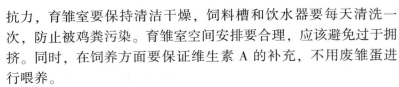

抗力，育雏室要保持清洁干燥，饲料槽和饮水器要每天清洗一次，防止被鸡粪污染。育雏室空间安排要合理，应该避免过于拥挤。同时，在饲养方面要保证维生素 A 的补充，不用废雏蛋进行喂养。

③雏鸡出壳后第 1～2 天用 0.01% 高锰酸钾溶液饮水 1～2 天。在鸡白痢易感日龄期间，用 0.02% 呋喃唑酮饮水，或在雏鸡粉料中按 0.02% 比例拌入呋喃唑酮或按 0.5% 加人磺胺嘧啶，有利于控制鸡白痢的发生。

（2）治疗。治疗时，使用磺胺类药物为佳。磺胺类药物以磺胺嘧啶，磺胺甲基嘧啶和磺胺二甲基嘧啶为首选药，在饲料添加不超过 0.5%，饮水中可用 0.1%～0.2%，连用 5 天后，停药 3 天，再继续使用 2～3 次。

经过几年研究发现，一些中草药对于鸡白痢的治疗有显著效果，其有别于传统的抗生素。中草药可以控制细菌耐药性的产生，而且在动物性产品中药物残留较低，可以适量添加于饲料中或直接喂服。有人研究发现中药"地榆散"在体外有良好抗菌效果，临床应用不仅对鸡白痢病有明显治疗效果，还对鸡白痢沙门氏菌病有可靠的抗阳效果，且对鸡体无毒副作用。针对于鸡白痢的治疗意义不大，主要因为经治疗转归后的鸡将长期带菌，成为传染源向外界排菌或产带菌蛋，从而使得本病周而复始得不到有效控制。

四、鸡伤寒

禽伤寒是由鸡伤寒沙门氏菌引起禽的一种急性或慢性败血性传染病。以发热、贫血、有的病鸡下痢以及脾肿大为特征，1888年，在美国首次发现禽伤寒，1889 年由 Klein 分离出病原，1902年 Curtice 把该病定名为"禽伤寒"。本病也呈世界性分布。OIE将其列为 B 类动物疫病。

1. 病原

本病病原菌为肠杆科沙门氏菌属中的鸡伤寒沙门氏菌，又称鸡沙门氏菌。本菌为革兰氏阴性、兼性厌氧、无芽孢菌，菌体两端钝圆、中等大小、无荚膜、无鞭毛、不能运动。本菌对干燥、腐败、日光等环境因素有较强的抵抗力，在水中能存活 2～3 周，在粪便中能存活 1～2 个月，在冰冻的土壤中可存活过冬，在潮湿温暖处虽只能存活 4～6 周，但在干燥处则可保持 8～20 周的活力。该菌对热的抵抗力不强，60℃ 15 分钟即可被杀灭。对各种化学消毒剂的抵抗力也不强，常规消毒药及其常用浓度均能达到消毒的目的。

2. 流行病学

本病主要感染鸡，1～5 月龄青年鸡以及成年鸡感染率最高，该病雏鸡发病与鸡白痢很难区分。本病多发生于春、冬两季。特别是在饲养管理条件不好的情况下最易发生。病鸡和带菌鸡是主要传染源。病鸡的排泄物含有病菌，污染饲料、饮水、栏舍等可散播此病。主要经消化道感染和通过感染种蛋垂直传播，也可通过眼结膜感染，带菌的鼠类、野鸡、蝇类和其他动物也是传播病菌的媒介。水平感染的发病率要高于鸡白痢，但经卵垂直传播的发病率低于鸡白痢。

3. 临床特点与表现

潜伏期 4～5 天。发病率高，死亡率低，有的大部分病禽冠、髯苍白，食欲废绝，渴欲增加，体温升至 43℃ 以上，呼吸加快，腹泻，排淡黄绿色稀粪。发生腹膜炎时，呈直立姿势。此病病鸡大都可恢复为带菌鸡。

（1）急性病例

①雏鸡：带菌种蛋在孵化过程中鸡胚即死亡，出壳后发病的雏鸡和雏火鸡症状与鸡白痢极为相似，表现为病雏虚弱嗜睡，无食欲，雏禽肺部受侵害时，呈现喘气和呼吸困难，泄殖腔周围有

白色排泄物，死亡率10%~50%。

②成鸡：中鸡和成鸡在最急性发病时常无明显病变，病程稍长的可见肝、脾、肾充血肿大，肝初期因出血而呈暗红褐色，后期变为淡灰绿色或古铜色，质地柔软，触摸有油腻感，表面及切面散布有粟粒大灰白色或浅黄色坏死灶，胆囊充盈，充有黄绿色油状胆汁，病禽精神委顿，羽毛松乱，食欲减退或废绝，鸡冠、

肉髯及脸贫血苍白，发热，口渴，腺胃和肌胃有时也可见到灰色坏死灶。肠道表面出血，十二指肠出血尤为严重。各处淋巴滤泡初期肿胀、坏死，以后各肠断逐渐形成溃疡。

（2）亚急性、慢性病例。以肝大呈绿褐色或青铜色为特征。此外，肝脏和心肌有粟粒状坏死灶。

①雏鸡：雏鸡感染后，肺、心和肌胃可见灰白色病灶。雏鸭心包出血，脾轻微肿大，肺和肠有卡他性炎，但不见灰白色坏死灶。

②成鸡：母鸡可见卵巢、卵泡充血、出血、变形及变色，导致输卵管内常有大量卵白和卵黄物质，并常因卵子破裂引起腹膜炎。公鸡睾丸有灶性病变。

4. 临床诊断

（1）鉴别诊断。本病主要与鸡白痢、禽霍乱、鸡新城疫、葡萄球菌病和大肠杆菌病进行区别：禽伤寒主要是感染中鸡和成鸡，而鸡白痢主要感染3周龄以内的雏鸡，4周龄后很少发病死亡，成鸡多为慢性和隐性，在临床上很难区分，只有进行病原菌的分离鉴定才能准确地区分出来。

对于和鸡新城疫的区分，鸡新城疫出现神经症状，鸡冠肉髯发绀，脾脏肿大不明显，全身出血明显，尤以腺胃及肠道出血最为突出。而禽伤寒无神经症状。

禽霍乱没有溶血性贫血症状，病料涂片镜检可见两极着染色的巴氏杆菌。

（2）实验室诊断。细菌分离与鸡白痢相同。首选器官是肝、脾、雏鸡卵黄，初次分离用普通肉汤或胰蛋白胨琼脂，病料不新鲜用增菌肉汤或选择性培养基。血清学检查与鸡白痢相同。HA试验测出感染鸡组织中积聚的细菌多糖；而抗球蛋白HA试验在感染早期测出血清抗体。

鸡白痢、鸡伤寒多价染色平板产凝集试验，适用于产蛋母鸡及3月龄以上的鸡。方法是用滴管吸取抗原，垂直滴于玻板上1滴，然后用针头刺破鸡的肘静脉或冠尖，取血0.05mL，与抗原均匀混合，并涂散成直径约2cm的混合液，在2分钟内判定结果。发生50%以上凝集，为阳性；不发生凝集为阴性；介于上述两者之间，为可疑。同时，应设强阳性、弱阳性、阴性血清对照，分别是滴加抗原混匀，在2分钟内，强阳性血清应出现100%凝集；弱阳性血清应出现50%凝集；阴性血清应不凝集。本试验应在20℃以上环境中进行。

5. 防治

（1）防治措施。发现病禽及时隔离饲养，尽快淘汰，对禽舍、用具等彻底消毒。鸡群要定期进行血清学监测，发现带菌者及时淘汰。由于人、动物、苍蝇等能机械地传播本病，所以，要及时彻底地消毒，消灭昆虫和老鼠。本病与鸡白痢有相似之处，也是由种蛋传递的疾病，因此，预防原则是杜绝病原传入，净化鸡场加强饲养管理，加强种蛋和孵化、育雏用具的清洁消毒。

（2）治疗。本病治疗药物与鸡白痢基本相同，磺胺类都有一定的疗效，投料方法以及用料可以参照鸡白痢。氟苯尼考为动物专用新药，具有抗菌谱广，吸收好，体内分布广，快速长效，无毒副作用，半衰期长，有效血药浓度维持20小时以上，安全高效。用法与用量请参考鸡白痢用药。其他用药可参照鸡白痢。依赖药品控制不是上选之策，应采取严格的净化措施。鸡沙门菌弱毒苗和微生态制剂联合应用于肉鸡，具有协同效应，保护率达

90%，优于疫苗单独使用的免疫效果（75%）。基因重组减毒疫苗，具有高效、便利、经济等优点，已应用于生产。

五、鸡副伤寒

副伤寒指能运动的各种沙门氏菌引起的禽类的传染病总称。本病雏鸡最常见的为急性败血症。其症状为突然死亡、下痢、泄殖腔周围为粪污黏附；发生浆液脓性结膜炎，眼半闭或全闭，间有呼吸困难或麻痹、抽搐等神经症状。

在 1895 年 Moore 首次报道了鸽副伤寒，1899 年 Mazza 首次报道了鸡副伤寒，目前此病在世界范围内广泛分布，常呈地方性流行，是危害养禽业的主要疾病之一。禽副伤寒沙门氏菌能广泛感染人和其他动物，是人类食源性疾病之一。因此，不管是从公共卫生还是经济方面讲，都必须控制该病的传播。

1. 病原

导致该病的沙门氏菌种类多达 60 多种，150 多个血清型，常见的有鼠伤寒沙门菌、鸭沙门菌等十几种。本病菌为革兰氏阴性短杆菌，无芽孢和荚膜，有鞭毛能运动。其形态、培养特性，对外界环境抵抗力等同禽白痢沙门菌。不同的特性是副伤寒沙门氏菌有鞭毛，能运动，既含有细菌的完全抗原结构，包括菌体抗原、鞭毛抗原、表面抗原。在自然条件下，也可遇到无鞭毛和有鞭毛而不能运动的变种，本菌对热敏感，为人类食源性疾病。

2. 流行病学

可感染多种幼龄禽类，主要是雏鸡，死亡率达 20%，青年鸡和成年鸡为慢性经过或隐性感染。本病的主要传染源是带菌鸡和病鸡，切断传染源是预防该病的必要手段也是有效方法。而通常传播该病是通过被污染的蛋、料、水、用具、孵化器、育雏器鼠类和昆虫，为了有效控制该病的传播，必须对禽舍进行全方位消毒处理并且要防鼠灭虫。传染途径主要经垂直传播，也可经呼吸道和消化道水平传播。蛋内带菌或孵化器内感染的雏鸡，在出壳后不久就死亡。2周龄内雏鸡多见发病，其表现为厌食，饮水增加，垂头闭眼，两眼下垂，怕冷挤堆，离群，嗜睡呆立，抽搐；有的眼盲和结膜炎，排淡黄绿色水样稀粪，肛门周围有稀粪沾污。有的关节肿胀，呼吸困难，常于1~2天死亡。

3. 临床特点和表现

本病的潜伏期很短，一般在12~18小时，雏禽多呈急性败血性症状，与鸡白痢和禽伤寒相似，中年鸡和成年鸡呈急性、慢性经过。

最急性死亡的雏鸡，通常没有典型病变，仅见肝脏肿大，对于雏禽病程稍长者，可见败血症，可见消瘦、脱水、脐炎、卵黄凝固；肝、脾充血，出血性条纹或点状坏死灶。肾充血，心包炎并黏连。成年禽消瘦，有出血性或坏死性肠炎，脾、肾充血肿大，肝脏实质内有许多散在的灰白色粟粒大的坏死灶，胆囊扩张，充满胆汁。肠道主要是卡他性出血性炎的变化，有的可见坏死性炎的变化，表现为肠道黏膜潮红，可见点状出血，盲肠膨大，其壁增厚，内含许多干酪样物质，肠黏膜有时可见溃疡，直肠出血严重。卵子偶有变形，卵巢有化脓性和坏死性病变，常发展为腹膜炎。关节炎也多见。

剖检见肝大，边缘钝圆，包膜上常有纤维素性薄膜被着，肝实质常有细小灰黄色坏死灶；小肠黏膜水肿、局部充血、常伴有点状出血；大肠也有类似病变，但其黏膜上有时有污灰色糠麸样薄膜被覆。

4. 临床诊断

（1）病原学检测。按常规标准进行。病雏或死雏的新鲜器官可接种营养性琼脂平板或斜面，所有粪样和处于分解状态的样品在选择性肉汤中增菌24~48小时，以后再接种选择性琼脂。选择在琼脂平板上出现的典型菌落接种三糖铁和赖氨酸铁琼脂斜面，对呈典型反应者进行生化反应。

（2）生化反应。发酵葡萄糖、麦芽糖、山梨醇并产气；不发酵蔗糖、乳糖；不产生吲哚；甲基红阳性；尿素不水解；氰化钾阴性；硝酸盐被还原。

（3）快速检测。检测食品、饲料和临诊样品沙门菌的新方法，用单克隆抗体 Mabs 和核酸探针为基础的检测沙门菌的诊断试剂盒。

（4）血清学检测。经分离成纯培养并经生化鉴定的所有沙门菌均应进行血清鉴定。因副伤寒沙门菌的血清型很多，目前，检测是针对鼠伤寒沙门菌的。血清学方法有微量凝集试验、快速全血平板试验、常量试管凝集试验等。血清学方法其缺点是：肠道带菌者可能没有血清学应答，阳性反应者的滴度波动很大，只能检测少数抗原型。

5. 防治

（1）防治措施。灭活苗或活疫苗已研究试用。酸制剂或甲醛对本菌消毒效果好。严格的强制性"生物安全"措施应认真贯彻落实。

防治措施要控制种蛋、孵化室和育雏室的感染，创建育种中心，进行血清学监测和控制动物感染等综合性防治措施。

①种禽场的种禽与产蛋：应无副伤寒病种禽。有足够的洁净产蛋箱，网上饲养，蛋产出很快滚离产蛋箱，种蛋收集频率要高，收后熏蒸，置凉处短期保存。氮和季铵盐类化合物是种蛋的有效消毒剂。

②育雏场环境：雏鸡与感染源严格隔离，是防止本病的重要措施。用不含沙门菌的垫料。放好饲料槽和饮水器的位置，不使粪便污染，要经常清洗和消毒。

③饲料不被沙门菌污染，不用动物副产品。

（2）治疗。鸡随日龄增长，从环境中获得了肠道保护性菌群，这些菌群对沙门菌有明显抑制作用，是各种选择性竞争排斥（CE）治疗发展的基础。竞争排斥治疗给禽使用精制或非精制的细菌培养物，以减少沙门菌在肠道吸附。研制和使用微生物区系确定有效竞争性排斥剂将有利于控制本病。

在用药时参照鸡白痢用药。治疗时，使用磺胺类药物为佳。磺胺类药物以磺胺嘧啶，磺胺甲基嘧啶和磺胺二甲基嘧啶为首选药，在饲料添加不超过 0.5%，饮水中可用 0.1%～0.2%，连用 5 天后，停药 3 天，再继续使用 2 到 3 次。

六、鸡传染性鼻炎

鸡传染性鼻炎是由副鸡嗜血杆菌引起的鸡的一种急性呼吸道传染病，其特征是鼻腔、鼻窦黏膜、眼结膜发炎，常表现为打喷嚏、流鼻液、颜面肿胀等。本病主要引起育成鸡的生长受阻，增重减慢，鸡群的死亡数和淘汰数增加，给养鸡业造成了很大的经济损失。鸡传染性鼻炎呈世界性分布，以处于温带的国家和地区最常见。我国目前已有 10 多个省市报道过本病的发生。

1. 病原

本病的病原是副鸡嗜血杆菌，为革兰氏阴性的多形性小杆菌，不形成芽孢，无荚膜、鞭毛、不能运动。该菌对营养的需求较高，常用的培养基为血液琼脂或巧克力琼脂。因本菌生长中需要 V 因子，所以，因发育时产生 V 因子的金黄色葡萄球菌交叉接种在血液琼脂平板上时，本菌可在葡萄球菌周围旺盛地生长发育，呈现卫星现象。这可作为一种简单的初步鉴定。副鸡嗜血杆菌易自鼻窦渗出物中分离。但该菌的抵抗力很弱，培养基上的细菌在 4℃条件下能存活 2 周。在自然环境中很快死亡，对热与消毒药也很敏感。该菌抗原的型有 A、B、C 3 个血清型，各血清型之间无交叉反应。

2. 流行病学

本病可感染各种年龄的鸡，随着鸡只日龄的增加易感性增强。自然条件下以育成鸡和成年鸡多发。除鸡发病外，还有火鸡发生此病的报道。该病一年四季均可发生，以秋冬及初春时节多发，病鸡和隐性带菌鸡是该病的主要传染源。其病程 3～4 周，发病高峰时很少死鸡，但在流行后期鸡群开始好转。该病常常继发其他细菌性疾病，使病程延长，死亡增多。鸡场一旦发生本病，往往污染全场，致使其他鸡舍适龄鸡只相继发病，几乎无一幸免。传播方式以飞沫、尘埃经呼吸道传播为主，其次可通过污染的饮水、饲料经消化道传播。

鸡传染性鼻炎的发生及疾病的严重程度与环境应激、混合感染等因素有很大关系。凡是能使机体抵抗力下降的因素均可成为发病诱因，如鸡群密度过大，通风不良，气候突变、营养缺乏等。

3. 临床特点与表现

（1）临床特点。该病的主要特征是潜伏期短，传播速度快，短时间内便可波及全群，发病率高。鸡感染后，精神委顿，垂头缩颈，食欲明显降低。病初可见自鼻孔流出水样汁液，继而转为黏性或脓性分泌物，出现流泪，打喷嚏，眼结膜发炎，眼睑肿胀、水肿，可引起暂时性失明由于无法正常采食和饮水病鸡逐渐消瘦并有下痢现象最终衰竭而死。由于粉状饲料黏附在鼻道上形成结痂影响呼吸出现甩头等症状。部分病鸡可见下颌部或肉髯水肿，育成鸡表现为生长不良，肉种鸡几乎绝产。严重者炎症可蔓延至气管支气管和肺部。流行后期鸡群中常有死鸡出现，多数为瘦弱鸡只，或其他细菌性疾病继发感染所致，没有明显的死亡高峰。也可能会出现神经症状，一旦受刺激后就不停摇头，最终因机体衰竭而死亡。

（2）病理变化。本病最具特征的变化是鼻腔、鼻窦和眼结膜的浆液性、赫液性、卡他性炎。剖检可见鼻腔窦黏膜呈急性卡他性炎症，黏膜充血水肿，表面覆盖有大量黏液，腔内积聚多量脓性或干酪样物质而堵塞鼻腔，使病鸡出现轻度呼吸困难和不断甩头。结膜囊中充满了赫液性、脓性或干酪样物质，造成上下眼睑黏连一起，进一步蔓延到角膜，导致溃疡性病变，卡他性结膜炎，肉髯皮下水肿。严重时可见喉头和气管黏膜潮红，上附有黏稠性黏液，产蛋鸡输卵管内有黄色干酪样分泌物。面部及肉髯的皮下组织水肿，肺脏充血、肿胀，切面流出多量泡沫样的液体。其他内脏器官没有明显变化，病程后期若出现继发感染时，可见相应疾病的病理变化。

4. 临床诊断

（1）临床诊断。诊断本病主要是根据流行病学特点、临诊症状及病理剖检变化进行综合诊断。

根据鼻腔、鼻窦以及眼结膜的急性卡他性炎，颜面以及肉髯水肿，鼻窦及框下窦肿大，鸡群中有恶臭味。发病急。传染快、病程短、死亡率低等临床特征与病理变化可以做出初步诊断。

（2）病原学诊断。病原分离鉴定对于进一步确定该病有很大的帮助，无菌操作方法用棉拭采取眼、鼻腔或眶下窦分泌物，在血液琼脂平板上与金黄色葡萄球菌交叉接种，在 5% ~ 10% 的 CO_2 环境中培养，可见葡萄球菌菌落周围有明显的卫星现象，其他部位不见或很少有细菌生长。获得纯培养后可进一步进行鉴定或作健康鸡的感染试验，24 小时之后，受感染健康鸡出现典型症状，即可确定该病。

（3）鉴别诊断。

①禽流感：鸡冠有坏死灶、颜面下颌皮下水肿，呈胶冻样，趾及断部鳞片出血。全身浆膜及黏膜严重出血、内脏器官严重出血。颈、喉部明显肿胀、出血，鼻孔常出现血色分泌物。有时出血、气喘、咳嗽、呼吸困难及下痢。

②传染性支气管炎：呼吸困难、出现啰音，喉头、气管、支管出现较多黏液。肾脏出现尿酸盐沉积，呈花斑样。腺胃肿胀增厚、其黏膜出血发生溃疡。但上呼吸道以及眶下窦无明显变化。

③传染性喉气管炎：喉头以及气管出血、肿胀、带有黏液，咳嗽带有血丝。喉黏膜部有纤维素性渗出物。鼻腔、鼻窦、鼻下眶窦无明显变化。

④维生素 A 缺乏症：眼睑肿胀、角膜软化或穿孔，眼球凹陷、失明。结膜囊蓄积干酪样物质，口腔、咽、食管道黏膜有白色小结节。眶下窦、鼻窦无明显变化。

5. 防治

（1）防控。鉴于本病发生常由于外界不良因素而诱发，因此，平时养鸡场在饲养管理方面应注意以下几个方面。

①鸡舍内氨气含量过高是发生本病的重要因素。特别是高代次的种鸡群，鸡群数量少，密度小，寒冷季节舍内温度低，为了保温门窗关得太严，造成通风不良。为此应安装供暖设备和自动控制通风装置，可明显降低鸡舍内氨气的浓度。

②寒冷季节气候干燥，舍内空气污浊，尘土飞扬。通过带鸡消毒降落空气中的粉尘，净化空气，对防制本病可起到积极作用。

③饲料、饮水是造成本病传播的重要途径。加强饮水用具的清洗消毒和饮用水的消毒是防病的经常性措施。

④人员流动是病原重要的机械携带者和传播者，鸡场工作人员应严格执行更衣、洗澡、换鞋等防疫制度。因工作需要而必须多个人员人舍时，当工作结束后立即进行带鸡消毒。

⑤鸡舍尤其是病鸡舍是个大污染场所，因此，必须十分注意鸡舍的清洗和消毒。对周转后的空闲鸡舍应严格按照以下规定执行。

a. 彻底清除鸡舍内粪便和其他污物；

b. 清扫后的鸡舍用高压自来水彻底冲洗；

c. 冲洗后晾干的鸡舍用火焰消毒器喷烧鸡舍地面、底网、隔网、墙壁及残留杂物；

d. 火焰消毒后再用 2% 火碱溶液或 0.3% 过氧乙酸，或 2% 次氯酸钠喷洒消毒；

e. 完成上述 4 项工作后，用福尔马林按每立方米 42mL，对鸡舍进行熏蒸消毒，鸡舍密闭 24 ~ 48 小时，然后闲置 2 周。进鸡前采用同样方法再熏蒸一次。经检验合格后才可进入新鸡群。

鸡舍外环境的消毒以及清除杂草、污物的工作也不容忽视。因此，综合防制是防止本病发生不可缺少的重要措施。

（2）治疗。磺胺类药物和多种抗生素均有良好的治疗效果。可用 0.2% ~ 0.4% 红霉素饮水或饲料中添加 0.1% ~ 0.2% 氯霉素和土霉素连用 3 ~ 5 天；有的用每只鸡 0.2mg 链霉素肌内注射，每日 2 次连用 3 天。在注射给药同时，有的在饲料中添加北里霉素进行辅助治疗。

青霉素、链霉素联合肌内注射，每日 2 次连用 3 天可缩短病程，降低本病造成的损失。应该指出，在治疗本病过程中还应兼顾预防其他细菌性疾病的继发感染。同时，可用 0.3% 过氧乙酸进行带鸡消毒，对促进治疗有一定效果。

七、鸡结核病

禽结核病是由禽结核分枝杆菌引起的一种慢性接触性传染病。本病的特征是引起鸡组织器官形成肉芽肿和干酪样钙化结节，渐进性消瘦、贫血，严重者发生恶性病变或肝脾破裂至内去血死亡。鸡结核病分布于世界各地，是鸡的常见病之一。

1. 病原

本病的病原是禽结核分枝杆菌，属于分枝杆菌属，普遍呈布状，两端钝圆，也可见到棍棒样的、弯曲的和钩形的菌体，为需氧菌，对营养的要求比较严格，必须在含有血清、牛乳、卵黄、马铃薯、甘油及某些无机盐类的特殊培养基中才能生长。结核菌生长较慢，在初次分离时，经 10～21 天，可见圆形、隆起、表面光滑，有光泽，从浅黄到黄色，随时间延长而变为鲜黄色的菌落。

2. 流行病学

传染源主要是患病鸡以及带菌鸡，患病鸡肠道的溃疡灶中，肝脏病灶中、胆汁中都含有结核分枝杆菌。通过粪便排出，呼吸道分泌物等排出的病菌都可以污染饲料、饮水、禽舍、土壤、垫草和环境等。这些被健康的鸡采食后，即可发生感染。结核病的传染途径主要是经呼吸道由于病禽咳嗽、喷嚏，将分泌物中的分枝杆菌散布于空气，或造成气溶胶，使分枝杆菌在空中飞散而造成空气感染或叫飞沫传染。在患病鸡与健康鸡同群混养，将使疾病传播扩散更快。

蛋鸡结核病的病程发展缓慢，早期无明显的临床症状，故老龄鸡中，特别是淘汰、屠宰的鸡中发现多。虽然大龄鸡比雏鸡严重，但在雏鸡中也可见到严重的开放性的结核病。病鸡肺空洞形成，气管和肠道的溃疡性结核病变，可排出大量禽分枝杆菌，是结核病的第一传播来源。在其他环境条件下，如鸡群的饲养管理、密闭式鸡舍、气候、运输工具等也可促进本病的发生和发展。因此，在饲养管理上我们应该注意切断传播途径、控制传染源，尽一切努力来防止该病的发生与传播。

3. 临床特点与表现

（1）临床症状。鸡结核病的潜伏期较长，一般需几个月才逐渐表现出明显的症状。待病情进一步发展，病鸡的体温正常或偏高，可见病鸡精神委顿，衰弱，体况消瘦，虽然食欲正常，但体重减轻，羽毛粗乱，翅膀下垂，皮肤干燥，缩颈呆立，鸡冠、肉髯苍白萎缩，胸部肌肉明显萎缩，胸骨凸出；若有肠结核或有肠道溃疡病变，可见到粪便稀，或明显的下痢，或时好时坏，长期消瘦，最后衰竭而死；关节结核时，关节肿大或破裂，表现一侧或两侧跛行；脑膜结核可见有呕吐、兴奋、抑制等神经症状。淋巴结肿大，可用手触摸到；肺结核病时病禽咳嗽、呼吸粗、次数增加。严重者肝、脾破裂出血，饮食废绝，最后因极度衰竭而死亡。

（2）病理变化。病变的主要特征是在内脏器官，如肺、脾、肝、肠上出现不规则的、浅灰黄色、从针尖大小的结核结节，将结核结节切开，可见结核外面包裹一层纤维组织性的包膜，内有黄白色干酪样坏死，通常不发生钙化。多个发展程度不同的结节，融合成一个大结节，在外观上呈瘤样轮廓，其表面常有较小的结节，进一步发展，变为中心呈干酪样坏死，外有包膜。

结核病的组织学病变主要是形成结核结节，由于禽分枝杆菌对组织的原发性损害是轻微的变质性炎之后，在损害处周围组织充血和浆液性、浆液性纤维蛋白渗出性病变，在变质、渗出的同时或之后，就产生网状内皮组织细胞的增生，形成淋巴样细胞，上皮样细胞和朗罕氏多核巨细胞。因此，结节形成初期，中心有变质性炎症。疾病的进一步发展，中心产生干酪样坏死，再恶化则增生的细胞也发生干酪化，结核结节也就增大。

4. 临床诊断

（1）病原学检测。剖检时，发现典型的结核病变，即可做出初步诊断，进一步确诊需进行实验室诊断。

涂片、镜检应采取病死禽或扑杀禽的结核病灶病料，直接制成抹片，染色，镜检。由于本菌具有抗酸染色的特性，多采取妻一尼氏染色法染色，在镜检抹片病料时，可见单个、成对、成堆、成团的红色杆菌，无鞭毛、无荚膜、无芽孢，可初步诊断为禽结核病。

（2）鉴别诊断。本病应注意与大肠杆菌病、肿瘤等相鉴别。

结核病最重要的特征是在病变组织中可检出大量的抗酸杆菌，而在其他任何已知的禽病中都不出现抗酸杆菌。

①与大肠杆菌病：鸡大肠杆菌肉芽肿病是由黏液性大肠杆菌引起，典型肉芽肿主要发生在肝脏、盲肠、十二指肠和肠系膜，而脾脏和骨髓几乎从不受害，没有这种病变。大肠杆菌肉芽肿结节比结核结节要大得多，有时波及半个肝脏。结节内含有灰色或灰黄色凝固性坏死。切面隐约可见放射状，环状波纹或多层性。镜检：见坏死灶中有大量的轮层性核碎片聚集，坏死物周围有上皮样细胞带，但巨细胞很少。在上皮样细胞带周围有不等的肉芽组织带，其中，有嗜异性白细胞。抗酸染色在结节内没有红色抗酸杆菌，有蓝色小杆菌。

②与鸡马立克氏病：鸡马立克氏病是由鸡疱疹病毒引起的鸡最常见的淋巴组织增生性疾病。以外周神经、性腺、各种脏器、肌肉和皮肤的淋巴样细胞浸润、增生性和肿瘤形成特征。在内脏型鸡马立克氏病例中，见肝、脾、肾等器官表面或实质中有孤立、粗大、隆起的灰白色或灰黄色肿瘤结节，切面致密、平整。镜检：见急性淋巴细胞性肿瘤中有小淋巴细胞、中淋巴细胞、大淋巴细胞、原淋巴细胞和少量网状内皮细胞。

③与鸡淋巴细胞性白血病：鸡淋巴细胞性白血病是由禽反录病毒科禽 C 型肿瘤病毒引起。肿瘤主要见于肝、脾和法氏囊，也可侵害其他内脏组织。肿瘤大小形态各异，呈灰白色结节或弥散型。镜检：肿瘤结节均由原淋巴细胞构成。在普通染色和抗酸性染色法中均无细菌存在。

5. 防治

（1）防控措施。禽结核杆菌对外界环境因素有很强的抵抗力，其在土壤中可生存并保持毒力达数年之久，一个感染结核病的鸡群即使是被全部淘汰，其场舍也可能成为一个长期的传染源。因此，消灭本病的最根本措施是建立无结核病鸡群。基本方法如下。

①淘汰感染鸡群，废弃老场舍、老设备，在无结核病的地区建立新鸡舍；发现病鸡应及时深埋或焚烧后深埋。对鸡舍用福尔马林熏蒸消毒，对用具和场地用100g/L的漂白粉溶液进行多次消毒。

②引进无结核病的鸡群。严防引种时从外地引进病鸡，对引进的种鸡应隔离检疫。提高网上育雏，尽量减少鸡接触粪便的机会。新引进鸡进舍前应对旧鸡舍进行彻底清扫和消毒，平时注意保持环境卫生。鸡结核病视为不治之症。预防和控制本病必须采取科学合理的综合性防治措施，才能建立和保持无结核病鸡群。

③检测小母鸡，净化新鸡群。对全部鸡群定期进行结核检疫，以清除传染源。鸡场凡需引进种鸡的必须到非疫区，并对新引进的鸡检疫隔离60天，用结核菌素作重复试验。阴性反应鸡才能进入无结核病的鸡群中。另外，对所有鸡群进行定期检疫，及时掌握鸡群中结核病发生动态。

④禁止使用有结核菌污染的饲料。淘汰其他患结核病的动物，消灭传染源。

⑤采取严格的管理和消毒措施，限制鸡群运动范围，防止外来感染源的侵入。

在鸡场如果发现结核病时，应及时进行处理。将病死鸡焚烧或掩埋，鸡舍及环境进行彻底清扫和消毒、清除的粪便。用石灰碱溶液消毒，如为泥土地面，应铲去表层土壤，消毒并更换新土。

（2）治疗。本病一旦发生，通常无治疗价值。但对价值高的珍禽类，可在严格隔离状态下进行药物治疗。可选择异烟肼（30mg/kg）、乙二胺二丁醇（30mg/mL）、链霉素等进行联合治疗，可使病禽临床症状减轻。建议疗程为18个月，一般无毒副作用。鸡在60～75日龄时将卡介苗按每只鸡0.25～0.5mg干粉苗混于饲料中喂服，隔日 1 次，共用 3 次；也可将卡介苗行肌内注射，均有良好的预防效果。

八、鸡坏死性肠炎

本病是由魏氏梭菌引起的一种消化道急性传染病，是以引起小肠后段肠管明显增粗和黏膜坏死为主要特征的急性散发性传染病主要症状，以及病鸡排带血的黑色稀粪。该病发生广泛流行，天气持续少雨干旱，使用劣质鱼粉等是本病的诱发原因。

1. 病原

病的病原体为 A 型和 C 型魏氏梭菌（产气荚膜梭菌）。产气荚膜梭菌均能产生毒素和酶类，A 型魏氏梭菌主要产生的 a 毒素和 C 型魏氏梭菌主要产生的 β 毒素，这些毒素是引起感染鸡肠黏膜坏死这一特征性病变的直接因素。魏氏梭菌为革兰氏染色阳性，能形成芽孢的大肠杆菌。菌体在外界环境中的抵抗力较强，高压灭菌 20 分钟可将芽孢杀死。魏氏梭菌产生的毒素，70℃ 30 ~ 60 分钟可被破坏。

2. 流行病学

本病多发于潮湿温暖的季节，以 2 ~ 5 周龄发病，尤其是 3 周龄的蛋鸡多发，平养鸡比笼养鸡多发。该病青年鸡、蛋用鸡多发，呈散发性，传播快。本病涉及区域广泛，以突然发病、急性死亡、死亡率低为特征。其显著的流行特点是，在固定的区域或固定鸡群中反复发作，断断续续的出现病死鸡和淘汰鸡，病程持续时间长，可直至该鸡群上市。

魏氏梭菌广泛存在于粪便、土壤、灰尘、污染的饲料、垫草及肠内容物中，从正常鸡的排泄物中分离到了魏氏梭菌，但不一定呈现致病性。只有在一些诱因参与下，如饲料成分的改变蛋白质的含量增加、口服抗生素、肠黏膜损伤、高纤维性垫料、各种球虫感染、环境中魏氏梭菌含量增多等情况下，都能诱发本病的发生。

3. 临床特点与表现

（1）临床症状。本病主要侵害 2 ~ 5 周龄地面平养的蛋仔鸡，3 周龄以内的蛋鸡发病率高。病鸡精神沉郁，闭眼嗜睡，食欲不良，羽毛松乱无光泽，驱赶不前，腹泻，排黑褐色煤焦油样粪便、有时带有血液。该病与小肠球虫病并发时，出现拉灰黄色稀粪便症状。病程稍长，有的出现神经症状。病鸡翅腿麻痹，颤动，站立不起，瘫痪，双翅拍地，触摸时发出尖叫声。

本病起病急，常突然发生。最急性病例，未见到症状就突然死亡。呈零星发生和死亡，病程短，一般 1 ~ 2 天死亡，死亡率每天 0.3% ~ 0.5%。但过去对该病的认识局限于有临床症状型的，现在发现了亚临床症状型的，又称温和型的坏死性肠炎。虽然没有可见的症状，但由于肠道有轻微的病变，所以，影响消化和吸收，因此，使鸡的生长速度减慢，饲料转化率下降，影响蛋鸡的生长，造成较大的经济损失。

（2）病理变化。剖检病变主要发生在小肠特别是空肠和回肠，部分盲肠也可见病变。小肠充满气体而明显膨胀，肠内含有灰白色或黄白色的渗出物，有的充满了泡沫样棕色稀状物，肠壁脆弱，肠黏膜覆盖着疏松或致密的灰绿色假膜。肠壁浆膜层可见出血，有的病变呈弥漫性、局灶性。黏膜出血深达肌层，时有弥漫性出血并发生严重坏死与小肠球虫病并发时，肠内容物呈柿黄色，混有碎的小凝血块，肠壁有针尖大小出血点或坏死灶。胆脏肿大表面有不规则坏死灶，胆汁充盈，心脏表面有突出的黄白色的小米粒大小结节。肾脏稍肿、稀软，色泽变淡。

组织变化：自然病例的特征性组织学病变是肠黏膜的严重坏死。最初病变集中发生于肠绒毛顶端，主要表现为上皮脱落，并伴有凝固性坏死。坏死区周围有异嗜性细胞。病情稍长者，病变从绒毛顶端发展到隐窝，坏死可扩展到黏膜下层和肌层。绒毛和上皮崩解脱落，固有层充血，淋巴细胞增多，坏死灶底部成纤维细胞增生。

4. 临床诊断

根据典型的剖检变化和组织学病变以及分离到魏氏梭菌即可被确诊。本病常与小肠球虫病并发，极易被后者所掩盖。

（1）鉴别诊断。球虫鉴别：取小肠受损病变部位的肠黏膜刮取物涂片，火焰固定，革兰氏染色，镜检发现有许多两端钝圆的革兰氏阳性肠杆菌。用该刮取物直接涂片、镜检，有时可发现数个艾美尔球虫卵囊，证明有球虫病并发。

（2）病原学检测。无菌刮取有典型病变的肠黏膜（取自死亡后 4 小时以内的鸡），画线接种于葡萄糖血液琼脂上，37℃厌氧培养过夜，可生成几个圆形光滑隆起，淡灰色，直径 2～4mm 的较大型菌落，菌落周围发生内区完全溶血、外区不完全溶血和脱色的双重溶血现象。挑取此菌落压片、染色、镜检发现与前面所述相同的细菌。

5. 防治

（1）防治措施。由于魏氏梭菌能产生芽孢，养殖场一旦被污染，非常难以清除。因此，坏死性肠炎重在预防，必须从良好的管理和卫生条件开始，而且这将有助于消减甚至清除在蛋鸡生产过程的药物。发现病鸡立即隔离或淘汰，以免扩大病情。对发生本病的鸡舍要彻底消毒，要选用高效消毒药。如果一个鸡群发生了本病，在引进新的鸡群时所用垫料必须完全清除。对垫料 pH 值必须调整，通过垫料增效剂改变垫料的 pH 值可以创造一个不适于细菌生长的环境。

除加强生物安全管理外，定期使用抗球虫药物，预防球虫病的发生也比较重要。另外，在饲料中添加对魏氏梭菌有特效的抗生素等抑制梭菌的繁殖，对预防坏死性肠炎具有重要意义。减少应激，不要突然更换饲料，饲养密度要适宜。要经常更换垫料，采用全进全出方式，定期消毒，减少苍蝇等的孳生和繁殖。

（2）治疗。该病确诊后，要以治疗坏死性肠炎为主，兼治小肠球虫病为辅的原则。首先加强通风换气，全群隔日带鸡消毒一次。痢菌净0.03%饮水一日2次，每次2~3小时，连用3~5天；饲料中拌入15mg/kg杆菌肽和70mg/kg盐霉素。2周龄以内的雏鸡，100L饮水中加入氨苄青霉素20g，每日2次，每次2~3小时，连用3~5天。用药24小时后，粪便颜色明显改观，病鸡症状减轻，采食量增加，3天后症状消失，鸡群恢复正常，以后再加强用药2天。最好根据发病情况，对特定的细菌进行药敏试验，这样会更好指导全群用药，治疗预防效果会更佳。

九、鸡溃疡性肠炎

溃疡性肠炎是雏鸡、鹌鹑、幼火鸡和野鸡的一种急性细菌性传染病，本病最早发生于鹌鹑，呈地方性流行，故称"鹑病"。以后发现多种禽类也可感染，是由鹑梭状芽孢杆菌引起的鸡和鹌鹑的一种细菌性疾病，主要发生在4~12周龄的幼禽。病死禽以肝、脾坏死，肠道出血、溃疡为主要特征。溃疡性肠炎也称鹌鹑病。该病的特征为突然发病和迅速大量死亡，呈世界分布。

1. 病原学

溃疡性肠炎是由大肠梭状芽孢杆菌引起的。该菌呈杆状，为革兰氏染色阳性；菌体长3~4μm，宽1μm，平直或稍弯，两端钝圆，芽孢较菌体小，位于菌体近端，人工培养时，仅少数菌体可形成芽孢。

本菌营养需要丰富，要求严格厌氧。其最适培养基首选为含0.2%葡萄糖、8%无菌马血浆和0.5%酵母抽提物的色氨酸磷酸琼脂或胰蛋白示磷酸盐琼脂；最适pH值为7.2；最适生长温度为35~42℃。

本菌能形成芽孢，因此对外界环境有很强的抵抗力。芽孢对辛酸及氯仿具有较强抵抗力。其卵黄培养物在－20℃能存活16年，70℃能存活3小时，80℃ 1小时，而在100℃时仅能存活3分钟。肠梭菌在厌氧条件下培养的纯培养物具有极高的致病性。

2. 流行病学

大部分禽类都可感染本病，鹌鹑最敏感，且实验室人工感染获得成功，其他多种禽类都可自然感染。该病常侵害幼龄禽类，4～19周龄鸡、3～8周龄火鸡、4～12周龄鹌鹑等幼龄禽类较易感，成年鹌鹑也可感染发病。本病常与球虫病并发，或继发于球虫病、再生障碍性贫血、传染性法氏囊病及应激因素之后。

自然情况下，本病主要通过粪便传播，经消化道感染。

3. 临床特点与表现

（1）临床症状。急性死亡的禽几乎不表现明显的症状。鹌鹑常发生下痢，排出白色水样稀粪，精神委顿，羽毛松乱无光泽，如果病程1周或更长，病禽胸肌萎缩、机体异常消瘦。幼鹌鹑死亡率100%，鸡的死亡率2%～10%。鸡抵抗力较强，常可痊愈。

（2）病理变化。急性病鹌鹑的肉眼病变特征是十二指肠有明显的出血性炎症，可在肠壁内见到小出血点。病程稍长，发生坏死和溃疡。这种坏死和溃疡可以发生于肠管的各个部位和盲肠。早期病变的特征是小的黄色病灶，边缘出血，在浆膜和黏膜面均能看到。当溃疡面积增大时，可呈小扁豆状或呈大致圆形的轮廓，有时融合而形成大的坏死性假膜性斑块。溃疡可能深入黏膜，但较陈旧的病变常比较浅表，并有突起的边缘，形成弹坑样溃疡。盲肠的溃疡可有一中心凹陷，其中，充填有深色物质，且不易洗去。溃疡常穿孔，导致腹膜炎和肠管黏连。肝的病变表现不一，由轻度淡黄色斑点状坏死到肝边缘较大的不规则坏死区。脾充血、肿大和出血。其他器官没有明显的肉眼病变。

4. 诊断

溃疡性肠炎根据死后肉眼病变较易获得诊断，根据典型的肠管溃疡以及伴发的肝坏死和脾大出血，便可做出临床诊断。确诊需进一步作病原学检查。

鉴别诊断。本病应与球虫病、组织滴虫病、坏死性肠炎以及包涵体肝炎等病相鉴别诊断。

5. 防治

（1）防制措施。预防作好日常的卫生工作，场舍、用具要定期消毒。粪便、垫草要勤清理，并进行生物热消毒，以减少病原扩散造成的危害。避免拥挤、过热、过食等不良因素刺激，有效的控制球虫病的发生，对预防本病有积极的作用。

对本病污染场要及时隔离带菌、排菌动物，对病禽进行隔离治疗。对同场健康禽要采取药物预防措施，控制本病蔓延。

（2）治疗。链霉素、杆菌肽、氯霉素、痢特灵对本病有一定的预防和治疗作用。首选药物为链霉素和杆菌肽，可经注射、饮水及混饲给药，其混饲浓度为链霉素 0.006%，杆菌肽 0.005%～0.01%，链霉素饮水浓度为每克链霉素加水 4.5kg，连用 3 天。

十、鸡肉毒梭菌中毒

肉毒梭菌中毒又名软颈症，是由肉毒梭菌产生的外毒素引起的一种中毒病，以运动神经麻痹和迅速死亡为特征。该病在家禽中广泛流行，对规模化、集约化养鸡业有时会暴发疾病以至于死亡，应该予以重视。该病的发生不受地域限制，各国均有发生报道，早期主要发生于放养家禽，近年的报道也有密集饲养的蛋鸡场多次发生本病的情况。

1. 病原

蛋鸡肉毒梭菌中毒的病原是梭菌属中的肉毒梭菌，为革兰氏阳性的粗大杆菌，属厌氧性芽孢杆菌。并能在适宜的环境中产生并释放蛋白质外毒素。肉毒梭菌依据生理特性分成 3 群（Ⅰ、Ⅱ、Ⅲ），依据毒素的抗原性不同分成 8 型（A、B、Cα、Cβ、D、E、F、G）。禽肉毒梭菌中毒主要由 C 型引起，但也有 A 型或 E 型。

肉毒梭菌毒素是迄今所知的几种毒性最强的毒素之一，本菌繁殖体抵抗力不强，加热 80℃ 30 分钟或 100℃ 10 分钟能将其杀死。但芽孢的抵抗力极强，煮沸需 6 小时，120℃ 高压需 10～20 分钟，180℃ 干燥需 5～15 分钟才能将其杀死。C 型肉毒梭菌芽孢较 A 型肉毒梭菌和 B 型肉毒梭菌芽孢对热更敏感。肉毒毒素的抵抗力较强，在 pH 值 3～6 范围内毒性不减弱，正常胃液或消化酶 24 小时内不能将其破坏；但在 pH 值 8.5 以上即被破坏，因而 1% NaOH、0.1% 高锰酸钾加热 80℃ 30 分钟、100℃ 10 分钟均能破坏毒素。

2. 流行病学

肉毒梭菌在自然界广泛分布，也存在于健康动物的肠道和粪便中、在土壤、干草、蔬菜、水果中也可以分离到。该菌在厌氧条件下能产生很强的外毒素，采食含有这种有毒的物质后引起中毒。

本病常在温暖季节发生，因为气温高，有利于肉毒梭菌生长和产生毒素。一般认为，C 型肉毒梭菌产生的外毒素可以污染饲料，而误食污染有毒素的饲料等是本病的重要致病因素，但近年来，也有报道 C 型肉毒梭菌可在动物体内产生毒素而致病。

水生环境中的小甲壳类的内脏及某些昆虫卵中含有肉毒梭菌，因施药、水位反复波动等导致死亡、腐败，肉毒梭菌即可大量生长繁殖并产生毒素。误食这些无脊椎动物尸体后即可发生 C 型肉毒中毒。

发病率和死亡率与吃入的毒素的量有关，毒素量低则发病率小和死亡率低，但这往往导致误诊。肉鸡群大流行时死亡率可高达40%，有的死亡率可高达90%~100%。现代化养禽业由于较散养减少了家禽误食污染食物的机会，而降低了本病的发病率。

3. 临床特点与表现

（1）临床症状。本病潜伏期4~20天，其时间取决于摄入的毒素多少。一般于摄食腐败动植物1~2小时至1~2天后出现症状。鸡皮下或静脉注射或口服C型毒素所引起的临诊症状与自然病例一致。高剂量毒素，在数小时内发病，剂量少时，则发生麻痹的时间一般为1~2天。发病率和死亡率与摄入的外毒素量多少有关系，严重者数小时死亡，轻度可耐过。

鸡肉毒梭菌中毒主要表现为突然发病，无精神、食欲停止、懒动、蹲坐，驱赶时跛行、打瞌睡，头颈、腿、眼睑、翅膀等发生麻痹，麻痹现象由四肢末梢开始向中枢神经发展。重症的头颈伸直，平铺地面，不能抬起，说明颈部麻痹，因此，本病又称为软颈病。病鸡常见下痢，排出粪便稀软，呈绿色，稀粪中含有多量的尿酸盐，病后期严重的甚至听觉失灵，心脏衰竭以及由于呼吸肌麻痹导致死亡。

（2）病理变化。本病没有特定病例变化。鸡C型肉毒中毒尸体剖检，可见鸡的口腔至嗉囊，可见口腔黏膜潮红、湿润、多黏液；嗉囊、喉头、气管内有少量灰黄色带泡沫的黏液，咽喉以及肺胀肿大有不同程度的出血点，呈土黄色；脾淤血，肿大。胃内含有消化的食物和腐败物，胃黏膜出现充血、出血以及轻度卡他性病变。整个肠道黏膜充血、出血以及卡他性肠炎，尤以十二指肠最严重，盲肠则较轻或无病变，其他脏器无明显变化。

4. 临床诊断

依据临床特征表现特征，由后躯向前躯进行运动系统麻痹、瘫痪，呼吸困难，尸体无特异性病理变化等特点，可作出初步临床诊断。

（1）病原学检测。病原菌分离厌氧分离肉毒梭菌对本病诊断意义不大，因为本菌在正常消化道中广泛分布。但对饲料及环境样品中肉毒梭菌的检测有助于流行病学调查。欲想从家禽或环境中分离出肉毒梭菌，应无菌采集病料（嗉囊、十二指肠、空肠、盲肠、肝、脾等）。环境样品有饲料、饮水、垫草、土壤等。

（2）鉴别诊断。对肉毒中毒的鉴别诊断是基于特征性的临诊症状，缺乏肉眼和组织学变化而定。肉毒中毒的初期症状是腿、翅的麻痹，这容易与马立克氏病、脑脊髓炎和新城疫相混淆。但通过病毒的分离，肉眼或显微镜的病变观察能与肉毒中毒相区别。由营养不足或抗球虫药物中毒引起的肌肉麻痹，可通过分析可疑饲料来加以鉴别。

（3）动物试验。毒素诊断确诊则需要检查病禽血清、嗉囊以及胃肠道冲洗物中的毒素。用健康鸡复制本病：试验分为 2 组，取病鸡嗉囊中内容物加生理盐水 10mL，在灭菌乳钵中研磨制成悬液，室温浸出 1 小时后用滤纸过滤，将滤液分为 2 等份，一份加热 100℃，300 分钟灭活；另一份不处理做对照。用上述灭活液和对照液分别接种 2 只健康鸡的左右眼睑皮下各 0.2mL。用左眼做试验，右眼作对照。4 小时后 2 只鸡左眼麻痹半闭合，敲打鸡头左眼仍睁不开，而右眼闭合自如。18 小时之后全部死亡。在实际诊断中有一定参考价值。

5. 防治

（1）防治措施。该病是由一种毒素中毒病，要着重清除环境中肉毒梭菌及其毒素来源。及时清除死禽，对预防和控制本病非常重要。不使家禽接触或吃食腐败的动物尸体，凡死亡动物应立即清除或火化，注意饲料卫生，不吃腐败的肉、鱼粉、蔬菜和死禽。在疫区及时清除污染的垫料和粪便，并用次氯酸或福尔马林彻底消毒，以减少环境中的肉毒梭菌芽孢的含量。芽孢存在于禽舍周围的土壤中，很易被带回禽舍内。建议对禽舍周围进行消毒。灭蝇以减少蛆的数目，对本病的预防也有所裨益。一旦暴发流行本病，饲喂低能量饲料可降低死亡率。此病的发生常与夏秋天气闷热和干旱季节湖水下降引起湖内水生动物的死亡有关。

认真清理草塘环境卫生，撒生石灰进行消毒，改放养为舍饲，另外，在鸡的饮水中按6%的量投服硫酸镁进行缓泻，以利毒物的排出，然后饮用含5%的葡萄糖水，连饮3天，鸡发生此病后，应首先查明毒素来源。本病重点在于预防，平时应注意搞好环境卫生，动物尸体不能乱扔，而应焚烧或深埋。

（2）治疗。本病尚无有效药物治疗，只能对症治疗。中毒较轻的病禽可内服硫酸钠或高锰酸钾水洗胃，有一定效果；饮5% ~7%硫酸镁，结合饮用链霉素糖水有一定疗效。阿米卡星、头孢曲松钠、恩诺沙星、黄芪多糖注射液等都对该病由显著治疗效果。50%葡萄糖溶液，每只鸡灌服10 ~20mL，每天2 ~3次，连续3 ~4天。同时，以排出毒素和注射抗毒素为原则，结合泻药使毒素排出体外或减少毒素吸收，饮水中加人葡萄糖多维、维生素A，维生素E以保护肝脏，增强解毒能力，降低死亡率，加快康复。对于严重病例，肌内注射抗毒素血清，可收到良好效果。

十一、鸡葡萄球菌病

鸡葡萄球菌病是由葡萄球菌病所引起的一种传染病，一般认为金黄色葡萄球菌是主要的致病菌，该病有多种类型，给养鸡业造成较大损失。临诊表现为急性败血症状、关节炎、雏鸡脐炎、皮肤坏死和骨膜炎。雏鸡感染后多为急性败血病的症状和病理变化，中雏为急性或慢性，成年鸡多为慢性。雏鸡和中雏死亡率较高，是养鸡业中危害严重的疾病之一。因此，葡萄球菌现已是广泛分布于世界的病原菌之一，引起普遍的重视。

1. 病原

鸡葡萄球菌病主要是金黄色葡萄球菌引起的。典型的葡萄球菌为圆形或卵圆形，常单个、成对或葡萄状排列，无鞭毛，无荚膜，不产生芽孢。菌落依菌株不同形成不同颜色，初呈灰白色，继而为金黄色、白色或柠檬色。血液琼脂平板上生长的菌落较大，有些菌株菌落周围还有明显的溶血环（β溶血），产生溶血菌落的菌株多为病原菌。在普通肉汤中生长迅速，初混浊，管底有少量沉淀。

葡萄球菌的毒力强弱、致病力的大小常与细菌产生的毒素和酶有密切关系。致病性葡萄球菌产生的主要毒素和酶有以下几种。

（1）溶血毒素：多数病原性葡萄球菌产生溶血毒素，不耐热，在血液平板上菌落周围有溶血环。溶血毒素是一种外毒素，能自肉汤培养液过滤而得，将毒素给家兔皮下注射，可引起皮肤坏死；如静脉注射，经5~30分钟可引起家兔死亡。该毒素经甲醛处理后，可制成类毒素，用于葡萄球菌感染的预防和治疗。

（2）杀白细胞素：多数致病性菌株能产生这种毒素。它是一种蛋白质，不耐热，有抗原性，能破坏人或兔白细胞和巨噬细胞，使其失去活力。

（3）肠毒素：有些金黄色葡萄球菌（约50%）能产生这种毒素，引起人的食物中毒，引起人、猫、猴的急性胃肠炎。肠毒素为一种可溶性蛋白质，耐热，经100℃煮沸30分钟不被破坏，也不受胰蛋白酶的影响。

葡萄球菌肠毒素，100℃煮沸15~20分钟不被破坏。金黄色葡萄球菌在高于46.6℃或低于5.6℃时不能产生肠毒素。产毒最适温度为18~20℃，经36小时即能产生大量肠毒素。

（4）凝固酶：它能使含有抗凝剂的家兔和人血浆发生凝固。多数病原性葡萄球菌（97%）产生凝固酶，非致病菌一般不产生此酶。凝固酶耐热，100℃，30 分钟或高压消毒后，仍能保存部分活力，但蛋白分解酶可使它破坏。

（5）DNA 酶和耐热核酸酶：当组织细胞及白细胞崩解时释放出核酸，使组织渗出液的黏性增加，DNA 酶能迅速分解之，有利于细胞在组织中扩散。金黄色葡萄球菌能产生 DNA 酶，故曾作为测定金黄色葡萄球菌致病性的指标之一。

（6）透明质酸酶：是机体结缔组织中基质的主要成分，它被水解后结缔组织细胞间失去黏性呈疏松状态，有利于细菌和毒素在机体内扩散，因此，又称为扩散因子。

（7）抵抗力：葡萄球菌对理化因子的抵抗力较强。对干燥、热（50℃30 分钟）、9% 氯化钠都有相当大的抵抗力。在干燥的脓汁或血液中可存活数月。反复冷冻 30 次仍能存活。加热 70℃，21 小时或 80℃，30 分钟才能杀死，煮沸可迅速使它死亡。一般消毒药中，以石炭酸的消毒效果较好，3%～5% 石炭酸 10～15 分钟、70% 乙醇数分钟、0.1% 升汞 10～15 分钟可杀死本菌。0.3% 过氧乙酸有较好的消毒效果。

2. 流行病学

本病一年四季均可发生，以雨季、潮湿时节发生较多。平养和笼养都有发生，但以笼养为多。鸡的发病日龄较为特征，以 40～60 日龄的鸡发病最多。

金黄色葡萄球菌可侵害各种禽，尤其是鸡和火鸡。任何年龄的鸡，甚至鸡胚都可感染。虽然 4～6 周龄的雏鸡极其敏感，但实际上发生在 40～60 日龄的中雏最多。

金黄色葡萄球菌在自然界分布很广，在土壤、空气、尘埃、水、饲料、地面、粪便、污水及物体表面均有本菌存在。禽类的皮肤、羽毛、眼睑、黏膜、肠道亦分布有葡萄球菌。发病鸡舍的地面、网架（面）、空气、墙壁、水槽、粪等处有多量本菌存在。本病的主要传染途径是皮肤和黏膜的创伤，但也可能直接接触和空气传播，雏鸡通过脐带也是常见的途径。

饲养管理上的缺点鸡群过大、拥挤，通风不良，鸡舍空气污浊（氨气过浓），鸡舍卫生太差，饲料单一、缺乏维生素和矿物质及存在某些疾病等因素，均可促进葡萄球菌的发生和增大死亡率。

3. 临床特征与表现

本病可以急性或慢性发作，这取决于侵入鸡体血液中的细菌数量、毒力和卫生状况。

（1）症状

①急性败血型：病鸡出现全身症状，精神不振或沉郁，不爱跑动，常呆立一处或蹲伏，两翅下垂，缩颈，眼半闭呈嗜睡状。羽毛蓬松零乱，无光泽。病鸡饮、食欲减退或废绝。少部分病鸡下痢，排出灰白色或黄绿色稀粪。较为特征的症状是，捉住病鸡检查时，可见腹胸部甚至嗉囊周围、大腿内侧皮下水肿，储留数量不等的血样渗出液体，外观呈紫色或紫褐色，有波动感，局部羽毛脱落，或用手一摸即可脱掉。其中，有的病鸡可见自然破溃，流出茶色或紫红色液体，与周围羽毛黏连，局部污秽，有部分病鸡在头颈、翅膀背侧及腹面、翅尖、尾、脸、背及腿等不同部位的皮肤出现大小不等的出血、炎性坏死，局部干燥结痂，暗紫色，无毛；早期病例，局部皮下湿润，暗紫红色，溶血，糜烂。以上表现是葡萄球菌病常见的病型，多发生于中雏，病鸡在 2~5 天死亡，快者 1~2 天呈急性死亡。

②关节炎型：病鸡可见到关节炎症状，多个关节炎性肿胀，特别是趾、跗关节肿大为多见，呈紫红或紫黑色，有的见破溃，并结成污黑色痂。有的出现趾瘤，脚底肿大，有的趾尖发生坏死，黑紫色，较干涩。发生关节炎的病鸡表现跛行，不喜站立和走动，多伏卧，一般仍有饮、食欲，多因采食困难，饥饱不匀，病鸡逐渐消瘦，最后衰弱死亡，尤其在大群饲养时极为明显。此

型病程多为 10 余天。有的病鸡趾端坏疽、干脱。如果发病鸡群有鸡痘流行时，部分病鸡还可见到鸡痘的病状。

③脐带炎型：是孵出不久雏鸡发生脐炎的一种葡萄球菌病的病型，对雏鸡造成一定危害。由于某些原因，鸡胚及新出壳的雏鸡脐环闭合不全，葡萄球菌感染后，即可引起脐炎。病鸡除一般病状外，可见腹部膨大，脐孔发炎肿大，局部呈黄红紫黑色，质稍硬，间有分泌物。饲养员常称为"大肚脐"。脐炎病鸡可在出壳后 2～5 天死亡。某些鸡场工作人员因鉴于本病多归死亡，见"大肚脐"雏鸡后立即摔死或烧掉，这是一个果断的做法。

（2）病理变化

①急性败血型：特征是肉眼变化是胸部的病变征兆，可见死鸡胸部、前腹部羽毛稀少或脱毛，皮肤呈紫黑色水肿，有的自然破溃则局部沾污。剪开皮肤可见整个胸、腹部皮下充血、溶血，呈弥漫性紫红色或黑红色，积有大量胶冻样粉红色或黄红色水肿液，水肿可延至两腿内侧、后腹部，前达嗉囊周围，但以胸部为多。同时，胸腹部甚至腿内侧见有分散的出血斑点或条纹，特别是胸骨柄处肌肉弥散性出血斑或出血条纹为重，病程久者还可见轻度坏死。肝脏肿大，淡紫红色，有花纹或斑驳样变化，小叶明显。在病程稍长的病例，肝上还可见数量不等的白色坏死点。脾亦见肿大，紫红色，病程稍长者也有白色坏死点。腹腔脂肪、肌胃浆膜等处，有时可见紫红色水肿或出血。心包积液，呈黄红色半透明状。心冠状沟脂肪及心外膜偶见出血。有的病例还见肠炎发生。腔上囊无明显变化。在发病过程中，也有少数病例，无明显眼观病变，但可分离出病原。

②关节炎型：可见关节炎和滑膜炎。某些关节肿大，滑膜增厚，充血或出血，关节囊内有或多或少的浆液，或有浆性纤维素渗出物。病程较长的慢性病例，后变成干酪样性坏死，甚至关节周围结缔组织增生及畸形。

幼雏以脐炎为主的病例，可见脐部肿大，紫红或紫黑色，有暗红色或黄红色液体，时间稍久则为脓样干涸坏死物。肝有出血点。卵黄吸收不良，呈黄红或黑灰色，液体状或内混絮状物。病鸡体表不同部位见皮炎、坏死，甚至坏疽变化。如有鸡痘同时发生时，则有相应的病变。眼型病例，可见与生前相应的病变。肺型病例的肺部则以淤血、水肿和肺实变为特征。甚至见到黑紫色坏疽样病变。

4. 临床诊断

根据发病的流行病学特点，各型临诊症状及病理变化，可以在现场作出初步诊断。

（1）临床诊断

①流行病学特点有造成外伤的因素存在，如鸡痘等；以40~60日龄鸡多发，死亡也多；饲养管理上存在某些缺点等。

②临诊症状：急性败血症病状；皮下水肿及体表不同部位皮肤的炎症，关节炎，雏鸡脐炎，眼型及肺型症状，胚胎死亡等。

③病理剖检变化：胸、腹部皮下有多量渗出液体及肌肉的出血性炎症；体表不同部位皮肤的出血、坏死；病程稍长病例的肝、脾坏死灶；关节炎及雏鸡脐炎的病变；死胚病变；眼型及肺型的相应变化。

（2）病原学检测。实验室的细菌学检查是确诊本病的主要方法。

直接镜检：根据不同病型采取病料（皮下渗出液、肝、脾、关节液、眼分泌物、脐炎部、雏鸡卵黄囊和肝、死胎等）涂片、染色、镜检，可见到多量的葡萄球菌。根据细菌形态、排列和染色特性等，可作出初步诊断。分离培养与鉴定：将病料接种到普通琼脂培养基上进行分离培养。

（3）动物试验。家兔皮下注射24小时培养物1mL，可引起局部皮肤溃疡、坏死；静脉接种0.1~0.5mL，可于24~48小时死亡。将分离物于鸡皮下接种，亦可引起发病和死亡，与自然病例相同。

5. 防治

（1）预防措施。葡萄球菌病是一种环境性疾病，为预防本病的发生，主要是做好经常性的预防工作。

①防止发生外伤：创伤是引起发病的重要原因，因此，在鸡饲养过程中，尽量避免和消除使鸡发生外伤的诸多因素，如笼架结构要规范化，装备要配套、整齐，自己编造的笼网等要细致，防止铁丝等尖锐物品引起皮肤损伤的发生，从而堵截葡萄球菌的侵入和感染门户。

②做好皮肤外伤的消毒处理：在断喙、带翅号（或脚号）、剪趾及免疫刺种时，要做好消毒工作。除了发现外伤要及时处治外，还需针对可能发生的原因采取预防办法，如避免刺种免疫引起感染，可改为气雾免疫法或饮水免疫；鸡痘刺种时作好消毒；进行上述工作前后，采用添加药物进行预防等。

③适时接种鸡痘疫苗，预防鸡痘发生：从实际观察中表明，鸡痘的发生常是鸡群发生葡萄球菌病的重要因素，因此，平时作好鸡痘免疫是十分重要的。

④搞好鸡舍卫生及消毒工作：做好鸡舍、用具、环境的清洁卫生及消毒工作，这对减少环境中的含菌量，消除传染源，降低感染机会、防止本病的发生有十分重要的意义。

⑤加强饲养管理：喂给必需的营养物质，特别要供给足够维生素和矿物质；禽舍内要适时通风、保持干燥；鸡群不易过大，避免拥挤；有适当的光照；适时断喙；防止互啄现象。这样，就可防止或减少啄伤的发生，并使鸡只有较强的体质和抗病力。

⑥做好孵化过程中的卫生及消毒工作：要注意种卵、孵化器及孵化全过程的清洁卫生及消毒工作，防止工作人员（特别是雌雄鉴别人员）污染葡萄球菌，引起雏鸡感染或发病，甚至散

播疫病。

⑦预防接种：发病较多的鸡场，为了控制该病的发生和蔓延，可用葡萄球菌多价苗给 20 日龄左右的雏鸡注射。

（2）治疗。一旦鸡群发病，要立即全群给药治疗。一般可使用以下药物治疗。

庆大霉素：如果发病鸡数不多时，可用硫酸庆大霉素针剂，按每只鸡每千克体重 3 000 ~ 5 000 单位肌内注射，每日 2 次，连用 3 天。

卡那霉素：硫酸卡那霉素针剂，按每只鸡每千克体重 1 000 ~ 1 500 单位肌内注射，每天 2 次，连用 3 天。

以上两种药治疗效果较好，但要抓鸡，费工费时，对鸡群也有惊动，是其缺点。如果用片剂内服，效果不好，因本品内服吸收较少，加之病鸡少吃料，少饮水，口服法难达治疗口的。实际操作中常以口服给药。

氯霉素：可按 0.2% 的量混入饲料中喂服，连服 3 天。如用针剂，按每只鸡每千克体重 20 ~ 40mg 计算，1 次肌内注射，或配成 0.1% 水溶液，让鸡饮服，连用 3 天。

红霉素：按 0.01% ~ 0.02% 药量加入饲料中喂服，连用 3 天。

土霉素、四环素、金霉素：按 0.2% 的比例加入饲料中喂服，连用 3 ~ 5 天。

链霉素：成年鸡按每只 10 万单位肌内注射，每日 2 次，连用 3 ~ 5 天，或按 0.1% ~ 0.2% 浓度饮水。

磺胺类药物：磺胺嘧啶、磺胺二甲基嘧啶按 0.5% 比例加入饲料喂服，连用 3 ~ 5 天，或用其钠盐，按 0.1% ~ 0.2% 浓度溶于水中，供饮用 2 ~ 3 天；磺胺 – 5 – 甲氧嘧啶或磺胺 – 6 – 甲氧嘧啶按 0.3% ~ 0.5% 浓度拌料，喂服 3 ~ 5 天；0.1% 磺胺喹恶啉拌料喂服 3 ~ 5 天；或用磺胺增效剂（TMP）与磺胺类药物按

1 : 5 混合，以 0.02% 浓度混料喂服，连用 3 ~ 5 天。

黄芪、黄连、焦大黄、板蓝根、茜草、大蓟、建曲、甘草各等份用法：混合粉碎，每只鸡口服 2g，每天一次，连服 3 天。

十二、鸡波氏杆菌病

鸡波氏杆菌病是由鸡波氏杆菌引起的一种细菌性传染病，该病主要造成鸡胚胎死亡，弱雏增多，孵化率降低，死胎率最高可达 8.97%，各品种鸡都可感染，危害严重，应引起养鸡场的高度重视。雏鸡急性死亡，也可造成育成鸡的眼结膜炎等。

1. 病原

禽波氏杆菌病是由禽波氏杆菌引起的一种高度接触传染性疫病。1967 年，加拿大首次报道由波氏杆菌属的细菌引起的火鸡波氏杆菌病，后来德国和美国也发生了该病，并将病原确定为类支气管败血性波氏杆菌。直到 1984 年由 Kerstas 对该病原进行了系统研究，认为该菌是一个新的波氏杆菌菌种，并定名为禽波氏杆菌。根据其分子生物学特性进一步证实，该菌与百日咳波氏杆菌、副百日咳波氏杆菌和支气管败血波氏杆菌同属于产碱杆菌科的波氏杆菌属。

该革兰氏阴性球杆状，平均 (0.2 ~ 0.3) μm × (0.5 ~ 1) μm，15 ~ 20 小时液体培养物置暗视野显微镜下观察，菌体做旋转运动，电镜下观察菌体周围有 3 ~ 5 根鞭毛，分布周身。

该在血液琼脂或牛肉浸汁培养基上，于潮湿空气中 35 ~ 37℃需氧培养 24 小时，有 3 种菌落生长。一种直径小于 1mm，成珠状光滑致密、边缘整齐，表面闪光，称为 I 型菌落。牛肉浸汁琼脂上生长的 I 型菌落往往中心呈浅棕色。另一种菌落较大，穹隆低，称为 II 型菌落。II 型菌落在血琼脂上可发生 β 溶血现象。III 型菌落，边缘锯齿状，不规则，较大。有运动性，在麦康凯琼脂上及 SS 琼脂上均可生长；严格好氧。有些分离株在营养肉汤中培养，可产生绿色色素。

该不分解葡萄糖、乳糖、蔗糖、麦芽糖、棉子糖、木糖、鼠李糖、阿拉伯糖、甘露醇、卫矛醇、山梨醇、侧金盏花醇、肌醇、七叶苷、水杨苷、鸟氨酸、精氨酸；HS_2 试验、靛基质试验、vp 试验、甲基红试验均为阴性；能利用枸橼酸盐，能产生过氧化氢酶。

2. 流行病学

禽波氏杆菌主要危害火鸡和鸡，其他禽类如鸭和山鸡也有发病的报道。本病以 1 周龄内的雏禽最易感；1~6 周龄的火鸡发病率可达 80%～100%，但死亡率不高。发病雏禽表现为气喘、腹泻、精神沉郁、饮食欲降低，多数因衰竭或继发其他传染病而导致生长缓慢或死亡。1 月龄以上的鸡有一定的抵抗力。成鸡感染后基本无异常表现，为健康带菌，但其所产种蛋带菌，而且孵化率可明显降低 10%～40%，死胎率一般在 30%～40%，高者可达 60%，雏鸡的弱雏率在 5% 左右，弱雏的死亡率较高。禽波氏杆菌病不仅可水平传播，也可经卵垂直传播。禽波氏杆菌是一种高度接触传染性疫病，传染源为感染禽、健康带菌者和污染的垫料、饮水等，易感禽可与这些传染源接触而被感染。人员流动也可造成禽场内、禽舍间的病菌传播，但该病一般不通过空气传播。该菌也可经种蛋传播，一方面造成孵化率降低；另一方面孵出的雏禽为带菌者，又可水平传给其他健康雏禽，造成了疾病的蔓延。另外，环境应激和其他病原如 NBV、IBV 及大肠杆菌等的感染，可加剧本病的发生。

3. 临床症状

本病的典型特征是发病率高而死亡率低，2~6 周龄火鸡发病率可达 80%～100%，而死亡率不到 10%。种火鸡发病率为 20%，而不出现死亡。幼龄火鸡由于往往并发大肠杆菌病，死亡率可达 40% 以上。本病潜伏期为 7~10 天，患鸡突然出现打喷嚏症状，往往持续 1 周以上。轻轻按压鼻梁可从鼻孔中流出清亮液体，在患病的头 2 周内，鼻孔、头部和翅膀羽毛被一层湿而黏稠的分泌物覆盖，在出现症状的第 2 周，部分鸡出现颌下水肿，张口呼吸，呼吸困难及发音改变，鼻腔与气管上部被黏液样渗出物阻塞，部分鸡触检可感到气管软化。病鸡不喜运动，挤作一团，饮水、采食迟缓，体能下降。病理剖检可见病变局限于上呼吸道，鼻腔和气管分泌物开始为浆液性，后变为黏液性，病变气管大面积软化，软骨环变形，背腹部萎陷，有黏液性纤维蛋白分泌物，气管环壁变厚，管腔缩小。往气管凹陷部位，黏液性分泌物的积累常常导致鸡窒息而死。在感染的头 2 周，鼻腔和器官黏膜充血，头部和颈间组织水肿。

4. 临床诊断

通常根据临诊症状、病理变化、病原分离、血清学试验等诊断。还可用单克隆抗体乳胶凝集试验，单克隆抗体间接荧光染色技术，ELISA 及 PCR 技术检测。

将病鸡气管黏液涂于麦康凯琼脂培养基上，35～37℃下培养 24 小时，菌落透明状、针尖大小。再用画线稀释法培养 48 小时，便形成边缘完整的棕色中心凸起的菌落，不发酵不变黑。将病鸡鼻液涂于载玻片上，干燥、固定、革兰氏染色 10 分钟后，千倍油镜下检查，可发现阴性能运动、严格需氧性小杆菌。

以 24 小时肉汤培养物 0.05mL 滴鼻感染 1 日龄健康雏火鸡，观察发病情况，并于接种后 6 天及 12 天由鼻腔和气管分离细菌及检查病变。

5. 防治

（1）对禽波氏杆菌病这种介卵传播的疾病，最重要的预防措施是从种禽中剔除带菌鸡和种蛋，生产完全没有禽波氏杆菌污染的雏禽，供给普通的养禽场。因此种禽检疫很重要。

（2）为预防本病，种禽在产蛋前可注射禽波氏杆菌灭活菌

（油乳剂苗或蜂胶苗），使后代获得高水平母源抗体，产生被动免疫，避免早期感染。

（3）对本病综合防制措施应注意禽舍和器具定期消毒，特别在孵化场，每次上孵种蛋前孵化器要用福尔马林熏蒸消毒，并且应加强对种禽的饲养管理，增强机体抵抗力。

（4）本病为传染病，感染种禽最好及时淘汰，为用药物难以完全除去在卵巢等处存在的禽波氏杆菌。如若控制不严，雏禽发病，可投给敏感药物，如链霉素、卡那霉素、吡哌酸等，可起到明显作用，减少雏禽死亡。

6. 治疗

（1）为增加杀菌力，用金海岸消毒药 1 : 2 000 稀释，喷雾 1 小时，气雾滴直径 0.1mm，在空中保持游离状态 10 分钟，让鸡从鼻腔吸入杀菌。

（2）料中添加中草药：莱阳农学院实验兽药厂生产的瘟毒杀，每袋 250g 拌料 40kg，每日 1 次，连吃 5 天为 1 为 1 个疗程，既提高了鸡的抵抗力，又提高了采食量。

十三、鸡链球菌病

鸡链球菌病是由鸡链球菌引起鸡的一种急性败血性或慢性传染病。急性型的临床特征表现为昏睡、头部发绀、出血、持续性下痢、跛行和瘫痪出现神经症状。剖检可见关节、心包出现纤维性渗出性炎症，有的可见皮下组织及全身浆膜水肿、出血，实质器官如肝、脾、心、肾的肿大，有点状坏死。该病可发生于各种年龄禽类，对于雏鸡和成年鸡易感性强，多呈地方流行，造成较大的经济损失。

1. 病原

链球菌属的细菌，种类较多，在自然界分布很广。引起鸡链球菌病的病原为鸡链球菌，通常为兰氏抗原血清群 C 群和 D 群的链球菌引起。链球菌为圆形的球状细菌，呈单个、成对或短链存在，革兰氏阳性，不形成芽孢，不能运动。本菌为兼性厌氧菌，在普通培养基上生长不良，在含鲜血或血清的培养基上生长较好。

试验动物中，家兔和小鼠接种最易感，在接种小鼠腹腔后很快死亡。对于家兔静脉注射和腹腔注射，在 24～48 小时死亡。

2. 流行病学

家禽中鸡、鸭、火鸡、鸽和鹅均有易感性，其中以鸡最敏感。兽疫链球菌主要感染成年鸡，粪链球菌对各种年龄的鸡均有致病性，但多侵害幼龄鸡。由于链球菌在自然界广泛存在，在家禽饲养环境中分布也广。同时，链球菌是禽类和野生禽类肠道菌群的组成部分，通过病禽和健康禽排出病原，污染养禽环境，通过消化道或呼吸道感染。

本病的发生一般是呈散发性，无明显季节性，往往与一定的应激因素有关，如气候变化、温度降低等。本病多发生在鸡舍卫生条件差，饲养密度过高，鸡舍阴暗、潮湿，空气污浊加上鸡群缺乏维生素及微量元素都可以促进本病的发生。

3. 临床特点与表现

（1）临床特征。鸡链球菌病又称睡眠病，是由非化脓性、荚膜链球菌所引起的一种急性出血性败血症和慢性纤维素性炎症。

①急性型：主要表现为败血症病状，多发生于雏鸡。雏鸡突然发病，倒地不起，驱赶不起。步态蹒跚，精神委顿，嗜眠或昏睡状，食欲下降，羽毛松乱、无光泽，鸡冠和肉髯发组或苍白，有时还见肉髯肿大。病鸡腹泻，排出黄白色或淡黄色稀粪，个别鸡死前两肢呈划水样动作。大多数病雏出现症状后 4～10 小时死亡。

②慢性型：多见于青年鸡或成年鸡，主要是病程较缓慢，病

鸡精神沉郁，常闭眼，嗜眠，重者昏睡，食欲减少，流出黏性口水，步态蹒跚。胫骨下关节红肿，喜蹲伏，不能站立，头藏于翅下或背部羽毛中。临床症状出现后 2~3 天死亡；有的病鸡神经症状明显。阵发性转圈运动，角弓反张。两翼下垂和足麻痹，痉挛。个别鸡出现结膜炎，眼睑肿胀，有纤维性渗出物，严重的闭眼，以致最后失明，3~5 天后死亡；有的病鸡呈呼吸型临床症状，呼吸困难、呼噜、伸颈、张口呼吸、甩头、打喷嚏、咳嗽，病程发展快。

（2）病理变化。肉鸡病理变化根据其表现型的不同有所差异。

①急性型：剖检主要呈现败血症变化。全身皮下、浆膜及肌肉水肿、出血。心包和腹腔内有浆液性出血性积液、浆液性纤维性渗出物，心冠状沟可见针尖大小出血点，心脏表面和心内膜有片状出血。肝脏淤血肿大，表面见黄褐色或白色大小不等的坏死灶。胆囊充盈。肾肿大、充血或出血。脾脏肿大，呈圆球状，或有出血和坏死。肺淤血或水肿。腺胃黏膜水肿增厚、出血，有的病例喉头有干酪样粟粒大小坏死，气管和支气管黏膜充血，表面有黏性分泌物。

②慢性型：主要是呈现纤维素性炎症的变化。关节炎、腱鞘炎、输卵管炎和卵黄性腹膜炎、纤维素性心包炎、肝周炎的纤维素性炎症。有时发生纤维素性气囊炎，表现为气囊混浊、增厚。心脏肿大、细软，心瓣膜上可见沈状赘生物增生，呈黄褐色或灰白色、表面粗糙。实质器官（肝、脾、心肌）发生炎症、变性或梗死。小肠有出血性炎症。

4. 临床诊断

发生本病的病鸡，在发病特点、临诊症状和病理变化方面，与多种疫病相近似，如沙门氏菌病、大肠杆菌性败血症、葡萄球菌病、禽霍乱等易混淆。因此，本病的发生特点、临诊症状和病理变化只能作为疑似的依据，确诊时必须依靠细菌的分离与鉴定。

（1）实验室诊断

①病料涂片、镜检：采取病死鸡的肝、脾、血液、皮下渗出物、关节液或卵黄囊等病料，涂片，用美蓝或瑞氏和革兰氏染色法染色，镜检，可见到蓝、紫色或革兰氏阳性的单个、成对或短链排列的球菌，可初步诊断为本病。

②病原分离培养：将病料接种于鲜血琼脂平板上，24～48小时后，可生长出透明、露滴状、G溶血的细小菌落，涂片镜检，可见典型的链球菌。

（2）病原学检测。用纯培养物进行培养特性和生化反应鉴定。根据在血液琼脂上生长及鉴别培养和糖发酵进行鉴定。

本病与沙门氏菌病、大肠杆菌性败血症、葡萄球菌病、禽霍乱等疫病。

（3）鉴别诊断。对于有相似的临诊症状和病理变化，要注意与之鉴别诊断。

①大肠杆菌病：症状与病变多样性（雏鸡脑炎、卵黄性腹膜炎、气囊炎、关节炎、眼炎、大肠杆菌肉芽肿、败血症等），急性败血性主要表现纤维素性心包炎和肝周炎，皮炎型见皮肤发炎、坏死、溃烂，有的形成紫色结痂；脑炎型见脑膜出血、充血，小脑脑膜及实质性出血点；取上述病料培养、镜检可见革兰氏阴性、无芽孢、有周身鞭毛、两端钝圆的小杆菌。

②副伤寒：多见于育成鸡，病鸡饮水增加，排白色水样粪便，怕冷喜近热源。剖检可见肝、脾、肾肿大以及有条纹状出血斑或针尖大小坏死灶，小肠出血性炎症，镜检可看到革兰氏阴性、两端稍圆的细长杆菌。

③葡萄球菌病：葡萄球菌病与链球菌病的不同特点是刚出壳的雏鸡易感染脐炎，2月龄左右易感染败血症，成年鸡易感染皮

炎。外伤感染明显、跛、胸腹部皮下有多量紫黑色血样渗出液或紫红色胶冻物"大肚脐"，镜检可见葡萄串状堆集的革兰氏阳性球菌。

④霍乱：病鸡鸡冠、肉髯发红、水肿；剖检可见心冠脂肪及心外膜出血，肝脏表面有多量灰白色小坏死点，十二指肠黏膜发生严重出血、发炎。镜检见有革兰氏阴性、两极着色的圆形小杆菌。

5. 防治

确诊后立即改善饲养环境，增强通风换气，改换新鲜饲料，对笼具全面清洗、消毒，病鸡隔离，单独喂养，并按每只病鸡每次肌注 2 万单位青霉素，每日 2 次，连用 3 天，同时，全群口服庆大霉素，按每日每只鸡 2 000 单位混入饮水。让鸡自由饮服，连用 4 天。采取上述措施后，病状很快得到控制，死亡停止，全群逐渐恢复健康，收到了较好的效果。直至出售，未再发生新的疫情。

同时，采用中药饮水，用金银花、荞麦根、广西木香、地丁、连翘、板蓝根、黄芩、黄柏、猪苓、白药子各80g，茵陈蒿70g，藕节炭100g，血余炭、鸡内金、仙鹤草各100g，大蓟、一见喜各90g（为2 000羽鸡的剂量）。水煎，取汁浓缩成2.5kg。临用前给鸡断水 2 小时，然后将药液作 1∶70 稀释后饮用，每天 2 次，连用 5 天为一疗程，对病重鸡可滴服原药汁 2mL/羽，并每天鸡舍带鸡消毒 1 次。肉鸡经用药 5 天后，均康复健活，食欲增加，水泻停止，取得了十分明显的效果。

十四、鸡曲霉菌病

肉鸡曲霉菌病又名曲霉菌性肺炎、雏鸡肺炎。

1. 病原

致病力最强的是黄曲霉和烟曲霉菌，可能涉及的还有土曲霉菌、灰绿曲霉菌、白曲霉、构巢曲霉、黑曲霉等。禽曲霉菌病是禽类的一种真菌性疾病。该菌孢子在外界环境中分布很广，如垫料、墙壁、地面、霉变料、污染空气中。该菌可产生毒素，与发病有关。该菌孢子对外界环境理化因素抵抗力很强。一般消毒药可灭活。

2. 流行特点

本病发生于鸡、火鸡、鸭、鹅和多种鸟。胚胎和6周龄以下的雏鸡以及火鸡易感，幼雏多呈暴发性，发病率高，死亡率在10%～50%，成禽多呈散发。可因误喂霉变饲料或育雏室内有发霉的垫草和垫料，经过消化道和呼吸道侵入禽体内；孵化时真菌孢子可穿透蛋壳使胚胎感染；所以，育雏室未经消毒和卫生条件不好等均可造成本病的发生和流行。育雏室阴暗潮湿，空气污浊，雏鸡拥挤，温度偏低，通风不良，营养缺乏可诱发本病。

3. 主要症状

潜伏期2～3天。雏禽呈急性，成年禽呈慢性。

雏鸡精神不振，食欲减少，生长停滞，羽毛松乱，翅膀下垂，闭口嗜睡，消瘦贫血，冠和肉垂呈紫色。真菌侵害呼吸道，出现呼吸困难，张口呼吸，头颈伸直、喘气，有时摇头、甩鼻，打喷嚏，发出咯咯叫声。真菌侵害眼睛，表现结膜潮红，眼睑肿胀，一侧眼瞬膜下形成绿色大隆起，挤压可见黄色干酪样物，有的角膜中央溃疡。真菌侵害脑，表现扭颈，共济失调，全身痉挛，头向后背，转圈，麻痹。有的消化紊乱，下等。急性病多在2～3天死亡，死亡率为5%～50%。

育成鸡和成年鸡多为慢性，发育不良，羽毛松乱，呆立，消瘦，贫血，下痢，呼吸困难困难，最后死亡。产蛋鸡产蛋减少或停产，病程数天至数月。

4. 诊断

（1）剖检特征。肺脏的真菌结节，从粟粒到小米粒大、绿豆大，大小不一，结节呈黄白色、淡黄色、灰白色，散在分布于肺，稍柔软，有弹性，切开呈干酪样，少数融合成团块。气管、支气管黏膜充血，有淡灰色渗出物。

气囊病初见气囊壁点状或局限性混浊，以后气囊混浊，增厚，有大小不等的真菌结节，或见肥厚隆起的真菌斑，呈圆形，隆起中心凹下，呈深褐色或烟绿色，拨动时见粉状飞扬。

其他如神经系统、内脏器官、皮下、肌肉等可见某些病变；胸前皮下和胸肌有大小不等的圆形或椭圆形肿块；大脑回见有粟粒大的真菌结节，大小脑轻度水肿，表面针尖大出血，黄豆大淡黄色坏死灶；肝变大 2~3 倍，有结节或弥散型的肿瘤病状。

（2）实验室诊断

①压片镜检：取真菌结节（病肺或气囊）放在载玻片上，加生理盐水或 15%~20% 苛性钠少许，用针划破病料，加盖玻片轻压，使之透明，在显微镜下观察，可见短的分枝状横隔菌丝，呈特征性烧瓶状，顶囊上部的小梗，产生球形或类球形分生孢子，孢子呈绿、灰或蓝绿色。作初步诊断。

②接种培养：取病料（肺和气囊上结节少许）接种到沙堡劳琼脂培养基或马铃薯培养基，37~40℃ 培养箱内作真菌分离培养，24 小时后观察菌落形态、颜色和结构。

5. 防治

（1）不用发霉垫料和饲料，垫料要常更换和翻晒。

（2）保持育雏室清洁、干燥，饲槽和饮水器要常洗。

（3）制霉菌素每 100 只雏鸡用 50 万单位，拌料喂服，日服 2 次，连用 2~3 天。克霉唑（三苯甲咪唑），每 100 只雏鸡用 1g，拌料喂服，连用 2~3 天。两性霉素 B 可试用。2% 金霉素溶液肌注，每次 2mL，每日 3 次，连用 3 天有良效。碘化钾 5~10g 加水 1 000mL 饮用，连用 3~5 天。罗红霉素、泰乐菌素、北里霉素和泰妙菌素等均有良效。

十五、鸡支原体病

本病是由鸡败血性支原体引起的鸡接触性传染性慢性呼吸道病，它只感染鸡与火鸡。发病慢、病程长。本病主要发生于1～2月龄雏鸡，在饲养量大、密度高的鸡场更容易发生流行。发病后病鸡先流出浆液性或黏性鼻液，打喷嚏，炎症继续发展时出现咳嗽和呼吸困难，可听到呼吸啰音，到后期鼻腔和眶下窦蓄积多量渗出物，并出现眼睑肿胀，眼部突出。

剖检时可见鼻腔、气管、支气管和气囊中含有黏液性渗出物，特征性病变是全身气囊特别是胸部气囊有不同程度混浊、增厚、水肿，随着病程发展气囊上有大量大小不等的干酪样增生性结节，外观呈念珠状，少数大至鸡蛋，有的出现肺部病变。在慢性病例中可见病鸡眼部有黄色渗出物，结膜内有灰黄色似豆腐渣样物质。1～5天雏鸡用倍力欣饮水预防，7～10天用呼泻灵药物饮水预防。发病时可用链霉素、泰乐菌素、北里霉素等治疗可减轻发病症状。

1. 病原

鸡败血支原体用姬姆萨染色效果良好，革兰氏染色呈弱阴性，一般为球形。培养时对营养要求较高，需要牛肉浸液为基础，加有10%～15%鸡血清或猪血清或马血清，含1%酵母浸膏，加酪蛋白的胰酶水解物和葡萄糖。在这些血清琼脂培养基上于37℃潮湿环境下培养5～6天后可出现光滑、圆形、透明细小的菌落，具有一个致密的、突起的中心点。

本菌对外界环境的抵抗力与败血支原体相似，对39℃以上温度敏感，低温下可保存数年。一般常用消毒药均可将其杀死。

2. 流行病学

病鸡和隐性感染鸡是本病的传染源。当病鸡与健康鸡接触时，病原体通过飞沫或尘埃经呼吸道吸入而传染。此外，同一鸡舍中，病原体通过污染的器具、饲料、饮水等方式也能使本病由一个群传至另一个鸡群。但经蛋传染常是此病代代相传的主要原因，在感染公鸡的精液中，也发现有病原体存在，因此，配种也可能发生传染。

本病一年四季均可发生，但以寒冬及早春最严重，一般本病在鸡群中传播较缓慢，但在新发病的鸡群中传播较快。一般发病率高，死亡率低。根据所处的环境因素不同。病的严重程度及病死率差异很大，一般死亡率 10% ~ 30%，本病在鸡群中断续发生，时而加重，时而减轻，当鸡群同时受到其他病原微生物和寄生虫侵袭及能使鸡抵抗力降低的多种因素作用时，如气雾免疫、卫生不良、拥挤、营养不良、气候突变及寒冷时，均可促使本病的暴发和复发，加剧病的严重性并使死亡率增高。反之，当气候稳定暖和，并采取各种措施以增强鸡只的抵抗力，如通风良好及补充维生素 A 等，可降低其发病率，改善病程经过，减少死亡。

3. 临床特点与表现

（1）临床特征

①慢性呼吸道型：一般人工感染的潜伏期为 4 ~ 21 天，自然感染的难以确定，可能更长。主要呈慢性经过，病程 1 ~ 4 个月，有不少病例可呈轻型经过。典型症状主要发生于幼龄鸡中，若无并发症，发病初期，则为鼻腔及其邻近的黏膜发炎，病鸡出现浆液、浆液—黏液性鼻漏，打喷嚏，鼻窦，结膜炎及气囊炎。中期炎症由鼻腔蔓延到支气管，病鸡表现为咳嗽，有明显的湿性啰音。

到了后期，炎症进一步发展到眶下窦等处时，由于该处蓄积的渗出物引起眼睑肿胀，向外突出如肿瘤，视觉减退，以至失明。

在上述炎症的影响下病鸡新陈代谢受到干扰和破坏，导致食欲减退，鸡体因缺乏营养而消瘦，雏鸡生长缓慢，产蛋量大大下降，一般为 10%～40%，种蛋的孵化率降低 10%～20%，弱雏增加 10%。

②滑膜炎型：一般接触感染后的潜伏期通常是 11～21 天。鸡发病初期的症状是冠色苍白，病鸡步态改变，表现轻微八字步，羽毛无光蓬松，好离群，发育不良，贫血，缩头闭眼。常见含有大量尿酸或尿酸盐的绿色排泄物。由于病情发展，病鸡表现明显八字步，跛行，喜卧，羽毛逆立，发育不良，生长迟缓，冠下塌，有些病例的冠是蓝白色的。关节周围常有肿胀可达鸽卵大，常有胸部的水泡，跗关节及足掌是主要感染部位。但有些鸡偶见全身性感染而无明显关节肿胀。病鸡表现不安，脱水和消瘦。至发病后期，由于久病而关节变形，久卧不起，甚至不能行走，无法采食，极度消瘦，虽然病已趋严重但病鸡仍可继续饮水和吃食。上述急性症状之后继以缓慢的恢复，但滑膜炎可持续 5 年之久。经呼吸道感染的鸡在 4～6 周时可表现轻度的啰音或者是无症状。跛行是最明显的症状，呼吸道症状不常见。

（2）病理变化

①慢性呼吸道疾病：病鸡的呼吸道、窦腔、气管和支气管发生卡他性炎症，渗出液增多。气囊壁增厚，不透明，囊内常有干酪样分泌物。在气囊疾病严重病例，可见纤维素性肝周炎和心包炎同大量的气囊炎一道发生。

②传染性滑膜炎：病初，病鸡的腱鞘和关节的滑膜囊内有黏稠、灰色至黄色的分泌物。肝、脾大；肾常肿大、苍白色，呈斑驳状。随着病情的发展，关节和腱鞘内的分泌物呈浓缩状（干酪样渗出物），同时，关节面可能被染成黄色或橙黄色。

4. 诊断

（1）鸡败血支原体病。对鸡群感染败血支原体的监测，通常采用以下几种方法。

①全血凝集反应：这是目前国内外用于诊断该病的简易方

法，在 20～25℃室温下进行，先滴 2 滴染色抗原于白瓷板或玻板上，再用针刺破翅下静脉，吸 1 滴新鲜血液滴入抗原中，轻轻搅拌，充分混合，将玻板轻轻左右摇动，在 1～2 分钟判断结果。在液滴中出现蓝紫色凝块者可判为阳性；仅在液滴边缘部分出现蓝紫色带，或超过 2 分钟仅在边缘部分出现颗粒状物时可判定为疑似；经过 2 分钟，液滴无变化者为阴性。

②血清凝集反应：本法用于测定血清中的抗体凝集效价。首先用磷酸盐缓冲盐水将血清进行 2 倍系列稀释，然后取 1 滴抗原与 1 滴稀释血清混合，在 1～2 分钟判定结果。能使抗原凝集的血清最高稀释倍数为血清的凝集效价。

平板凝集反应的优点是快速、经济、敏感性高，感染禽可早在感染后 7～10 天就表现阳性反应。其缺点是特异性低，容易出现假阳性反应，为了减少假阳性反应的出现，实验时一定要用无污染、未冻结过的新鲜血清。

③血凝抑制试验：本法用于检测血清中的抗体效价或诊断本病病原。测定抗体效价的具体操作与新城疫血凝抑制试验方法基本相同。反应使用的抗原是将幼龄的培养物离心，将沉淀细胞用少量磷酸盐缓冲盐水悬浮并与等体积的甘油混合，分装后于 -70℃保存。使用时首先测定其对红细胞的凝集价，然后在血凝抑制试验中使用 4 个血凝单位，一般血凝抑制价在 1∶80 以上判为阳性。诊断本病病原时可先测其血凝结，然后用已知效价的抗体对其做凝集抑制试验，如果两者相符或相差 1～2 个滴度即可判定该病原体为本支原体。此方法特异性高，但敏感性低于平板凝集试验，一般鸡感染 3 周以后才能被检出阳性。

④琼脂扩散试验：用兔制备抗支原体的特异性抗血清，主要用于各种禽支原体的血清分型，也可用于检测鸡和火鸡血清中的特异性抗体。

⑤酶联免疫吸附试验：本试验具有很高的特异性，而且敏感

性比血凝抑制试验高许多倍。其抗体在感染后约与血凝抑制试验相同时间测得，其缺点是容易出现假阳性反应，这个问题可以通过使用改进的抗原制剂来消除。

（2）滑膜囊支原体病。检测鸡群血清抗体最常用的方法是血清平板凝集试验和琼脂扩散试验，受感染的鸡一般需要 2～4 周才能产生抗体，所以，第一次血清学检查阴性，不能得出结论，还需要间隔数日再做几次重复检查。另外，鸡败血支原体抗原与滑膜囊支原体抗原之间有交叉反应，对此情况可用血凝抑制试验进一步确认，因两者在此反应中无交叉反应。用血清学检测本病感染情况时，需要注意的是平板凝集试验常会出现非特异性凝集反应，尤其是注射过油乳剂疫苗的鸡，有这种情况发生时，需要用琼脂扩散或血凝抑制试验证实反应的特异性。

（3）鉴别诊断

①与传染性鼻炎的鉴别：鸡传染性鼻炎的发病日龄及面部肿胀，流鼻液、流泪等症状与慢性呼吸道相似，但通常无明显的气囊病变及呼吸啰音。鸡传染性鼻炎与支原体病不仅症状相似，容易误诊，而且常混合感染，不过，链霉素、强力霉素对这两种病都有良好疗效，不能做出可靠鉴别诊断时，宜选用这些药物。

②与传染性支气管炎的鉴别：鸡传染性支气管炎表现鸡群急性发病，输卵管有特征性病变，成年鸡产蛋量大幅度下降并出现严重畸形蛋，各种抗菌药物均无直接疗效，这些均可区别于慢性呼吸道病。但鸡传染性支气管炎和慢性呼吸道病互相诱发，易造成混合感染，选用万克宁配合双黄连口服液滴嘴效果较好，既能抗病毒，又能防止继发感染，控制输卵管炎症。对鸡传染性支气管炎选用药时不宜选用磺胺类药物。因为，这类药物不仅会进一步影响产蛋量，而且对支原体病无效。

③与传染性喉气管炎的鉴别：鸡传染性喉气管炎表现为全群鸡急性发病，严重呼吸困难，咳出带血的黏液，很快出现死亡，

各种抗菌药物均无直接疗效，这些可与支原体病相区别。

④与鸡新城疫的鉴别：鸡新城疫病表现全群鸡急性发病，症状明显，但消化道严重出血，并且出现神经症状，鸡新城疫病可诱发支原体病，而且其严重病症会掩盖支原体病，往往是鸡新城疫症状消失后，支原体病的症状才逐渐显示出来。

5. 防治

（1）预防。本病可以通过鸡蛋传染，因此，孵化用的种蛋必须严格控制，尽量减少种蛋带菌，第一种方法是在母鸡产蛋前和产蛋期间，肌内注射泰乐菌素200mg，每个月注射一次，同时，在饲料中加土霉素，这样可以减少母鸡产蛋的带菌率。第二种方法是种蛋在孵化之前，先在0.4%～1%红霉素溶液中浸洗15～20分钟，抗生素吸收入蛋内杀死支原体，能够减少带菌苗。也有介绍在种蛋孵化7～11天期间，从气室中注入泰乐菌素2mg，也可杀死病菌。第三种方法是种蛋加热处理，种蛋在45℃下加热处理14小时，可杀灭蛋中存在的病菌。第四种方法是在幼雏出壳之后，应用链霉素（每只雏鸡以500单位计算）喷雾，每日2次，连用3天，或是用链霉素滴鼻（每只雏鸡200单位），以控制该病。雏鸡到2～4月龄定期做凝集试验检疫，彻底淘汰阳性鸡，逐步建立无病鸡群。供制造疫苗用的鸡蛋，必须来自无支原体病的鸡群，严防在制苗过程中带进支原体而散播疫病。国内已试制成功鸡败血支原体甲醛灭活苗，据报道用气雾法免疫2次，保护率可达90%。

（2）治疗。下列药物对本病有效，但首选宜采用泰乐菌素、红霉素及恩诺沙星。

泰乐菌素：0.1%；红霉素：0.013%～0.025%；恩诺沙星：饮水75mg/L（前3天），50mg/L（后3天）。北里霉素：0.033%～0.05%；金霉素、四环素、土霉素：250g/t饲料；强力霉素：0.01%～0.02%。上述药物均可用于饮水，但是用量减半。

十六、鸡李氏杆菌病

李氏杆菌病主要是由单核细胞增多性李氏杆菌引起的一种疾病，其致死率极高。

1. 病原

单核细胞增多性李氏杆菌是革兰氏阳性、不产生芽孢的小杆状细菌 [（1~3）μm×0.5μm]，在某些培养基上呈丝状，尤其是老龄培养物。本菌不具荚膜，但具有周身鞭毛，能运动，可在20~25℃见到，以翻腾、打滚为特征。在抹片中呈单个分散，或两个排列成"V"字形，或相互并列。

本菌在3~45℃温度条件下均可生长，其最适温度为30~37℃，需氧或微需氧，pH值在5.0以上才能成长，至pH值9.0仍能生长。初次分离培养时，如样本内杂菌较多，可接种于液体培养基内，置4℃数周后，再进行分离培养。在琼脂表面上生长贫瘠，分离一般用血琼脂，也可用肝浸液或葡萄糖的营养琼脂。在营养琼脂上，菌落表面光滑、隆起、圆形、透明、边缘整齐、呈浅蓝绿色，直径为0.2~0.4mm，特别是在斜透射光下观察时更为明显。在葡萄糖琼脂上，菌落可在几天内达1~3mm大。在血液琼脂上出现狭窄的乙型溶血圈，当加入0.5%~1%葡萄糖时可明显提高其在肉汤内的生长率，24小时内就相当浓了，甚至出现混浊，但易于沉淀。

本菌对热的抵抗力较大，55℃60分钟才被杀死或在牛奶中高于75℃需经10秒钟才被杀死。本菌可在pH值9.6的10%盐溶液内生长，并可在20%的盐溶液中存活。在4℃的肉汤中可存活9年。在青贮料、干草或土壤中也能长期存活。

2. 流行病学

豚鼠、小白鼠、家兔、幼龄火鸡、牛和绵羊均有易感性，大白鼠和鸽较有抵抗力。人偶尔感染，一旦感染，可发生败血症、流产和婴儿脑膜炎。鸡、火鸡、鹅鸭和金丝雀是最经常发病的禽类宿主，其他野禽类如鹦鹉、鹰、松鸡和鹧鸪也可感染，并且常成为本菌在自然界中的贮存宿主。

患病动物和带菌动物是本病的传染源。由患病动物的粪、尿、黏液以及眼、鼻、生殖道的分泌液都曾分离到本菌。人工感染的禽类主要由其鼻分泌物和粪便中排出本菌，但蛋内还未查出有菌。如人工接种鸡蛋，可在蛋内生长，而且可因通过鸡蛋而由粗糙型转变为光滑型。经尿囊腔接种 10 日龄鸡胚，可在感染组织内发现本菌。

本病的传播途径还不完全了解，一般认为，自然感染可能是通过消化道、呼吸道、眼结膜以及受伤的皮肤。饲料和饮水可能是主要的传播媒介。由于病禽粪便和鼻黏液中均有本菌短期存在，所以，常因接触病禽而迅速传播本病。由许多研究报告证实，李氏杆菌病经常伴发其他疾病，如传染性鼻炎、肠炎、球虫病、禽白血病综合征以及沙门氏菌病等。还有报道，在同一禽舍内重复爆发李氏杆菌病的情况。

此外，李氏杆菌病的发生还与某些因素有关，如天气骤变，寄生虫病感染时，均可成为本病发生的诱因。土壤、植物性材料和带菌者的粪便，可能是本病原菌的贮存场所。

3. 临床特点与表现

（1）临床症状。禽类的李氏杆菌病经常呈不显性感染，一般没有特殊症状，主要为败血症，表现为精神沉郁、停食、下痢，急性死亡。病程较长的某些病禽可能呈现中枢神经损伤的症状，主要表现为痉挛、斜颈。实验感染时发现腹泻和消瘦。

（2）病理变化。肉眼病变很不一样，呈败血症的特征。主要的病变是心肌的多发性坏死，看到心肌有多个小坏死灶或广泛性坏死。肝脏有时肿大，有小坏死灶，脾可能肿大而呈斑驳状，腺胃有瘀斑。

显微镜观察，可在变性、坏死的心肝病灶周围发现细菌。其中淋巴样细胞、巨噬细胞和浆细胞的浸润具有特征性。血液中单核白细胞数显著增高。脑膜和脑可能有充血、炎症或水肿的变化，可能有小病灶。脑内血管周围有以单核白细胞为主的细胞浸润。

4. 诊断

从内脏器官如肝、脾、心肌和血液中经常分离到李氏杆菌，有时也从脑中分离到。分离时于培养基内加入 0.5% ~ 1% 葡萄糖可促进本细菌的生长。原代培养呈阴性的材料，把样品接种在肉汤中并置于冰箱内存放 2 个月后，可能生长出李氏杆菌。此外，也可以用 10 日龄鸡胚的尿囊腔接种分离本细菌。

分离所得革兰氏阳性，不形成芽孢，有鞭毛的细菌，根据其培养特性和生化特性，即可作出诊断。

5. 防治

（1）预防。平时做好卫生防疫工作和饲养管理工作，驱除鼠类及其他的鸟类，驱除寄生虫，特别不要由有病地区引入病禽。剖检病禽时应注意消毒和防止病菌散播。

Levine 于 1965 年曾报道了单核细胞增多性李氏杆菌对抗生素和其他药物的敏感性。目前，对李氏杆菌病的治疗还没有十分有效的方法，李氏杆菌对大多数抗生素有抵抗力。高浓度的四环素是治疗李氏杆菌病的首选用药。

此外，人对李氏杆菌有易感性，感染后症状不一，以脑膜炎较为多见。从事与病禽有关的工作人员应注意防护。平时避免将禽类饲养在患病舍中，并最好禽类与可能患病的绵羊、牛等其他动物分离开来。

（2）治疗。根据药敏试验结果对整个鸡场用氯霉素 400mg/kg 拌料，连喂 4 天，辅以 5g/L 葡萄糖饮水；清理鸡粪，对场地、用具用百毒杀带鸡消毒，每 2 天 1 次。4 天后疫情得到了控制。

十七、鸡克雷伯氏杆菌病

1. 病原学

本菌大小约（0.5～0.8）μm×1～2μm，两侧平直或膨起，两端圆突或略尖，常成对或单独存在，为革兰氏阴性杆菌，有荚膜，一般不能运动，在培养基上具有多形性，久经培养后失去黏稠的荚膜。

本菌在肉汤中培养数天后，长成黏性液体，在含糖培养基上形成浓厚、圆凸、灰白色、闪光、丰盛而黏稠的菌落。在伊红美蓝琼脂平板上长出暗粉红色，表面半球形突起，光滑，边缘整齐，黏稠的较大菌落，菌落与菌落之间有互相黏连的趋势。在血琼脂平板中不溶血。在斜面上生长后，其凝集水变成灰白色黏液状。

本菌对多种糖类均分解发酵，但各个不同种甚至同种的不同菌株之间，其生化特性可能有所差异。

2. 流行病学

本菌主要寄生于动物呼吸道或肠道，为一种肠道致病菌，能使人、畜发生肺炎、子宫炎、乳房炎及其他化脓性炎症，甚至发生败血症。在家禽，我国有鸡克雷伯氏杆菌性眼炎的报道，引起小鸡一侧性或两侧性眼睑肿胀，视力障碍，本病的发生与鸡舍通风不良、拥挤，卫生条件差有关。

3. 临床症状

病初病鸡精神不振，食欲减退，或呆立鸡舍墙角。羽毛松乱，无光泽。低头缩颈，眼睛流泪。继而患眼上下眼睑肿胀，严重者肿胀蔓延至头颈部，使完全闭眼。流出浆液性或黏液脓性分泌物。约有 5% 的病鸡患眼同侧眶下窦肿胀突出，如黄豆大小。

如单侧眼疾，对侧眼一般正常。两侧眼炎者症状较重，两眼全闭。检查患眼时，可见结膜严重充血出血，肿胀，眼角有大量分泌物。上下眼睑内侧充血、出血。眼球肿胀，角膜易碎。肿胀的眼睑，由于病鸡用同侧鸡爪刺抓，使皮肤破裂出血，形成血凝痂块，使病情加重，眼睑化脓。剪开肿胀眶下窦，可见干酪样物质。最后病鸡因衰竭而死亡。

4. 诊断

用消毒的接种环挑取肿胀眶下窦干酪样物，采集病死鸡心血、肝、脾、肺、肾等，分别在伊红美蓝琼脂平板和血琼脂平板上画线，37℃培养24小时。

根据病原部分描述的该菌的形态、培养及生化特性进行鉴定。

以37℃培养24小时的肉汤培养物，应用麦氏比浊管比浊测定菌数后，经滴眼途径作人工发病试验，观察试验鸡的临诊症状、病理变化和细菌的再分离培养。

5. 防治措施

加强饲养管理和搞好卫生消毒工作，可采用抗生素，如氯霉素、庆大霉素等进行预防和治疗。

十八、禽亚利桑那菌病

亚利桑那菌病又称为副大肠杆菌病，是由亚利桑那沙门氏杆菌引起的鸡、鸭、火鸡等的一种传染病。

1. 病原

《Bergey 氏手册》第八版（Buchanan 和 Gibbons1974）把亚利桑那菌置于肠杆菌科沙门氏菌属的第Ⅲ亚属中，称亚利桑那沙门氏菌。根据 DNA 相关性，鞭毛相及乳糖发酵特性进一步分为2 个群：Ⅲa 为单相菌，不发酵乳糖；Ⅲb 为双相菌，发酵乳糖，包括多个血清型。

亚利桑那菌为革兰阴性菌，有鞭毛能运动，无芽孢、形态与沙门氏菌和大肠杆菌相似。本菌为兼性需氧菌，在普通培养基上均能生长，其生长的旺盛程度与沙门氏相似。SS 琼脂上生长良好。初次分离时和沙门氏菌一样呈无色菌落，但继续培养时Ⅲb群菌能渐渐分解乳糖，菌落呈粉红色，中心带黑色。在家禽中能迅速分解乳糖的菌株较少见，这些与大肠埃希氏菌不易区别。大多数自家禽分离的亚利桑那菌培养物与沙门氏菌不同，一般在培养 7～10 天发酵乳糖。在胆硫乳琼脂中，乳糖阴性菌株菌落类似其他亚种菌落，乳糖阳性菌株为粉红色，有暗色中心。在亚硫酸铋中，呈黑色，有金属光泽，有些菌株呈灰绿色，带黑心或不带黑心。分解葡萄糖，产酸产气，不发酵蔗糖。不形成吲哚，产生 H_2S，能利用枸橼酸盐、氧化酶、尿素酶阴性，接触酶、鸟氨酸脱羧酶阳性。丙二酸盐利用试验阳性，M. R. 试验阳性，V－P 试验阴性。在含有准确规定浓度 KCN 的培养基中不生长。不发酵卫矛醇与肌醇或 D－酒石酸盐，液化明胶缓慢，对缩苹果酸钠与 β－半乳糖酶呈阳性反应，这些是亚利桑那菌和沙门氏菌区别的很有用的生化特性。

2. 流行病学

亚利桑那菌广泛分布于自然界，没有宿主障碍，感染多种禽类、哺乳类、爬虫类、人类。Edwards 等（1959）报告在为期 20 多年的分离工作中，约有 75% 的亚利桑那菌培养物是从禽类和爬虫类中所分离的。Martin 等（1976）从 20 种动物中包括狗、猪、羊、猫、兔、刺猬、狒狒、老鼠等分离到亚利桑那菌。此外，还有报道亚利桑那菌可引起金丝雀的大量死亡。

在家禽中，亚利桑那菌最常出现于火鸡。自然条件下，鸡、鸭、鹅都可感染本病。带菌禽是主要传染源，通过消化道、经卵或精液、或接触传染。患病动物的分泌物及排泄物和被污染的饲料、垫料、饮用水都可成为传染媒介。雏禽，尤其是雏火鸡死亡率高，该菌能侵入血液，4～6日龄的雏火鸡对本病最易感，死亡可持续到第3周，死亡高峰在2周龄，死亡率15%～60%不等，平均为35%。耐过鸡的产蛋率和孵化率下降，发育严重受阻。进一步的研究表明，从同一孵化场的同组雏禽中所分离的培养物，其血清型往往相同。

3. 临床特点与表现

（1）临床症状。家禽的亚利桑那菌病无特异的症状，但病禽精神沉郁，不食，饮水量增加，眼半闭或全闭、昏睡、低头，眼睑肿胀，流泪，部分有白色分泌物充满眼眶，结膜红肿，角膜浑浊，后期失明。病禽表现虚弱，翅膀下垂，全身颤抖，步态不稳，有时突然向前冲撞或向后退缩，两足伸向外侧，跖部着地呈蹲卧姿势。有些病禽发病初期主要表现为呼吸急促，闭目缩颈，部分张口呼吸并伴有啰音，后期呼吸更困难。下痢，排红褐色或白绿色粪便，有时有黏液，部分病禽肛门黏有白绿色稀粪，排粪困难，2～3周龄雏直至死前两天才见有腹泻。有的出现神经症状，病程短，出现角弓反张。病的后期，呼吸加快而死亡，死前发生痉挛。

（2）病理变化。亚利桑那菌病病禽的主要病理变化特征是肝脏肿大2～3倍，呈土黄色斑驳样，表面有砖红色条纹。肝脏质地脆弱，切面有针尖大灰色坏死灶和出血点。胆囊肿大，胆汁浓稠。心脏表面有小出血点，有的表面呈红紫色出血。肌胃内膜有的不易剥离，内容物呈鲜绿色。十二指肠肠壁增厚，肠内容物呈污绿色，肠黏膜显著充血，部分脱落，盲肠内空虚有气体，肠系膜上有小的干酪样病变，咽喉部有黏液。两眼窝塌陷，发现部分禽在视网膜上盖有一厚层黄白色的干酪样渗出物，受侵害的眼变干，不能恢复正常。气管内有少量浆液性分泌物，肺充血，肺部有绿豆大小干酪样坏死灶。部分肾脏色变淡，轻度肿胀，并有少量尿酸盐沉积。脑血管怒张，尤以小脑血管明显。

病理组织学变化：心肌纤维及肝细胞变性坏死，脑神经胶质细胞的细胞核溶解、浓缩，没有发现血管套现象。腔上囊实质淋巴细胞增生。

4. 诊断

分为常规诊断、病原菌的分离与鉴定和血清学诊断三部分。

5. 防治

（1）防治措施。由于许多后备禽群具有隐性的亚临床感染以及母禽可经种蛋传给雏禽的原因，因此，从禽群消灭本病是有困难的。首先，一旦发现有此症状的雏禽，应及时隔离、确诊。

对种蛋要加强管理。每日定时收蛋，不用产于地面上的蛋作种蛋，经常清理擦拭蛋箱。应及时擦去蛋壳上的小污点，贮蛋室应与其他房间分开，收下的蛋应尽快用福尔马林熏蒸消毒处理。因为种蛋能直接传播本菌，对孵化器和育雏器用前要进行彻底消毒，种蛋在孵化前也要用福尔马林熏蒸消毒。

（2）治疗。可用 0.02%~0.04% 痢特灵，拌入饲料中喂饲，连喂 10 天，效果极佳。此外，雏鸡皮下注射青霉素、链霉素、庆大霉素及奇特霉素效果较好。也可用二甲氧苄嘧啶 0.01% 或 0.02% 对雏鸡也有较好的治疗作用。

在免疫方面，国外学者研制出几种类型的亚利桑那菌苗，并已用于生产实际。较为常用的疫苗是：用福尔马林处理全培养物制成氢氧化铝菌苗或制成油乳剂菌苗，此两种疫苗在室内外试验均取得满意的防制效果。分离所得革兰氏阳性，不形成芽孢，有鞭毛的细菌，根据其培养特性和生化特性，即可作出诊断。

第二章　蛋鸡的寄生虫病

第一节　原虫病

一、鸡球虫病

蛋鸡球虫病是现代集约化养鸡场最常见、最为多发、危害严重以及防治困难的一种全球性原虫病，肉鸡球虫病不仅造成肉鸡死亡，还导致肉鸡生成速度变慢，饲料报酬降低，增加药物投入，给养殖户或养殖场带来巨大的经济损失。该病分布很广，多危害 15～50 日龄的雏鸡，发病率高达 50%～70%，死亡率 20%～30%，严重者高达 80%。病愈的鸡生长发育受阻，增重缓慢，成年鸡多为带虫者，对养鸡业危害极大。随着规模化、标准化程度的不断增强，球虫用药的日渐广泛，本病的发病覆盖面，强度和控制难度均在增强。

1. 病原

全世界报道的鸡球虫种类有 13 种之多，我国已发现 9 种，分别为柔嫩艾美耳球虫、毒害艾美耳球虫、堆形艾美耳球虫、早熟艾美耳球虫、巨型艾美耳球虫、哈氏艾美耳球虫、变位艾美耳球虫、布氏艾美耳球虫和缓艾美耳球虫。各种球虫的致病性不同，以柔嫩艾美耳球虫的致病性最强，其次为毒害艾美耳球虫，但生产中多是一个种类以上球虫的混合感染。柔嫩艾美耳球虫和毒害艾美耳球虫两种球虫的致病力较强，在养殖户或养殖场较常见，可导致肉鸡高发病率和高死亡率，严重影响肉鸡养殖业的发展。球虫卵囊的抵抗力较强，在外界环境中球虫卵囊不易被一般的消毒剂杀死。

2. 流行特点

所有日龄和品种的鸡对鸡球虫都有易感性，但是，其免疫力发展很快，并能限制再感染。鸡球虫病一般暴发于3~6周龄的鸡，2周龄以内的鸡群很少感染。病鸡和带虫鸡是该病的主要传染源，被粪便污染的饲料、饮水、垫料、土壤和用具等都有大量的卵囊存在，易感鸡采食后就会引发球虫病。另外，人及其衣服、用具以及某些昆虫都可能成为机械传播者。饲养管理条件不良、鸡舍潮湿、拥挤、卫生条件恶劣时，最易发病，在潮湿多雨、气温较高的梅雨季更易暴发球虫病。球虫虫卵的抵抗力较强，在外界环境中一般的消毒剂不易将其杀灭，在土壤中可存活4~9个月。卵囊对高温和干燥的抵抗力较弱。

病鸡是主要传染源。病鸡排出的粪便中含有大量的卵囊，排出的卵囊在一定的温度、湿度等条件下形成孢子化卵囊，孢子化卵囊再通过污染的饲料、饮水、垫料、土壤、用具、人员所穿的衣服鞋子等传播肉鸡球虫；其次，苍蝇、甲虫、鼠类等也可成为肉鸡球虫传播流行的媒介。在集约化养鸡场一年四季均可发生肉鸡球虫病，在饲养管理条件较差的养殖场易暴发肉鸡球虫病，导致高发病率和高死亡率，给养殖户或养殖场造成巨大的经济损失。鸡食入孢子化卵囊而受感染。阴雨绵绵、闷热潮湿的季节特别适合球虫卵囊的发育。因此，在雨季到来之前一定要注意预防本病的发生。即使不处在温暖潮湿的季节，若是鸡舍内过温、过潮，在一定程度上也能助长本病的发生，所以，鸡舍内的温湿控制，尤其是湿度的控制至关重要。

调查表明，凡是养过鸡的鸡场几乎100%经历过球虫病的发生。数据显示：至少有70%以上的鸡场有感染球虫的历史，有

40%以上的鸡场曾反复暴发。而且，越是老鸡场暴发球虫病的几率越高，越是管理措施不完善的鸡场，尤其是温、湿度控制不好的鸡场暴发球虫病的可能性越大。

3. 临床表现

病鸡全身衰弱和精神萎靡，喜欢扎堆，翅膀下垂，羽毛松乱，闭口昏睡。常下痢，排出含血甚至全血的稀粪。食欲缺乏，消瘦，但嗉囊常见积食。鸡冠、肉髯苍白贫血，病末期常出现昏迷、翅轻瘫、两脚外翻、痉挛等神经症状。多数病鸡于发病后6～10天死亡。雏鸡的死亡率达50%以上，严重时可达100%，少数康复，但生长受到严重影响。青年鸡常发生慢性小肠球虫病，是由毒害艾美耳球虫感染所引起的。病程经过缓慢，在一个鸡群里，常只见少数病鸡有症状表现。冠髯苍白、贫血，食欲逐渐消失，进行性消瘦，羽毛松乱和污秽，不喜活动，两脚无力，有时瘫痪不能站立，直至衰竭死亡。

病鸡最突出的表现就是排稀便。病鸡精神呆滞，缩头闭眼打盹，采食减少，在病初，病鸡排泄的鸡粪含有未消化的饲料，随着疾病的发展病鸡排泄的粪便呈咖啡色、胡萝卜样、酱色，甚至病鸡排出的粪便变为完全的鲜血，有的病鸡嗉囊积液，鸡冠、眼睑膜等苍白，两脚麻痹。病鸡或病死鸡常表现为明显的消瘦，口腔黏膜、眼睑膜等处黏膜苍白，主要病理变化在肠道。小肠变粗、肠壁增厚，肠腔内常有豆渣样坏死物质和血性肠内容物，小肠黏膜呈粉红色，有很多粟粒大的出血点和灰白色坏死灶；盲肠常表现为显著肿大，可为正常盲肠的3～5倍，盲肠外观常呈红色，肠腔内充满暗红色的血液或血凝块，肠黏膜脱落。

4. 临床诊断

根据流行病学、临床症状及病理变化可以进行初步诊断；确诊可刮取肠黏膜涂片查到裂殖体、裂殖子或配子体，或取鸡粪查到球虫卵囊。

5. 预防控制

（1）加强人员、车辆管理。养殖小区首先要管理好养殖小区内部的人员，包括管理人员、饲养员等不得随意互相串门、互用生产用具，避免他们通过所穿的鞋子、工作服、使用的工具等将垫料、鸡粪中的球虫卵囊由一个肉鸡养殖大棚带到其他的蛋鸡养殖大棚，同时，也要求每一个管理人员及饲养人员进出养殖场时一定要更换鞋子、衣服等，避免将场外的球虫卵囊带入本养殖场或将本养殖场内的球虫卵囊带出到场外污染养殖小区。在管理好养殖小区内部人员的同时，更要严格控制外来人员（尤其鸡贩子、饲料推销商、兽药推销商以及兽医人员）到养殖场内参观学习、推销饲料、兽药等活动，若确需进入养殖小区内的人员则应更换鞋子、衣服等。严格禁止车辆随意进出养殖小区，若确需进出养殖小区的车辆，应加强对进出车辆的清洗、消毒，以防将鸡球虫卵囊带入或带出养殖小区。

（2）加强鸡舍环境管理。控制蛋鸡饲养密度和鸡舍的温湿度、保持舍内舍外清洁卫生以及尽量避免各种应激反应，及时通风换气防止鸡舍内氨气、二氧化碳、硫化氢等有害气体浓度过高，建议养殖小区进行蛋鸡网上养殖，避免肉鸡与鸡粪、垫料等长期直接接触，提供肉鸡一个良好的生长环境，提高蛋鸡机体免疫力和增强抗病能力，减少或杜绝蛋鸡球虫病在养殖场内流行。为了杜绝乱扔乱抛病死鸡、垫料等污染环境，建议在养殖小区建立无害化处理设施如沼气发酵池、化尸池，对鸡粪、垫料、病死鸡等进行无害化处理，防止鸡粪、垫料等污染水源、饲料。

（3）提供蛋鸡优质全价的饲料。饲料中的抗营养因子（如抗胰蛋白酶等）、真菌毒素等易与肠壁黏膜结合以及饲料中维生素 A 缺乏，破坏肠壁结构，导致肠壁的损伤，饲料中电解质平衡失调，使排泄的粪便湿度增加，都可使球虫病的发生率提高；饲料中维生素 K 缺乏，使血液凝固机制受损，容易遭受球虫病的侵袭；限制饲养时，鸡由于饥饿，啄食垫料，感染的机会增加，也会提高发病率。优质全价的饲料能提高肉鸡机体对球虫病的抵抗能力，蛋白质、维生素、无机盐等饲料组分在控制球虫病上具有重要意义，饲喂粗砂粒、颗粒饲料及粗纤维饲料也会降低球虫发病率。

（4）实施分群饲养与全进全出制度。因为成年蛋鸡常表现为隐性感染鸡球虫，但可通过粪便不断向外界环境排出球虫卵囊，污染水源、垫料等，增加了幼鸡感染球虫病的几率，成年蛋鸡与肉雏鸡应分开饲养；由于不同日龄的肉雏鸡对鸡球虫的易感性也存在差异，若养殖场饲养不同日龄的肉雏鸡也要严禁混养。我们建议在养殖小区应实行统一管理、统一购进鸡苗、统一销售成品肉鸡、对鸡舍统一进行清扫、粪便及垫料等统一进行无害化处理，实行全进全出制度可以切断传染源。

（5）药物防控。目前，用于预治肉鸡球虫病的抗球虫药物主要有三类：第一类是聚醚类离子载体抗生素，如盐霉素；第二类是化学合成药，如地克珠利、磺胺类；第三类是中草药制剂，如常山等。由于蛋鸡球虫很容易产生耐药性，因此，在预防或治疗鸡球虫病时，选择球虫药时应根据养殖小区鸡球虫病的实际情况有计划地更换球虫药，不可在整个肉鸡养殖过程中只用一种抗球虫药，应进行穿梭给药，避免或减缓鸡球虫产生耐药性，提高抗球虫药物疗效，降低球虫病造成的危害。另外，在选择抗球虫药时，不要盲目追求新药；不要只看药物的商品名称，更重要的是看药物中的成分、含量等；不要盲目追求价格较贵的抗球虫药，在生产过程中经常遇到使用价格高的抗球虫药物进行预防或治疗蛋鸡球虫病，并没有取得预期的防治效果，增加了生产成本，降低了生产效益。在使用抗球虫药防治蛋鸡球虫病时，建议使用适当的抗菌药物控制消化道疾病继发感染，在饲料中添加维生素 A、维生素 D、维生素 K 等维生素，饮水中加入口服补液盐等物质，通过添加维生素、电解质等物质补充鸡群的营养、增强鸡群的体质，减少鸡群的死亡，促进鸡群早日康复，提高鸡群的生产性能，不断提高养殖场或养殖户的积极性。

二、隐孢子虫病

隐孢子虫病是由隐孢子虫寄生于禽类的胃肠道、呼吸道、法氏囊等黏膜上皮细胞及血管内膜等处而引起的疾病。其主要病理特征为肠道黏膜炎症，法氏囊上皮细胞增生，肝脏和心肌变性，肺脏的出血性间质性肺炎。

1. 病原

隐孢子虫属隐孢科、隐孢属。目前，已知寄生于禽类的隐孢子虫有两种，即引起火鸡、鸡、鹌鹑肠道感染的火鸡隐孢子虫以及引起鸡、鸭、鹅、火鸡、鹌鹑法氏囊和呼吸道感染的贝氏隐孢子虫。

人工感染试验证明，火鸡隐孢子虫可感染鸡、火鸡和鹌鹑。寄生部位为十二指肠、空肠和回肠，它可引起家禽的腹泻。隐孢子虫不在细胞内发育，而是在宿主黏膜上皮细胞表面的微绒毛区发育，进行孢子化，随粪便刚排出的卵囊就具有感染性，这是区别于其他肠道球虫之处。隐孢子虫是由卵囊或卵囊污染物经消化道或呼吸道感染，虫体在宿主体内经裂体增殖，形成第一代裂殖体，内含 8 个裂殖子，然后进行有性的配子生殖，即形成大小配子体，受精后形成合子，合子再进行孢子生殖形成卵囊。其厚壁卵囊对环境有一定的抵抗力，并能随粪便排出体外，正是这种卵囊可引起疾病的感染；而薄壁卵囊常可引起"自体感染"，使内生性发育重新开始，以致即使摄入少量的卵囊也能引起严重的感染。

隐孢子虫卵囊和其他球虫一样对外界环境有很强的抵抗力，并对多种消毒药剂如碘酊、煤酚皂液、次氯酸钠、氢氧化钠和醛基消毒药都有很强的抵抗力。但5%氨水、5%次氯酸钠、10%甲醛溶液、3%过氧化氢、氯或单氯胺和二氧化氯可杀死卵囊，水中存在有机物和蛋白质时，消毒剂浓度要求更高。实验室模拟不同水处理方法清除卵囊的实验表明，常规的自来水过滤、明矾和氯化铁沉淀以及氯、单氯胺、二氧化氯、漂白粉或臭氧消毒，均不能全部清除和杀灭水中的卵囊，高于常规浓度的二氧化氯或臭氧有效。污水处理活性污泥系统可清除74%～84%的卵囊，其后的沙滤可清除87%～94%的卵囊，饮水沙滤法只能清除91%。保存在重铬酸钾溶液中的卵囊可维持活力4个月。在实验条件下，对湿热较敏感，45～55℃，15～20分钟即可灭活。巴氏消毒法消毒牛奶有效。0℃以下或65℃以上温度中30分钟可失去感染性。

2. 流行特点

隐孢子虫可自然感染11周龄以下的鸡。实验感染小鸡发现，感染的敏感性在年龄和显明期长短呈现负相关。隐孢子虫感染一年四季均可发生，以温暖潮湿季节多见。该病为散发性发生，也可爆发于与患禽接触过的人群中。隐孢子虫卵囊污染水源是国际间旅行者感染的主要因素之一，几次爆发病例与井水污染、表面水和游泳池水污染有关。

卵囊可通过消化道、呼吸道和眼结膜感染。通过口服途径感染卵囊，小火鸡可在回肠、盲肠、结肠、泄殖腔和法氏囊上发生感染。通过气管内接种卵囊可扩大感染到呼吸道，它包含鼻咽、喉、气管、支气管及气囊。放卵囊在结膜上可导致结膜、黏液囊和泄殖腔感染。

3. 临床表现与特征

家禽隐孢子虫病，以鸡、火鸡和鹌鹑的发病最为严重。主要是由贝氏隐孢子虫引起的。潜伏期为3～5天。排卵囊时间为4～24天不等。其主要症状为呼吸困难、咳嗽、打喷嚏、有啰音。在气管、鼻窦、鼻腔中有过量的黏液，在气囊中有液体。病禽饮、食欲锐减或废绝，体重减轻和发生死亡。在隐性感染时，虫体多局限于泄殖腔和法氏囊。由于火鸡隐孢子虫寄生于肠道，其主要症状为腹泻，故不引起呼吸道症状。

隐孢子虫可寄生在各组织器官的上皮细胞表面，即可感染单一器官，也可多个器官同时被感染，引发相应的病理变化。

肠道黏膜发生炎症，固有层和黏膜下层结缔组织增生，使局部黏膜呈柱状、独峰状或菜花状隆起，绒毛逐渐增粗，肠腺结构模糊、萎缩或消失。黏膜下层的毛细血管和微血管出现透明血栓。肌层可见肌间水肿、肌束萎缩及肌纤维断裂，个别的肌纤维可见蜡样坏死。黏膜下层和浆膜层的小动脉内膜可发现虫体。腺胃乳头明显萎缩，常缩至细线状，以后乳头上皮坏死脱落，被结缔组织所代替。管状腺开口的上皮细胞逐渐肥厚，后来出现坏死和脱落，并见炎性细胞浸润和结缔组织增生。

法氏囊内有液体蓄积，伴发轻度出血。镜检，法氏囊黏膜上皮细胞呈局灶性乃至弥漫性增生和不同程度的异染性细胞浸润。据游忠明（1998 年）的报道，感染后 4 天，有少量虫体寄生，髓质可见网状细胞、淋巴细胞坏死，其核固缩甚至碎裂，坏死细胞周围出现透明区，髓质细胞排列疏松，部分细胞水泡样变性，远离黏膜面的淋巴滤泡皮质嗜酸性细胞浸润。感染后 7 天，法氏囊肿胀，被膜分离，较多虫体寄生于黏膜上皮，淋巴滤泡增多，一个皱褶中最多可达 50 多个，髓质中仍有淋巴细胞坏死；皮质细胞增多，淋巴滤泡及黏膜固有层有嗜酸性细胞浸润，黏膜上皮细胞肿胀、扁平化，排列零乱，甚至脱落。感染后 12 天，大量虫体寄生于黏膜上皮，黏膜固有层大量嗜酸性细胞浸润，部分黏膜脱落，脱落的细胞碎片及大量虫体存在于法氏囊腔，黏膜固有层增厚，淋巴滤泡明显萎缩，间质增生。感染后 30 天，淋巴滤泡皮质显著变薄，髓质淋巴细胞显著减少，呈稀疏的网状结构。

总之，法氏囊的组织学变化前期以细胞坏死为主，后期以间质增生、淋巴滤泡萎缩、淋巴细胞减少为主。

肝脏发生淤血和实质变性。镜检，肝细胞颗粒变性、脂肪变性，伴发淤血、出血和坏死，汇管区见胆管黏膜上皮细胞增生、脱落，小胆管新生，其外周有较多的淋巴细胞浸润，刨旦管黏膜上皮细胞表面和叶间动脉内膜、外膜及管壁可检出虫体，内皮细胞增生、变形，向血管内腔隆起。小静脉常见透明血栓。

心肌纤维出现颗粒变性、萎缩甚至局部断裂，心外膜下偶见炎性细胞浸润，在肌间小动脉的内膜和管壁上可发现虫体。

气管黏膜上皮细胞增生、变厚，胞浆疏松呈网状，细胞间界模糊。黏膜局部上皮细胞剥脱、坏死。黏膜上皮细胞的增生与剥脱，使气管黏膜隆起与下陷交替，如古城墙状。固有层内有淋巴细胞和异嗜白细胞灶状浸润。肺脏呈现支气管肺炎或出血性间质性肺炎。镜检，肺泡内异嗜白细胞浸润，肺泡和呼吸毛细管上皮细胞显著增生、坏死、剥脱充填于支气管管腔，同时，淋巴细胞大量浸润形成一个肺小叶中央为剥脱、坏死的上皮细胞，外周为淋巴细胞浸润的特殊结构，或者多个病变肺小叶融合在一起完全由淋巴细胞和少量异嗜白细胞置代。小动脉壁增厚或纤维素样坏死。在鼻腔、气管和支气管黏膜上皮细胞以及肺泡上皮细胞和小动脉均可发现虫体。

脾脏早期表现为淋巴细胞大面积增多，并形成典型的淋巴小结及动脉周围淋巴鞘，后期脾脏淋巴组织逐渐减少，即抑制脾脏的发育。

胸腺初期皮质变薄，并有坏死细胞，髓质比例增大，其中有数量不等的髓质细胞水泡样变性，同时胸腺小体增多。中期髓质比例显著增大，淋巴细胞减少，皮质呈岛屿状分布，本应属于皮质的区域出现坏死和空洞样变化、间质增生、淋巴细胞或网状细胞退化，退化的细胞构成球状结构，内含嗜酸性物质，部分呈同心圆状排列。感染后期，皮质与髓质界线不清，髓质淋巴细胞增多。

眼结膜上皮呈局限性增生，眼睑皮肤生发层细胞增生、坏死及炎性细胞浸润，并可检出虫体。

睾丸和卵巢的生殖上皮增生，伴有淋巴细胞浸润。在睾丸的精索内动脉、白膜动脉及间质动脉，卵巢的卵巢动脉、白膜动脉及基质动脉均可检出虫体。

据周继勇等（1993）对雏鸭隐孢子虫病的超微病理组织学观察显示：

气管和法氏囊黏膜扫描电镜观察：虫体嵌于上皮细胞纤毛和微绒毛之间，位于宿主细胞形成的带虫空泡内，有的因裂殖子溢出而呈空泡状的带虫空泡，裂殖体内由8个香蕉形钓裂殖子构成；上皮细胞表面纤毛和微绒毛断裂、缺失。

气管、肺和法氏囊黏膜透射电镜观察：3个组织表面都可见发育阶段的滋养体、裂殖体和配子体。虫体寄生处上皮细胞微绒断裂、溶解、消失；上皮细胞单位膜形成一连续的包围虫体的囊膜，位于囊膜内的虫体与上皮细胞通过黏附带连接。上皮细胞结构的变化表现为初期胞浆内线粒体和内质网数口增多，以后出现线粒体肿胀、破裂，粗面内质网脱粒、扩张、破裂；细胞核核膜溶解，染色质逸出，严重者细胞结构被破坏，形成高电子密度的无结构体。

4. 临床诊断

隐孢子虫感染多呈隐性经过，感染者往往是带虫者，可以只向外界排出卵囊，而不表现任何临诊症状。对于一些发病的动物来说，即使有明显的症状，也常常是属于非特异性的，只能作为诊断的参考指标，而不能用于确诊。另外，由于动物（特别是禽类）在发病时常伴有许多条件性病原体的感染，因此，确切的诊断只能依靠实验室手段观察虫体，或采用免疫学技术检测隐孢子虫抗原或抗体的方法。有时还需采用实验动物接种法来做进一步的确诊。

5. 治疗

（1）化学合成药物治疗。隐孢子虫病的治疗是一个世界性的难题，迄今已试用过200余种化学合成药物（包括抗球虫药和其他抗原虫药、广谱抗生素和抗螨虫药）治疗人和各种动物的隐孢子虫病，多数均无疗效。只有少数的氨基糖试类、大环内酯类和离子载体类药物及卤夫酮和硝唑尼特等认为有一定的抗虫活性。近年来报道的药物主要有螺旋霉素、阿奇霉素、巴龙霉素、硝唑尼特、叠氮胸苷、拉沙里菌素、西尼霉素、乳酸卤夫酮、托三嗪、地克珠利、新霉素、马杜拉霉素、胸腺调节素、微管解聚药、脱氢雄甾酮、大蒜素、苦参合剂、驱隐汤等。上述诸药的疗效均呈剂量依赖性，必须应用大剂量方能有预防或治疗作用。虽能减少或清除肠道内隐孢子虫，不能清除胆道内隐孢子虫，停药后容易复发，且尚有它们对隐孢子虫无效的报道。有的药物目前仅限于动物试验阶段，尚未见用于治疗人隐孢子虫病的报道。

（2）免疫治疗。鉴于隐孢子虫感染及其发病特点与免疫功能关系密切，因而许多学者探讨采用免疫方法治疗本病。已研究的免疫制剂和疗法包括免疫乳汁、免疫血清、单克隆抗体、高效抗反转录病毒疗法（HAART）、免疫胆汁、牛转移因子（BTF）、CD_4 + 细胞和 γ – 干扰素、透析白细胞提取液和免疫调节剂等。

（3）中草药治疗。中药大蒜素、苦参合剂和驱隐汤据试验也认为效果不错，但还没有做过双盲试验。

（4）止泻剂。隐孢子虫感染有严重水泻者，应当止泻。临床应用的抑制肠动力的药物有苯乙哌啶、吗啡、普鲁卡因。生长激素抑制素具有减少肠道分泌、增加水和电解质吸收的作用。奥曲肽是18碳的8个氨基酸环状结构的生长激素抑制素类似物，并且还具有抑制肠动力的作用。这两种药物均用于治疗分泌性腹泻。

6. 预防

预防的方法基本为保持环境卫生和用氨化合物消毒。金属育雏器，饲槽，饮水器直接暴露在阳光下3天，冲洗干净凝固在地板围舍上的排泄物，圈舍方可应用。这样维持环境卫生的方法可应用于小农场和宠物鸟。对患禽粪便要彻底消毒，如使用福尔马林和氨水等能使隐孢子虫卵囊的感染力消除，加热65℃以上30分钟或冷至-70℃，也可使其感染力消失。对污染物应焚烧处理。

三、组织滴虫病

组织滴虫病又名盲肠肝炎或黑头病，是由火鸡组织滴虫寄生于禽类盲肠和肝脏引起的一种急性原虫病。其特征性病理变化是盲肠溃疡和肝脏发生特异性坏死性炎症。鸡对本病较火鸡的易感性稍差，病情较轻，其他禽类如野鸡、珠鸡、鹌鹑、鹧鸪等也可发生。

Smith于1895年首次描述了组织滴虫病，Tyzzer于1961年第一个观察到这种寄生虫有鞭毛和伪足。组织滴虫病的发病学在1964—1974年间得到进一步的阐明。组织滴虫病发生于任何适合鸟类生存的地方。一般来说，有利于组织滴虫和各种蚯蚓共同存在的地区，本病流行更为普遍。该病在我国的黑龙江、吉林、辽宁、江苏、安徽、内蒙古自治区等省区及世界各地均有分布。虽然，此病对养禽业确切的经济意义难以确定，但由于火鸡死亡每年造成的经济损失可超过200万美元。因发病造成的减产和化学药物治疗的费用也大大增加了经济负担。虽然组织滴虫病对鸡的危害并不太严重，但因频频发病和受感染的鸡只数目之多，所造成的经济损失估计大于火鸡。

1. 病原

火鸡组织滴虫最初是以火鸡阿米巴原虫的名字来描述的，但在具有鞭毛的特征发现后，Tyzzer才把这种原虫重新命名为火鸡组织滴虫。火鸡组织滴虫为多型性虫体，随寄生部位和发育阶段不同，形态变化很大。在组织细胞中的虫体是单个或成簇存在的，呈圆形、卵圆形或变形虫样，大小为4～21μm，无鞭毛。在肠腔和培养物中的虫体为变形虫样，大小为5～30μm，虫体细胞外质透明，内质呈颗粒状并含有吞噬细菌、淀粉颗粒等的空泡，核呈泡状，有1～2根鞭毛，该虫体能作有规律性的钟摆运动。电镜下观察，虫体前后贯穿一根轴柱，有一个近于圆形的核，核前面是一个倒"V"形的副基体，其上连有一根副基丝，前方有一循状物。

火鸡组织滴虫以二分裂方式繁殖。寄生于盲肠内的组织滴虫，被盲肠内寄生的异刺线虫吞食，进入其卵巢中，转入其虫卵内；当异刺线虫排卵时，组织滴虫即存在卵中，并受卵壳的保护。当异刺线虫卵被鸡吞入时，孵出幼虫，组织滴虫亦随幼虫走出，侵袭鸡只。

2. 流行特点

宿主的品种、年龄和肠道菌对组织滴虫的致病力有很大的影响，虽然感染可发生在所有的鸡形目中的禽类和鸟类，但火鸡最敏感，大多数受感染的火鸡不施行治疗最终难免死亡。鸡易感，但常表现温和的疾病经过，不同品种的鸡对本病的敏感性存在着差异，AA肉鸡感染后发病率高，本地土鸡发病率很低。4～6周龄的鸡和3～12周龄的火鸡对本病最敏感。AA肉鸡在实验性条件下以2～4周龄敏感。成年鸡感染时，多为隐性经过，能较长时间地携带和传播病原。此外，蚯蚓吞食土壤中含有组织滴虫的异刺线虫卵，可使其在蚯蚓体内长期生存。离开宿主的组织滴虫，在没有异刺线虫卵和蚯蚓做保护时，在数分钟内即可死亡，在野生群体中，锥和北美鹑类可充当保虫宿主，节肢动物中的蝇、蚌蠓、土鳖和蟋蟀都可作为机械性媒介。

本病的发生无明显季节性，但在温暖潮湿的夏季发生较多。常发生在卫生和管理条件不良的鸡场，鸡群过分拥挤，鸡舍和运动场不清洁，通风和光照不足，饲料缺乏营养，尤其是缺乏维生素 A，都是诱发和加重本病流行的重要因素。

本病通过消化道而感染。患禽粪便中可含有上述两型虫体，可污染饲料、饮水、土壤及用具，健康禽啄食或饮水时即可感染，但此病原体对外界环境的抵抗力不强，不能在外界长期存活；当患有本病的病禽同时有鸡异刺线虫寄生时，寄生于盲肠内的组织滴虫可进入鸡异刺线虫体内，并侵入其卵内，随禽粪排出体外。在鸡异刺线虫卵内的组织滴虫，由于得到虫卵的保护，故能生存较长时间，成为本病的重要传染源。

3. 临床表现与特征

本病的潜伏期为 7 ~ 12 天，最短为 5 天。主要临床表现为病鸡精神不振，食欲减少以至废绝，羽毛粗乱，翅膀下垂，身体蜷缩，怕冷嗜睡，下痢，排淡黄色或淡绿色的恶臭粪便，严重时粪便带血色，甚至排血便。末期，有的病鸡因血液循环障碍，鸡冠或面部皮肤变成紫蓝色或黑色，临死前常出现长时间的痉挛。

病火鸡血液红细胞和血红蛋白下降，而白细胞和淋巴细胞随病程的发展而显著增加，血糖、血清总蛋白、血清白蛋白、血清总脂、血清胆固醇含量显著下降，这被人们认为是火鸡组织滴虫病的敏感指标。鸡在感染后 10 ~ 15 天各项指标与火鸡相似，但15 天以后各项指标均逐渐恢复。

本病的特征性病变是盲肠溃疡和肝脏发生特异性坏死性炎症。

在感染后盲肠最先出现病变。肠壁呈一侧性或双侧性肿胀。在感染后第八天，盲肠黏膜充血、出血、水肿，肠壁增厚，盲肠腔内充满浆液渗出和出血。最急性病例，盲肠仅表现严重的出血性炎症，肠腔内充满大量血液，随后有大量纤维素，肠腔内渗出物发生干酪化，并逐渐干燥形成充满肠腔的干酪样物质，并且盲肠炎症加剧，黏膜坏死，出现深浅不一的溃疡，肠壁增厚明显，有的见局部浆膜发生炎症。本病的典型病变为盲肠呈一侧或两侧不规则肿大，盲肠壁增厚、失去弹性，内容物固化，形似香肠。肠腔内充满一种干燥坚实、干酪样的凝固栓子，栓子横切面呈同心层状，中心是黑红色凝血块，外层是灰白色或淡黄色的渗出物和坏死物。盲肠黏膜表面被覆着干酪样坏死物，可见出血、坏死或溃疡。盲肠黏膜发生炎症时，常可使盲肠与腹壁或小肠发生黏连，偶尔可发生肠壁穿孔，引起腹膜炎。如果病鸡痊愈，这种栓子物可随粪便排出。

4. 诊断

（1）生前。幼禽易发。头面部皮肤呈紫蓝色或黑色，排淡黄色、淡绿色粪便或血便。

取新鲜盲肠内容物，用温生理盐水（37～40℃）稀释作悬滴标本镜检，可发现呈钟摆状来回运动的虫体。

（2）死后。肝表面有中央稍凹陷的坏死灶，或有小坏死灶组成的大片斑驳样病灶区。盲肠为一侧或两侧出血性坏死性炎症，病变部的盲肠变硬、肿大，腔内堵塞干硬的干酪样栓子，镜检肝和盲肠坏死区附近有组织滴虫。

（3）鉴别诊断。本病与鸡球虫病有相似之处。组织滴虫病的主要症状为头面部皮肤呈紫蓝色或黑色，粪便稀而呈淡黄、呈淡绿色或呈血样，特症病变为特异性坏死性肝炎、出血性坏死性盲肠炎。而鸡球虫病主要症状是消瘦、贫血（冠和肉髯苍白）、血便，特症病变是出血性坏死性肠炎，肝脏无明显病变。此外，病原检查，组织滴虫病盲肠内容物镜检可见到活动的组织滴虫，而鸡球虫病盲肠内容物抹片镜检，可见到不同发育阶段的球虫卵囊。

5. 治疗

对鸡组织滴虫病可选用下列药物进行治疗。

痢特灵：按每千克体重 400mg 比例混入饲料内，连续喂服 7～10 天。

灭滴灵：按每千克体重 250mg 比例混入饲料内，每日 3 次，连用 5 天。

6. 预防

由于鸡异刺线虫在传播组织滴虫中起重要作用，因此有效的预防措施在于减少和杀灭异刺线虫虫卵。阳光照射和排水良好的鸡场可缩短虫卵的活力，因而利用阳光照射和干燥可最大限度地杀灭异虫线虫虫卵。雏鸡应饲养在清洁而干燥的鸡舍内，与成年鸡分开饲养，以避免感染本病。另外，应对成年鸡进行定期驱虫。鸡与火鸡一定要分开饲养。

四、鸡住白细胞虫病

住白细胞虫病又称白冠病，是由住白细胞虫侵害禽类血液和内脏的组织细胞而引起的一种原虫病，主要病变特点为内脏器官和肌肉组织广泛性出血及形成灰白色裂殖体结节。该病最初由 Mathiis 和 Legar 于 1909 年在越南北部发现。1980 年，张泽纪在广州地区通过分离出安氏住白细胞虫病原证实了该病在中国内地的存在。它以降低产蛋量，影响增重以及较高的发病率和死亡率，给养鸡业带来重大的经济损失。

1. 病原

住白细胞虫属于疟原虫科、住白细胞属的原虫。本属原虫有 60 多种，在我国已发现的住白细胞虫有卡氏住白细胞虫和沙氏住白细胞虫，其中以卡氏住白细胞虫为多见，国外报道有安氏住白细胞虫、西氏住白细胞虫及史氏住白细胞虫等。

卡氏住白细胞虫其形态分为裂殖体、配子体和子孢子。成熟的子孢子感染至鸡体内，子孢子在鸡的肝脏血管内皮细胞和肝实质细胞内增殖，形成裂殖体至第14~15天裂殖体破裂，释放出成熟的球形裂殖子。这些裂殖子可以再次进入肝实质细胞形成肝裂殖体，成熟后虫体可达45μm，也可被巨噬细胞吞噬发育为巨型裂殖体，其大小为400μm，或进入红细胞、白细胞开始配子生殖。肝裂殖体和巨型裂殖体可重复2~3代。

沙氏住白细胞虫成熟的配子体为长形，宿主细胞呈纺锤形，宿主的胞核被虫体挤向一侧或挤向虫体的两侧而呈半月状，围绕着虫体的一侧。被寄生的白细胞两端有梭形突起，远端如丝，大配子体的大小为22μm×6.5μm，呈深蓝色，色素颗粒密集，褐红色的核仁明显。小配子体的大小为20μm×6μm，呈蓝色，色素颗粒稀疏，核仁不明显。

我国住白细胞虫病的病原主要为卡氏住白细胞虫和沙氏住白细胞虫。该病在我国广东、福建、上海、四川、山东、山西、辽宁、北京、河北等省市都有发生，特别是南方地区发病较为普遍，如四川省的乐山、邓峡、重庆等地常常呈大规模暴发。目前，我国包括台湾在内的20个省市先后报道本病。

各种住白细胞虫的生活史基本相同，住白细胞虫的生活史需中间宿主和终末宿主。家禽和鸟类为中间宿主，蠓、蚋为终末宿主。发育过程包括裂殖生殖、配子生殖、孢子生殖3个阶段：第一阶段及第二阶段的大部分在鸡体内完成（25天），第二阶段的一部分及第三阶段在库蠓体内完成（2~7天）。库蠓在吸血时，将唾液腺中的子孢子注入鸡体内，随血流到全身各脏器的血管内皮细胞内寄生，经发育而变为第一代裂殖体。这些裂殖体在感染后第3~6天可以从组织切片中找到。裂殖体成熟后，释放出裂殖子，并进入新的内皮细胞发育为第二代裂殖体。至此，裂殖生殖阶段完成。第二代裂殖体成熟后释放出的裂殖子有了性的变化，开始进入配子生殖阶段，其一部分在血细胞内形成雄性配子体；另一部分则形成雌性配子体，当库蠓吸血时，雌、雄配子体进入库蠓体内，并迅速发育成雌、雄配子，然后雌、雄配子休结合形成合子，开始了孢子生殖阶段的发育，最后形成卵囊，成熟的卵囊内含有大量的子孢子，并聚集于库蠓的唾液腺中，在库蠓再吸血时，子孢子进入鸡体内而使鸡受感染，从此又开始新的生活周期。

2. 流行特点

不同品种和性别的鸡均有易感性，但本地鸡和乡村鸡对本病有一定的抵抗力，死亡率也较低；散养鸡的感染率高于舍养鸡；平养鸡的感染率高于笼养鸡；鸡的年龄与住白细胞虫的感染率呈正比例，而和发病率却呈反比。一般仔鸡（2～4月龄）和中鸡（5～7月龄）的感染率和发病率均较高，而8～12月龄的成年鸡或一年以上的种鸡，虽感染率高，但发病率不高，血液里的虫体也较大，大多数为带虫者。土种鸡对住白细胞虫病的抵抗力较强。

卡氏住白细胞虫的流行季节与库蠓的活动密切相关。库蠓的发育必须经过卵、幼虫、蛹和成虫4个阶段，在一年中因生活条件不同可繁殖2～5代。一般在气温20℃以上时，库蠓繁殖快，活动力强，该病的流行也严重。本病在日本多发于5～11月，我国广东、台湾多发于4～10月，严重发病见于4～6月，发病的高峰季节在5月。贵州为6～9月，而华中、华东地区则为6～11月。河南郑州、开封地区多发生于6～8月。在热带亚热带地区（如海南岛）全年均有发生。沙氏住白细胞虫的流行季节与蚋的活动密切相关，本病常发生在福建地区的5～7月及9月下旬至10月。

病鸡及带虫鸡常为本病感染源。本病主要为水平传播。而疾病的发生和流行与气候、地理位置、季节及传播媒介（蠓、蚋）

的活动密切相关。热带、亚热带地区，地势低洼地区。夏秋季节，蠓、蚋大量繁殖，大大增加了家禽感染住白细胞虫的机会。蠓和蚋在活动季节，每日有清晨和傍晚两次活动高峰。而鸡住白细胞原虫在鸡外周血液中具有昼夜周期性出没的规律，该规律恰与媒介的活动和吸血规律相关，有利于更多的配子体在媒介和鸡之间交流、繁殖，导致本病的广泛传播。

3. 临床表现与特征

该病主要侵害幼禽，且症状明显。轻者病鸡生前呈现鸡冠苍白，食欲减退，甚至厌食、乏力，嗜眠，肌肉运动失调，行走困难，倒地，喘气，眼眶周围发黄发绿，倒提病鸡时可从口腔流出淡绿色涎水，一般病症持续3天后可因出血而死亡。严重的病例可因咯血、呼吸困难而突然死亡。死前口流鲜血是最具有特征性的症状。耐过者由于血液中可带虫达数月，并出现精神不振，气管有湿性水泡音和咳嗽等症状，受逆境时个别死亡。公鸡对配偶兴趣不大。患鸡的红细胞、血红蛋白、白细胞等的总数减少，嗜酸性白细胞显著增多，单核细胞减少。

成年鸡感染本病后，因虫体侵入红细胞内寄生而引起贫血，临床上可见鸡冠苍白，拉水样白色或灰绿色稀粪等症状。

主要病变特点为内脏器官和肌肉组织广泛性出血及形成灰白色裂殖体结节。

病理剖检可见口流鲜血或口腔内积存血液凝块，鸡冠苍白，血液稀薄，全身性出血，尤其是肾、肺、肝、肌肉（胸肌和腿肌），有明显的出血斑或出血点。有时肾包膜下有大片的血块，以致大部分甚至整个肾脏被血块覆盖，肾脏苍白明显。此外，心脏、脾、胰、胸腺、肠胃、肌肉和肠道等器官都见有出血和积血。肝、脾变大2~3倍，有灰黄色坏死点。脑部脑膜和实质有点状充出血。肌肉和内脏器官有白色小结节，尤其是胸肌、腿肌、心肌最常见，结节与周围组织界限明显，镜检见小结节是裂殖体在肌肉内繁殖形成的聚集点。采取静脉血液或心血涂片以姬氏染色后,可发现裂殖子和各期的配子体。

4. 临床诊断

一般是根据流行病学、临诊症状及剖检变化作出初步诊断,再从病鸡的血液涂片、脏器触片或肌肉结节压片中找出病原体进行确诊,对于本病的快速诊断可采用血清学方法。

鉴别诊断:临床上许多疾病均表现血液稀薄,全身性内脏出血如鸡新城疫、禽霍乱霉菌病和磺胺药物中毒等。在该病的诊断中应与之相区别。鸡新城疫:口腔内多流出黏稠性液体,极少流出血液,其病理特点是在腺胃和肌胃交界处常见出血带。禽霍乱:其除具有全身出血变化外,凸出之处表现为肝脏肿大明显,并密布针尖大至粟粒大的黄白色坏死灶,镜检可发现两极着染的椭圆形菌体。曲霉菌病:可在气囊和气管表面见有霉斑,病灶涂片可见有曲霉菌。磺胺药物中毒:也表现为全身性出血,但其脾脏肿大,有出血性梗死和灰色结节区,心肌发生"漆刷"状出血,镜检无虫体。

5. 防治

发生本病以后,可采用下列药物治疗。

①复方泰灭净:0.01%拌料,连喂3天。

②Ektecin液:以0.002%~0.006%饮水,连用8天。

③磺胺喹恶啉:0.01%连喂1周。

④磺胺二甲氧嘧啶:0.4%~0.5%拌料,配以维生素A、维生素K进行治疗,用3~5天。

⑤盐霉素:0.01%拌料,连喂7天,蛋鸡禁用。

⑥复方敌菌净:0.1%拌料,连喂7~10天。

⑦氨丙琳:0.025%拌料,连用5天。

⑧克球粉:0.025%拌料,连用5天。

⑨痢特灵:0.004%~0.006%拌料,连喂5天。

⑩乙胺嘧啶：0.0025%~0.003%拌料，连喂1周。

⑪痢特灵0.004%与磺胺二甲氧嘧啶0.004%分别饮水和拌料，连喂7天。

6. 预防

鉴于本病的发生具有明显的季节性，集中发生于库蠓和蚋活动猖獗之时，因此应于每年4~10月做好本病的防范工作，目前主要采取灭蠓、蚋和药物防治等措施。但近年来在本病的免疫预防和抗病育种方面也进行了许多有益的探索。

（1）药物预防。目前，认为在库蠓活动季节经饲料或饮水给药，是预防本病最有效的方法。

（2）防止库蠓进入鸡舍。

①鸡舍建筑应在高燥、向阳、通风的地方，远离垃圾场、污水沟、荒草坡等库蠓滋生、繁殖的场所。

②在流行季节，鸡舍的门、窗、风机口、通风口等要用100目以上的纱布封起来，以防库蠓进入鸡舍。

③库蠓出现的季节，鸡舍周围堆放艾叶、蒿枝、烟秆等闷烟，以使库蠓不能栖息。

（3）灭蠓。库蠓的栖息场所是农田、水沟等处，栖息范围广，故疫源地尚难消灭；其次库蠓较小，体长1~3mm，容易通过防虫网，制止成虫侵入鸡舍尚难做到。由于成虫在白天或吸血前后有在鸡舍的柱上、墙壁表面、墙缝等处静止休息的习性，所以可在这些场所定期喷洒低毒性杀虫剂。常用杀虫剂有拟除虫菊酯类、氯苯甲酸酯及有机磷类，使用浓度为0.01%~0.05%，此外，对鸡舍内外的粪便、污水、杂草或灌木丛也要及时清除干净。

（4）及时淘汰病鸡。住白细胞虫需要在鸡体组织中以裂殖体的形式越冬，故可在冬季对当年患病鸡群予以彻底淘汰，以免来年再次发病，扩散病原。

（5）免疫预防。有人研究发现，卡氏住白细胞虫感染鸡后7~13天，取脾脏匀浆给鸡接种，再采用一定数量的住白细胞虫子孢子攻击，结果发现有部分鸡只可不受感染。说明病鸡脾脏匀浆有一定的免疫原性，可激发机体产生特异性免疫保护力。

第二节　蠕虫病

一、鸡蛔虫病

鸡蛔虫病是由鸡蛔虫寄生于禽类如鸡、珍珠鸡、火鸡、鸭、雉鸡、鹧鸪等小肠所引起的线虫病。特征性病变为小肠黏膜上皮缺损、出血或出现溃疡，呈现以嗜酸性白细胞为主的炎症反应和肉芽肿的形成，肠壁可形成粟粒大结节。

1. 病原

鸡蛔虫属于禽蛔科、禽蛔属。鸡蛔虫为鸡体内最大的寄生虫，头端有3片唇。雄虫长26.0~76.0mm，尾端有一个圆形或椭圆形并围以角质环的肛前吸盘，交合刺一对等长。雌虫长65.0~110mm，阴门位于虫体中部。虫卵呈椭圆形，壳厚而光滑，深灰色，大小为（70~92）μm×（47~57）μm。新排出的虫卵含一个未分裂的卵胚细胞。

鸡蛔虫生活史简单，属直接发育型。雌虫在小肠内产卵，卵随粪便排出体外，在有氧及适宜的温度和湿度下，经17~18天卵内形成幼虫，即感染性虫卵，此卵内含有第二期幼虫；此虫卵随着食物和饮水被鸡吞食，幼虫在腺胃和肌胃内破壳而出，进入十二指肠停留9天，在此期间进行第二次蜕皮，变为第三期幼虫；第十天开始移行到肠绒毛深处，并钻进肠黏膜内发育，进行第三次蜕皮，变为第四期幼虫，并引起出血；第17~18天时幼虫重返肠腔，进行第四次蜕皮，变为第五期幼虫，直接生长发育为成虫。从感染开始到发育为成虫所需时间为 35～58 天。

虫卵对外界环境因素和常用消毒药物抵抗力强，感染性虫卵在土壤内可保持 6 个月的生活力，但对干燥与高温（50℃）甚敏感，特别在阳光直射、沸水处理和粪便堆沤等情况下，可使之迅速死亡。虫卵在 19～39℃ 和 90%～100% 相对湿度时，易发育至感染期，相对湿度低于 60% 时，不易发育。在 20℃ 时发育到感染期需 17～18 天，25℃ 时需 9 天，30℃ 时需 7 天，35～39℃ 时需 5 天，45℃ 时虫卵在 5 分钟内死亡。在严寒季节，经 3 个月冻结，虫卵仍不死亡。3～4 月龄的雏鸡易于感染，病情也较重。雏鸡体内只要有 4～5 条、幼鸡体内只要有 15～25 条成虫寄生即可发病。超过 5～6 月龄的鸡抵抗力较强，1 岁以上的鸡为带虫者。饲养条件与易感性有密切关系。饲料中动物性蛋白含量多，营养价值完全时，可使鸡有较强的抵抗力；如动物性蛋白不足，或饲料配合过于单纯，饲料利用率不高时，可使鸡的抵抗力降低；含有足够维生素 A 和维生素 B 的饲料，亦可使鸡具有较强抵抗力，特别是维生素 A 与本病关系尤为密切。据试验，当雏鸡获得正常量维生素 A 时，每只雏鸡平均有蛔虫 11 条，虫体平均长度有 6mm；没有获得足够量维生素 A 时，每只雏鸡平均有蛔虫 50 条，虫体平均长度为 49mm。获得正常量维生素 B_1 的雏鸡，每只平均有 4 条蛔虫；未获得正常量维生素 B_1 的雏鸡，每只平均有 13 条蛔虫。试验证明，当雏鸡只获得少量维生素时，其体内的蛔虫数量较正常营养的雏鸡为多，虫体也较大。

2. 致病作用

幼虫发育时在腺胃和肌胃内破壳而出进入肠道，侵入肠黏膜，可损伤肠绒毛，破坏肠腺，使肠黏膜出血和发炎，并易招致病原菌继发感染；成虫大量聚集于肠道，相互缠结成团，引起肠阻塞，严重时可使肠管破裂，并可出现失血、血糖浓度降低、尿酸盐含量增加、胸腺萎缩、生长受阻、死亡率增高；蛔虫在肠道内寄生，以半消化物质为食，夺去宿主大量营养，尤其是产卵期的雌虫更需吸取更多的营养物，才能促进虫卵的成熟与排出，致使宿主日益瘦弱，降低宿主机体的抗病能力；蛔虫在寄生生活中所产生的代谢产物和体液，对患禽机体呈现慢性中毒，使雏鸡发育迟缓，母鸡产蛋量下降。鸡蛔虫还可通过与其他疾病如球虫病和支气管炎的相互作用即协同作用产生有害的影响，并能携带、传播禽的呼肠孤病毒。

3. 临床表现与特征

蛔虫病的临床症状明显与否与家禽年龄、体质及感染强度不同而有密切关系。一般幼雏受害严重、症状明显，成年鸡受害较轻，往往不呈症状而成为带虫者，成为该病的感染源。雏鸡常表现为生长发育不良，精神萎靡，行动迟缓，常呆立不动，翅膀下垂，羽毛松乱，鸡冠苍白，黏膜贫血。消化机能障碍，食欲减退，下痢和便秘交替，有时稀粪中混有带血黏液，以后渐趋衰弱而死亡。重度感染的成年鸡仅表现为下痢，产蛋量下降和贫血等。

小肠黏膜有虫体所致的损伤，黏膜上皮缺损、出血或出现溃疡。肠黏膜发生卡他性炎症，有时呈现纤维蛋白性或出血性炎症。由于全身性中毒现象波及全身各个系统，以至整个消化道均呈明显病理现象，表现为肠黏膜下或浆膜下淤血水肿，有嗜酸性白细胞、淋巴细胞、多核巨细胞浸润，黏膜上皮发生黏液变性。移行中的幼虫钻入黏膜，可形成结节，呈粟粒大、微红色，内含幼虫，长约1.0mm，引起肠黏膜炎症、水肿、充血、出血等在肝、肺、淋巴结、肾脏等处有时可发现迷路的幼虫及其所形成的寄生性结节、钙化灶及结缔组织增生现象。重症病例有时发生肠管堵塞现象，肠壁菲薄，黏膜萎缩、淤血，严重者可引起肠破裂、腹膜炎等。

4. 临床诊断

流行病学资料和症状可作参考，饱和盐水漂浮法检查粪便发现大量虫卵，或尸体剖检在小肠，有时在腺胃和肌胃内发现有大量虫体可确诊。

5. 治疗

对禽线虫病进行全群驱虫。我国目前尚无禽类驱虫药物使用的严格规定，但在选择药物时应避免引起病禽的中毒，或因使用药物而造成禽类产品的药物残留。

驱蛔灵（拘橡酸哌嗪）：以 1% 水溶液任其饮用，或以每千克体重 200mg 混入饲料。

磷酸左咪唑：以每千克体重 20 ~ 25mg 一次性口服。

噻苯唑：以每千克体重 500mg 一次性口服。

丙硫苯咪唑：以每千克体重 10 ~ 20mg 一次性口服。

潮霉素 B：按 0.000 88% ~ 0.001 32% 混入饲料。

6. 预防

现代化养禽场，特别是肉鸡的封闭式饲养方式与蛋鸡的笼养方式，禽蛔虫的感染种类和数量已大为减少，它对养禽业已不构成重要的威胁。但在广大农村，采用旧式的平养方式的养禽场，禽蛔虫和其他寄生虫的感染仍相当严重，因此，必须加以预防。

对于禽蛔虫病，较好的控制措施在于搞好环境卫生，严格执行清洁卫生制度，及时清除粪便并堆集发酵；处理土壤主垫料以杀死虫卵是行之有效的。另外，应将幼禽和成年禽分开饲养。在禽蛔虫病流行的养禽场，应实施预防性驱虫，每年 2 ~ 3 次；发现病禽，及时用药治疗。

二、毛细线虫病

鸡毛细线虫病是由毛首科、毛细线虫属的线虫寄生于鸡消化道所引起的一种寄生虫病，以食欲缺乏，精神萎靡，消瘦，肠卡他性或伪膜性炎症为特征。

1. 病原

禽毛细线虫包括毛首科毛细线虫属的多种线虫。这些虫体细小，呈毛发状，其体前部短于或等于体后部，且稍细。前部为食道部，为一串单细胞重叠构成，后部为体部，内含肠管和生殖器官。雄虫后端卷曲，有一根交合刺和一个交合刺鞘，有的无交合刺，只有刺鞘。雌虫后端钝直，肛门开口于末端，阴门位于前后部连接处。虫卵呈椭圆形桶状，两端呈瓶口状，具有卵塞，内含未发育的卵胚。

毛细线虫的寄生部位较为严格，可以根据其寄生部位对虫种作出初步判断，常见的有：

有轮毛细线虫：前端有一膨大的角皮。雄虫长 15～25mm，雌虫长 25～60mm，虫卵大小为（55～60）μm×（26～28）μm。主要寄生于鸡的嗉囊和食道黏膜。

鸽毛细线虫：雄虫长 8.6～10mm，尾部两侧有铲状的交合伞。雌虫长 10～12mm，虫卵大小为（48～53）μm×24μm。主要寄生于鸡的小肠黏膜。

膨尾毛细线虫：雄虫长 9×14mm，食道部约占虫体的一半，尾端有一膨大的类圆形伞膜，膜中左右各有 1 个弯曲肋支持，交合刺一根，交合刺鞘的近端部生有细小的小刺。雌虫长 14～26mm，食道部约占虫体的 1/3，阴门开口于一个稍膨隆的突起上，并由发达的角膜覆盖。虫卵大小为（49～56）μm×（24～28）μm，壳厚，有细的刻纹。主要寄生于鸡的小肠黏膜。

有伞毛细线虫：雄虫长 11～20mm，交合刺一根，鞘上无刺，交合伞圆形。雌虫长 16～35mm，阴门有两个半圆形瓣，虫卵大小为（54～62）μm×（22～24）μm，卵上有细的纵脊。主要寄生于鸡的小肠黏膜。

捻转毛细线虫：雄虫长 8～17mm，尾端有 2 个侧背隆起，交合刺鞘上布满细发样小刺。雌虫长 15 ~ 60mm，阴门部稍呈圆形隆起，虫卵大小为（44 ~ 46）μm×（22 ~ 29）μm。主要寄生于鸡的食道和嗉囊，有时在口腔黏膜内。

毛细线虫的生活史有直接型和间接型两种。鸽毛细线虫和捻转毛细线虫属直接发育型，终末宿主吞食了感染性虫卵后，幼虫进入十二指肠黏膜发育，在感染后的 20 ~ 26 天肠腔内可见到成虫，其寿命为 9 个月。有伞毛细线虫、有轮毛细线虫和膨尾毛细线虫需要蚯蚓如异唇蚓、赤子爱胜蚯蚓作为中间宿主，性成熟雌虫产卵随宿主粪便排出体外，落于土壤中，被蚯蚓吞食，在温度 16℃经 3 周或在 22 ~ 27℃经 11 ~ 17 天，发育为感染性虫卵，卵内幼虫为 2 期幼虫。含有该虫卵的蚯蚓被禽啄食，幼虫释出侵入特定部位，如有轮毛细线虫的幼虫在嗉囊和食道内钻入黏膜，经 19 ~ 26 天发育为成虫，鸽毛细线虫的幼虫在小肠中钻入黏膜，经 22 ~ 28 天发育为成虫，有伞毛细线虫则经 20 ~ 26 天发育为成虫。

本病在我国主要发生于北京、甘肃、河北、陕西、江苏、湖南、福建、广西壮族自治区（以下简称广西）、台湾等省（市、地区）地。英国、美洲也有发生。

2. 临床表现与特征

这些线虫在寄生部位掘穴，造成机械性和化学性的刺激，患禽表现食欲缺乏，精神萎靡、贫血、消瘦、头下垂，间隙性下痢，常做吞咽动作。严重感染时，生长停止，雏禽和成年禽均可发生死亡。鸽感染时，由于嗉囊膨大，压迫迷走神经，可引起呼吸困难、运动失调和麻痹而死亡。

虫体轻度感染时，嗉囊和食道壁只有轻微的炎症和增厚，严重感染时，则增厚与发炎显著，并有黏液脓性分泌物和黏膜的溶解、脱落或坏死，绒毛缩短及固有层发炎等病变，食道和嗉囊壁出血，棘细胞层肥厚及出现轻度至重度的炎症，黏膜中有大量虫体，在寄生部位有不明显的虫道，该区可发生严重坏死。肠道脱落、坏死的黏膜与分泌物最后形成伪膜，覆盖于黏膜上。组织学观察，嗉囊、食道黏膜开始阶段为带有淋巴细胞浸润的充血，接着形成黄白色结节，出现淋巴细胞和其他细胞的明显浸润，黏膜出现坏死过程，淋巴滤泡明显增大。

3. 临床诊断

线虫病的诊断较为简单，可根据以下两个方面进行综合判断。

剖检病禽，以发现虫体和相应的病变。

粪便检查，以发现大量虫卵。

4. 防制

哈乐松：每千克体重25~50mg，可驱除全部毛细线虫。

噻苯唑：以0.1%混入饲料，或每千克体重1g给予。

左咪唑：每千克体重25mg混入饲料。

甲苯咪唑：按每千克体重20~30mg，一次内服。

甲氧啶：按每千克体重200mg，用灭菌蒸馏水配成10%溶液，皮下注射。

搞好环境卫生；勤清除粪便并作发酵处理；消灭禽舍中的蚯蚓；对禽群定期进行预防性驱虫。

三、鸡绦虫

鸡绦虫病是由多种绦虫寄生于小肠前段（十二指肠）引起的，雏鸡感染后可引起大批死亡，成年鸡感染后，呈现营养不良、贫血、消瘦、下痢、中毒、产蛋率降低或停产等症状。其病理变化为肠黏膜肥厚，肠壁呈结节样病变。

1. 病原

我国常见的家禽绦虫主要有戴文科的赖利属、戴文属和卡杜属，膜壳科的膜壳属、剑带属和皱褶属，囊宫科的漏斗带属、变带属等属的绦虫。

四角赖利绦虫寄生于鸡的小肠后段，虫体大小为（25×0.1）cm～0.4cm，为体型最大的一种。顶突上具有90～100个小钩，排成一圈，顶突常缩在其后的吻囊内。4个吸盘呈长椭圆形，上有8～10圈小棘，呈斜状排列，但有时脱落。睾丸20～40个。卵巢分小叶排成扇形。孕节内有卵袋50～100个，每个卵袋含虫卵6～12个。虫卵直径25～50μm。

棘沟赖利绦虫寄生于鸡的小肠，虫体大小为25cm×（1～4）cm。顶突上具有200个小钩，排成两圈，吸盘呈圆形，上有8×14列小棘，其约比四角赖利绦虫的小棘大2倍。睾丸28×45个。卵巢形状同上。孕节中有55～147个卵袋，每一卵袋含虫卵6～12个。虫卵直径25～50μm。

有轮赖利绦虫寄生于鸡的小肠。虫体大小为4.0～11.8cm，头节大，具有一个轮盘状顶突，突出于前端，上有400～500个小钩，排成两圈。吸盘较小，与顶突比为1:3，吸盘无棘。睾丸15～30个，每个孕节有70～80个卵袋，每一卵袋只含1个虫卵。虫卵大小为34～42μm。

节片戴文绦虫寄生于鸡的十二指肠弯曲部。虫体大小为（0.5～3）mm×（0.15～0.18）mm，仅由4×9个节片组成。头节小，顶突上有60×95个小钩，排成两圈。吸盘上有6×9列小棘。睾丸12×15个。虫卵单个散在于孕节实质内，直径为28～40μm。

双性孔卡杜绦虫寄生于鸡的小肠内。虫体大小为（166～192）mm×5.94mm。所有节片宽大于长。每个节片内含有两组生殖器官。顶突上有2列300个小钩，吸盘无小棘。睾丸136×163个。卵巢与卵黄腺呈瓣状，子宫早期在成熟节片中上半部，呈树枝状分枝，孕节子宫扩张至整个片，分枝呈网状甚至融合成囊状，内含许多卵袋，每个卵袋只含1个虫卵。

鸡有钩绦虫虫体大小为 0.5cm×1.5cm，约有节片 300 个，顶突上有 10 个单列大钩。吸盘无棘。睾丸 3 个，卵巢分叶多，呈扇形。卵黄腺由多个短叶组成。初期子宫呈分枝的横管，成熟子宫为袋状并分瓣。

线样膜壳绦虫寄生于十二指肠，主要见于鸡，故又称鸡膜壳绦虫。虫体大小为 30～60mm，细似棉线，头节细小，吸盘发达，顶突退化无钩。睾丸 3 个，呈三角形排列。卵巢位于节片中央，呈囊袋状，卵黄腺在其正后方，呈长条状，少数有分叶。虫卵大小为（59.8～68.4）μm×（49.3～54.8）μm。

分枝膜壳绦虫寄生于家禽十二指肠黏膜。虫体大小为 5mm×15mm×0.6mm，所有节片宽大于长。头节呈锥形，顶突细长，有 10 个小钩。吸盘无棘，颈节不明显。睾丸 3 个、粗大呈卵圆形，成直线横列于节片中后部。卵巢分两叶，卵黄腺呈长卵圆形，位于卵巢中央后面，孕节的子宫呈袋状，内含多个虫卵。虫卵大小为（48～60）μm×（32～45）μm。

楔形变带绦虫寄生于家禽的小肠。虫体大小为（1.013～3.30）mm×1.793mm，共有 13～21 个节片，整个虫体呈长楔形。顶突呈圆锥形，上有 12～24 个小钩。睾丸 11～21 个，横列于节片后缘，子宫呈囊状而稍分叶，卵巢分两叶位于节片中央。虫卵大小为（42.2～45.8）μm×（37.0～40.5）μm。

小睾变带绦虫寄生于鸡小肠。虫体大小为 1.9mm×3.3mm×1.25mm，节片共 20～40 个。虫体外观呈锥形。头节前端呈钝圆形，顶突可伸缩，呈圆锥形，上有 12 个小钩。睾丸较少，有 5～9 个，分布于节片后缘，呈横列。雄茎囊粗大，弯曲如茄子。卵巢呈长囊状的两瓣，每瓣外周有盲状突起，位于睾丸上方。卵黄腺呈椭圆形的块状。子宫呈横管状，位于节片前缘，孕节子宫扩张呈横囊状。虫卵大小为 27μm×43μm。

禽绦虫的发育过程基本相似，不同之处在于其所需中间宿主有所差异。有轮赖利绦虫是最常见的绦虫之一，故以其为例说明禽绦虫的发育过程。

鸡有轮赖利绦虫的中间宿主 Ackert（1918 年）首先报道为家蝇此后陆续证明有 10 个科 100 余种甲虫，特别是步行虫科可作为中间宿主。1985 年苏新专、林宇光证明了赤拟谷盗为我国有轮赖利绦虫的中间宿主。孕节或虫卵随粪便排入外界，被中间宿主吞食，其发育一般要经历六钩蚴期、原腔期、囊腔期、头节形成期、似囊尾蚴期等五期。禽类吞食了含有似囊尾蚴的中间宿主，中间宿主在消化道内被消化，似囊尾蚴逸出，头节外翻，用吸盘和顶突固着于小肠壁上，颈节不断产生节片，发育为成熟的绦虫。

2. 流行特点

该病主要流行因素为中间宿主种类较为广泛，提供了有利的传播条件；病禽排孕节持续周期长，排出的孕节能蠕动于粪便表面，虫卵有较高的生活力，生活史周期较短，在适宜的季节（27℃），从虫卵感染到似囊尾蚴发育成熟，再感染家禽到成虫再排卵，前后不过 1 个多月，这些有利因素是本病流行的主要条件。

家禽的绦虫病分布十分广泛，危害面广且大。感染多发生在中间宿主活跃的 4～9 月。各种年龄的家禽均可感染，但以雏禽的易感性更强，25～40 日龄的雏禽发病率和死亡率最高，成年禽多为带虫者。饲养管理条件差、营养不良的禽群，本病易发生和流行。

患禽及带虫禽均可作为该病的感染源，以消化道感染。

3. 临床表现与特征

病鸡羽毛蓬乱、精神沉郁，不喜运动，久之出现贫血，高度衰弱和渐进性麻痹而死亡。轻度感染则发育受阻，产蛋率降低或停产。鸭鹅严重感染时，还出现突然倒向一侧，行走不稳，有时伸颈、张口、摇头，然后仰卧，两脚作划水状等神经症状。

病禽贫血黄疸，小肠内可发现虫体。肠黏膜肥厚，肠腔内有多量黏液，恶臭，黏膜黄染。肠壁呈结节样病变，结节中央有粟粒大的凹陷，其内有虫体或黄褐色干酪样栓塞物。陈旧病变时于浆膜面可见疣状结节。

4. 临床诊断

在粪便中可找到白色米粒样的孕卵节片，在夏季气温高时，可见节片向粪便周围蠕动，取此类孕节镜检，可发现大量虫卵。对部分重病鸡可作剖检诊断。

5. 防治

驱虫可用下列药物：

丙硫咪唑：每千克体重 20 ~ 30mg，一次内服。

硫双二氯酚：每千克体重 150 ~ 200mg，内服，隔 4 天同剂量再服一次。

氯硝柳胺（灭绦灵）：每千克体重 100 ~ 150mg，一次内服。

对鸡群进行定期驱虫，及时清除鸡粪并作无害化处理；雏鸡应放入清洁的鸡舍和运动场上，新购入的鸡应驱虫后再合群；鸡舍内外应定期杀灭昆虫。

四、吸虫

吸虫为扁叶状蠕虫，属于扁形动物门，吸虫纲。有消化系统，不分节。吸虫需软体动物类做中间宿主，许多种类还需要第二个中间宿主，中间宿主的数目和种类因虫而异。成虫几乎可侵入禽类所有的体腔和组织。

1. 病原

吸虫成虫呈扁平的卵圆形，体表有小棘。虫体大小在 0.3 ~ 75mm。一般为淡红色、棕色或乳白色。通常有两个肌质杯状吸盘：一个为口吸盘，环绕口孔；另一个为腹吸盘，位于虫体腹部。腹吸盘的位置前后不定或缺失。生殖孔通常位于腹吸盘的前缘或后缘处。排泄孔在虫体的末端，无肛门。排泄管的排列方式是吸虫的分类特征。感染鸡的主要有东方次睾吸虫，前殖吸虫，棘口吸虫等。发育过程经过虫卵、毛蚴、胞蚴、雷蚴、尾蚴、囊蚴和成虫各期。

东方次睾吸虫，主要寄生于鸡的肝脏胆管或胆囊内。在我国黑龙江、吉林、北京、天津、上海、安徽、江苏、浙江、福建、台湾、江西、广东、广西等省市均有报道。需要两个中间宿主：第一中间宿主为纹沼螺，第二中间宿主为麦穗鱼、爬虎鱼等。囊蚴主要寄生在鱼的肌肉和皮层。终末宿主吞食含囊蚴的鱼类而感染。感染后 16～21 天粪便中出现虫卵。

棘口吸虫，主要寄生于直肠、盲肠，偶见于小肠。需要两个中间宿主：第一中间宿主为淡水螺，第二中间宿主为淡水螺或蝌蚪。

前殖吸虫，前端较狭窄，后端宽圆，外观呈梨形。寄生在鸡的直肠、输卵管、法氏囊和泄殖腔。成虫在鸡的输卵管或直肠内产卵，虫卵随粪便排出体外，落入水中，被第一中间宿主淡水螺吞食，在其体内孵化为毛蚴，毛蚴最后发育成许多尾蚴，尾蚴离开螺体进入水中。如遇到第二中间宿主蜻蜓幼虫，即钻入其体内发育成囊蚴，留在蜻蜓体内，当鸡啄食了含有囊蚴的蜻蜓，就会发生感染，在鸡消化道内，囊蚴的囊壁被消化，幼虫逸出，并移支到输卵管、腔上囊或直肠中，发育成为成虫。

2. 流行特点

本病在野生禽之间的流行常构成自然疫源，带虫鸡是本病的主要污染源。该病呈地方性流行，在江河湖泊、低洼潮湿、淡水螺滋生、蜻蜓繁殖地区易发生。吸虫的流行有一定季节性，如前殖吸虫，它和蜻蜓出现的季节相一致，5～6 月蜻蜓的幼虫在水旁聚集，爬到水草上变为成虫，在夏秋季节或阴雨过后，家禽捕食蜻蜓时最易感染。

3. 临床特征与表现

东方次睾吸虫，患病动物肝脏肿大，或有坏死结节。胆管增生变粗。胆囊肿大，囊壁增厚，胆汁变质。轻度感染不表现临床症状，严重感染时不仅影响产蛋，而且希望率也较高。患禽精神萎靡，食欲缺乏，羽毛粗乱，两腿无力，消瘦，贫血，下痢，粪便呈水样，多因衰竭而死亡。

棘口吸虫，由于虫体吸盘、头棘和体棘的刺激，肠黏膜被破坏，引起肠炎、肠道出血和下痢。虫体吸收大量营养物质并分泌毒素，是病禽消化机能发生障碍，营养吸收受阻。病禽食欲减退、下痢、消瘦、贫血、发育受阻，严重感染可致死亡。

前殖吸虫，病初无明显症状。病情严重时，食欲缺乏，消瘦，精神委顿，羽毛粗乱，泄殖腔及腹部羽毛脱落，常蹲伏平地作产蛋姿势。有些病鸡体温升高，腹部膨大，有痛感，有的病鸡从泄殖腔排出白灰色粪便，步态不稳，两腿叉开，泄殖腔翻出，充血潮红，严重时全身衰竭而死。未混合感染其他疾病时，死亡率不高。

4. 诊断要点

遇有可疑病鸡，可取泄殖腔排泄物镜检，观察有无虫卵。或剖检病鸡，找到虫体即可确诊。

5. 预防

（1）有计划检查鸡群，根据发病季节进行预防性驱虫，发现病鸡立即隔离、治疗。在蜻蜓出现季节，避免在清晨或傍晚及阴雨天后到池塘、水田处饲放鸡群，防止鸡捕食蜻蜓及幼虫而感染，消灭淡水螺等中间宿主。

（2）鸡的粪便要及时清除并经堆积发酵等处理杀死虫卵，特别是驱虫后的粪便更需进行无害化处理，防止虫卵进入水中，以切断其生活循环。

（3）预防性驱虫可选用低毒、安全的驱虫药。常用伊维菌素预混剂按每千克体重0.2mg，混合在饲料中投喂，连用5天。

（4）槟榔煎汁，每千克体重0.1~1g，即将槟榔片5g加水100mL，煮沸半小时，约余下75mL，用纱布滤去粗渣，按体重灌注。

6. 治疗

丙硫苯咪唑：一次量，每千克体重20~30mg，混料喂服。

伊维菌素注射液：皮下注射，一次量，每千克体重0.2mg（以伊维菌素计量）。

阿苯达唑：内服，一次量，每千克体重15mg。

芬苯达唑粉：3个月驱虫一次，每吨饲料拌入本品700g，连喂7天。

硫双二氯酚：每千克体重0.1~0.2g，混料饲喂。

六氯乙烷：每只0.2~0.5g，拌料，每天1次，连喂3天。

吡喹酮：500只鸡喂20g，早晨1次口服。

第三节　蜘蛛昆虫病

一、虱

鸡虱种类很多，已经发现的就有40余种，常见的有鸡体虱，鸡羽虱，头虱等。每种鸡虱对宿主和寄生部位均具有一定的特异性，而一种宿主同时有数种鸡虱寄生，在鸡群中也极为普遍。临床上以病鸡表现不安、剧痒、消瘦、高度接触性传播为特征。

1. 病原

鸡虱的体形很小，长0.5~10mm，体形宽短或柱状，呈淡黄色或灰色，体扁平，无翅，共同特点是分头、胸、腹3部分。头端钝圆，其宽度大于胸部。咀嚼式口器。1对触角，由3~5

节组成，眼退化。胸部分前胸、中胸和后胸，中、后胸常有不同程度愈合，每一胸节上着生 1 对足，足粗短，爪不发达。腹部由 11 节组成，最后节数常变成生殖器。雄性尾端钝圆，雌性则呈分叉状。

鸡虱是鸡体表上的一种寄生虫，全部生活史都离不开鸡的体表。鸡虱所产的卵常集合成块，固着在羽毛的基部，依靠鸡的体温孵化，经过 5~6 天变成幼虱，形态与成虱相似。鸡虱离开宿主只能存活 3~5 天。鸡群过于拥挤，很容易互相感染。此外，该病还可以通过公共的用具和垫草等间接传播，如饲养管理和卫生条件差的禽群，羽虱感染往往比较严重。野鸟也能污染场地而感染禽群。羽虱主要靠直接接触来传播，一年四季均可发生，但冬季较为严重。

2. 临床表现与特征

鸡虱终生不离开宿主，主要是啃食宿主羽毛、绒毛和表皮鳞屑，可引起皮肤发痒和损伤，少量感染危害不大。鸡虱的繁殖很快，能迅速蔓延整个鸡群。鸡虱主要寄生在鸡的肛门下部，严重时可发展到腹部、胸部和翅膀下面。鸡虱以羽毛的羽小枝为食，还可损害表皮，吸食血液，刺激皮肤而引起发痒不安。羽干虱多寄生在羽干上，咬食羽毛和羽枝，致使羽毛脱落；头虱主要寄生在鸡头颈的皮肤上，常造成秃头。

当患鸡身上鸡虱很多时，由于发痒，常啄破鸡肉，使鸡精神不振，睡眠不好、不爱吃食、逐渐消瘦、羽毛脱落、产蛋下降。鸡虱对幼雏危害最重，常使雏鸡生长发育停止，严重时可使雏鸡死亡。秋冬季节，鸡的绒毛较密，体表温度高，鸡虱较易繁殖，因此，应注意鸡舍内外的环境卫生。

3. 诊断

根据禽体发痒，经常梳啄羽毛并折断、脱落等症状，检查鸡体的羽毛和皮肤，尤其是检查肛门和翅膀下面，可发现体表羽毛或毛根上发现淡黄色或灰色的羽虱，在羽毛和羽毛基部可见到成簇的卵。

4. 预防

在驱杀鸡虱时，不管用哪种方法，必须同时进行鸡舍及用具的杀虫和消毒。

（1）保持环境卫生。鸡舍要经常保持清洁、干燥、通风、透光，定期消毒杀虫，保持适宜的饲养密度，防止麻雀等野鸟进入鸡舍。

（2）做到隔离治疗。发现病鸡应立即隔离治疗，以防止本病蔓延。在治疗病鸡的同时，应用药物彻底消毒圈舍。最有效的方法，是在鸡舍闲置时，首先把鸡舍清扫干净，焚烧垃圾，以防污染周围环境。然后用杀虫剂喷撒圈舍内外，并适当密闭鸡舍。墙壁和地面再用火碱水消毒，也可起到杀死鸡虱的目的。

（3）应用药物定期驱虫。每年对全场的鸡定期使用阿维菌素进行驱虫，可获得一次用药同时驱杀体内、外寄生虫的效果。

5. 治疗

鸡虱是一种永久性寄生虫，从虫卵到成虫都生活在鸡的体表。灭虱时，要对鸡体和鸡舍同时进行药物驱虫，必须使药物直接接触到羽体本身，才能将其杀死。药物对虱卵无杀灭效果，虱卵的孵化期不超过10天，因此，需要在10～15天用药2次，才能彻底消灭羽虱。

（1）喷粉法。把杀虱药装在喷粉器或一端有许多小孔的纸罐内，将药粉撒在鸡虱寄生的部位即可，杀虱药有0.15%敌百虫粉、4%的马拉赛昂、0.15%的蝇毒磷等。

（2）水浴法。用5%的溴氰菊酯原液加水2 000倍稀释，对患鸡进行药浴，一次即可杀灭鸡虱；或用0.77%的氟化钠温水给鸡洗澡，药液温度以27～38℃为宜，注意使羽毛湿透，即可达到彻底灭虱的效果。

（3）中药法。用百部 1kg 加水 50kg，煎煮 30 分钟，用纱布滤出药液。药渣中再加水 35kg，煎煮 30 分钟，过滤。混合两次药液，可供 400 只鸡灭虱用 1 次。喷雾或浸浴应在温暖季节进行，应使羽毛被药液充分湿透。药液应保持 37～38℃温度。选择晴天对患鸡进行药浴，药浴时抓住鸡的双翅，将鸡全身浸入药液，浸透羽毛后提起鸡，沥去药液。第二天用同法再药浴 1 次，彻底杀灭鸡虱。值得注意的是，第一次治疗后，间隔 10 天再治疗 1 次，可杀死新孵出的幼虱。

（4）气浴法。用烟草片泡水（4∶10），喷洒鸡舍内的栖架、用具，然后把鸡舍关严，不让蒸气跑掉。晚上把鸡关在鸡舍内，连续 2 个晚上就能杀虱。

（5）砂浴法。在鸡运动场建一个方形浅池，如鸡只数量少可准备一个大盆，在室内可放置一砂浴箱，将硫磺按 1∶10 的比例混在沙子里并充分拌匀，铺在浅池里，厚度以 10～20cm 为好，让鸡自行沙浴，消灭鸡虱。

（6）喷雾法。可用 10% 二氯苯醚菊酯加 5 000 倍水或用灭蝇灵加 4 000 倍水，用喷雾器对鸡逆毛喷雾，全身都要喷到，然后喷鸡舍。

可按使用说明书投服阿维菌素或伊维菌素。服后 1～2 小时，再用上述药带鸡喷雾，7 天后重复 1 次。

二、跳蚤

鸡跳蚤也是鸡常见的一种体外寄生虫。寄生后引起鸡的皮肤红疹，奇痒发炎，贫血消瘦。跳蚤常见于种鸡和育成鸡舍。

1. 病原

跳蚤，虫体小、无翅，身体左右扁平，棕褐色，头三角形，触角 3 节，较短。欧洲鸡蚤，即鸡角叶蚤或鸡蚤，是巢穴蚤，在鸡舍和野生鸟类巢中相当常见，曾报道侵袭几十种禽类。鸡蚤可结茧，化蛹，蜕皮发育到成虫阶段，春天温度升高和机械破坏启动成虫从茧中逸出。鸡冠蚤，即禽毒蚤，也称之为南方鸡蚤夏初更常见。鸡冠蚤生活史持续两周到 8 个月，春末成虫体呈棕黑色，躯体坚韧，长 1~5mm，两侧扁平，刺吸式口器，腿很长，善于跳跃，成虫用口器黏附在宿主身体上，以吸血为主。鸡蚤雌虫产卵落入垫料，以碎屑和成蚤排出的未消化血液为食。鸡冠蚤的雌蚤可将卵产于禽类的面部和肉垂。

2. 流行特点

成虫侵袭动物，其他发育阶段在地面完成。通过接触感染。多见于秋末冬初，呈地方性流行。在我国西北、内蒙古自治区（以下简称内蒙古）和东北等地较为普遍。蚤在严寒的冬季生活在宿主体表，隐藏在毛间，在气候寒冷，营养较差的情况下，尤易发病，损失很大。鸡跳蚤还可侵袭多种哺乳动物，而间接传播本病。

3. 临床表现与特征

鸡跳蚤的成虫常附着在头部的皮肤上，很难剥离，在同一部位附着数日至数周。由于跳蚤叮咬的机械性刺激和毒素作用，使鸡体不安，皮肤红疹，奇痒发炎，失血性贫血，消瘦，幼龄禽可能生长减缓、死亡，成年鸡会造成贫血。

4. 诊断

本病根据临床症状可初诊，在鸡身上发现蚤和蚤排泄物时可确诊。

5. 预防

防止猫、狗、鼠等哺乳动物及野禽、野鸟接近鸡舍。定期更换垫料并烧毁，定期喷洒杀虫药。

6. 治疗

用 0.125%~0.25% 除虫菊酯对鸡舍内设施和垫料喷雾，也可对鸡体少量喷雾。

用4%～5%马拉硫磷对鸡舍地面、墙壁及缝隙喷雾。

用4%～5%马拉硫磷粉处理新换的垫料，并用作沙浴。可杀死鸡体及落入垫料的成螨。

用25%硫磺软膏或20%醋酸软膏涂搽患部。

用30%鱼藤粉撒布患部。

用2%煤酚皂液浸洗患部。

三、蚊蝇

1. 蚊

蚊类袭击人及家禽，对养殖场的危害主要表现在两方面：一方面，蚊类吸食血液，骚扰畜禽休息，使畜禽生产性能下降；另一方面，也是更重要的，会造成多种严重疾病的传播，常见的蚊媒疾病为鸡痘和住白细胞原虫病，均会引起鸡的生产性能下降甚至死亡。

（1）病原。蚊种类繁多，迄今全世界已知种类达40个属、3 200多种。我国已知蚊类达18个属、380多个种和亚种。蚊是全变态昆虫，个体发育中经过卵、幼虫、蛹和成虫。蚊子的平均寿命不长，在自然条件下雄蚊交配后7～10天，但在实验室可活到1～2个月；雌蚊至少可活1～2个月，在实验室曾活到4个月。

（2）习性。蚊都孳生于水中，蚊一般喜欢在隐蔽、阴暗和通风不良的地方栖息。

（3）防治。

①为了尽量减少蚊类数量，首先减少舍外积水，有积水时及时排出厂区外，使蚊幼虫密度显著下降；保持畜禽舍通风干燥，舍外杂草及时铲除，防止蚊类藏匿；每天下午黄昏禽舍外喷洒溴氰菊酯1次；自蚊类出现就安装纱门纱窗，并且纱网用溴氰菊酯浸泡或隔一段时间就喷洒1次。

②晚上舍内开灭蚊灯或燃烧无刺激性的蚊香，或者喷洒可以灭蚊的药水。这种方法有一定效果，但不经济。

③药物预防：对于没有疫苗的蚊媒疫病，可以进行药物预防，饲料中添加磺胺磺 5～7 日，每 100g 混饲料 80kg，同时，饲料中添加 1%～2% 小苏打效果更好，一般磺胺磺首次用量加倍，每月添加两次，以预防鸡住白细胞原虫病及鸡痘。

④气雾剂灭蚊：灭蚊气雾剂是一种杀虫剂，其主要成分是丙炔菊酯。蚊子多半喜欢躲在阴暗潮湿的地方，应针对畜禽舍的各个角落进行喷洒。在畜禽舍内，利用旧箱子或桶子，放些抹布在里面，布置成一个阴暗潮湿的"人工陷阱"，白天蚊子飞进去歇息，往里头喷洒杀虫剂。杀虫剂不需要太多，即可达到效果，多了不但浪费，还会增加污染。

⑤物理避蚊：捕蚊灯是利用蚊子的趋光性及对特殊波长的敏感性，紫外光对蚊子有吸引力，以灯管诱捕蚊子接触网面，并用高压电击网丝，瞬间使蚊子烧焦。选择光度 8 瓦以上或双灯管的捕蚊灯。捕蚊灯最好摆放在高于膝盖的地方，且离地面不要超过 180cm。使用捕蚊灯时，其他室内光源要统统关掉，因为蚊子被干扰，就无法感受捕蚊灯的光源，捕蚊效果也将大减。在捕蚊灯的集虫盒里加点水，再加点醋，捕蚊效果更好，因为蚊子有喜欢酸性的习性。

2. 蝇

由于不注重禽类排泄物的无害化处理，再加上有的养殖场离居民区较近，一到春、夏季，苍蝇就开始在畜禽场被污染的地方孳长，对生产区的禽群及附近生活区的工作人员造成威胁。

（1）病原。养殖场中的苍蝇一般包括家蝇、小家蝇、大家蝇和球形蝇等。

家蝇是鸡场内数量最多的苍蝇。成虫家蝇的体长在 6～7mm，多数为灰色。胸部有 4 条纵向的条纹，翅膀几乎是透明的，腿部为黑褐色，卵为白色，直径大约1mm。

小家蝇也是鸡场中比较常见的苍蝇，体长为5～6mm，颜色略显黑一些。

大家蝇的体型比家蝇大，身体强壮，颜色黑灰色，胸后部为浅黄色，腿部为金红色或黄褐色。

球形蝇为亮黑，色体型比家蝇略小。

（2）习性。苍蝇是完全变态昆虫，它的生活史可分为卵、幼虫（3个龄期）、前蛹、蛹、成虫几个时期。苍蝇的寿命虽然只有1个月左右，但其繁殖能力强。据统计，一只雌蝇可产500～1 000个卵，一对苍蝇的后代共约1.9亿只之多。

苍蝇的食性非常复杂，属杂食性蝇类，可以取食各种物质，人的食物、人和禽的分泌物和排泄物、厨房残渣和其他垃圾以及植物的液汁等，都可以供其采食。家蝇饱食之后，间隔很短时间，约几分钟，即可排粪。由于吐泻、排粪频繁，失水较多，又促使它频繁取食，因而它在孳生物质上边吃、边吐、边拉，造成严重污染。在畜禽场里，饲料、饮水器具常被污染。

（3）危害。苍蝇能够传播50多种疾病，对家禽养殖有影响的重要疾病如禽流感、新城疫、大肠杆菌病、球虫病等，在疾病爆发时可加速流行性疫病的传播。

畜禽舍内的大量苍蝇，对禽而言，可导致禽群烦躁不安，污染蛋壳；粪便中蛆的活动可导致禽舍内的氨气含量升高，影响鸡群的生产性能。对家畜可导致其精神不安，畜群身体相互摩擦、相互撕咬等造成外表的损伤，降低了肉用等级。畜禽的精神状态不佳和过多的运动降低肉料比，增加了饲养成本，降低受益。另外，苍蝇还可以传播多种人类的传染疾病，从而威胁从业人员的身体健康。

（4）防治。及时清除鸡舍内禽粪便，消除卫生死角，保持鸡舍内通风干燥，控制舍内湿度。应特别注意死角中的粪便和污水，尽可能保持鸡粪干燥。鸡舍内的废旧垫料和病死鸡也应及时妥善处理。对鸡舍要定期检查饮水和喂料系统，确保不漏水、不撒料；适当调节鸡舍的通风系统，确保合适的风速，防止氨气含量过量。在舍内悬挂蚊蝇粘胶。

化学药物是控制苍蝇的有效方法。化学药物不仅可以杀死成蝇，也可以杀死蝇卵和幼虫，迅速降低蚊蝇在鸡舍内的密度。常用的杀虫剂有菊酯类、拟菊酯类、有机磷类，可采用喷洒、涂抹等方法，最好用拟除虫菊酯类的杀虫剂，毒性小。对鸡舍外围及蚊蝇栖息场所进行全面喷洒。或将草绳拧粗一点，然后用药水浸泡几分钟，制成药绳悬挂于鸡舍内。

四、鸡螨病

鸡螨病是由多种对鸡具有侵袭、寄生性质的螨类引发的慢性寄生疾病。螨虫可寄生在全身、腿、腹、胸、翅膀内侧、头、颈、背等处，螨虫吸食鸡体血液和组织液，并分泌强毒素引发皮肤红肿、损伤继发炎症。感染鸡只骚动不安、食欲缺乏，严重感染时造成鸡贫血、消瘦、发育迟滞；雏鸡感染会严重失血或导致死亡。

1. 病原

引起鸡螨病的螨种类很多，如鸡螨、北方羽螨、鸡新棒恙螨、厉螨、尾足螨等。

鸡螨也称红螨、栖架螨、鸡窝螨或夜袭螨。这类寄生虫肉眼可见，可传播禽霍乱，可经野鸟或啮齿动物传播给禽类。虫体呈黄色，吸血后变为红色或褐色。体椭圆形，后部稍宽，体表密布细毛，假头和附肢细长，螯肢呈细针状。雄虫大小长约 0.6mm，雌虫长为 0.72～0.75mm。鸡皮刺螨仅部分时间寄生于禽类宿主，在夜间爬到禽类身上吸食血液，白天藏于缝隙中。

林禽刺螨又称北方羽螨，大小与鸡皮刺螨相仿，是我国常见螨类，能连续在鸡身上繁殖。主要生活在温带地区，靠吸血为生。

鸡新棒恙螨，其幼虫纤小，不易发现，饱食后成橘黄色。长0.421mm，宽0.321mm。分头、胸、腹三部分，足3对。

突变膝螨俗称鳞足螨或鸡腿疥螨，主要寄生鸡腿部。虫体灰白色，近圆形，虫体背面的褶壁呈鳞片状，尾端有1对长毛。雄虫长0.19~0.20mm，雌虫长0.41~0.44mm。

鸡膝螨，虫体与突变膝螨相似，但较小。

双梳羽管螨，虫体柔软而狭长，两侧几乎平行，乳白色。雄螨大小长为0.59~0.77mm，雌螨大小长为0.73~0.99mm。脱落，甚至引起贫血，消瘦，生长发育停止，产蛋下降，啄羽、啄肛等。

2. 流行特点

本病传播快，一旦发生很快蔓延至全群。病鸡是本病的主要传染源，野生飞禽是本病的重要传播者。每年夏秋两季的感染率较高。幼螨常爬于小石块或草的尖端，当宿主经过时即爬到其体上。因此，鸡群在这些地方放牧时最易遭受感染。

3. 临床特征与表现

患部奇痒，出现痘疹状病灶，周围隆起，中间凹陷呈痘脐形，中央可见一小红点。大量虫体寄生时，腹部和翼下布满此种痘疹状病灶。病鸡贫血，消瘦、垂头、不食，如不及时治疗可能死亡。

鸡皮刺螨，白天隐藏在鸡舍地板、墙壁、天花板等裂缝内，夜晚则成群爬行于鸡体上，吮吸血液，影响鸡休息，在密集型的笼养鸡群，极易发生本病。

突变膝螨，通常寄生于鸡腿上的无毛处及脚趾部，引起足部炎症，皮肤增生，变粗糙，胫部和趾部肿大，皮肤增厚、出血，有渗出液溢出，干燥后形成灰白色痂皮，因此，本病又称为

"石灰脚"病。

鸡膝螨，其寄生诱发炎症，羽毛变脆、脱落，体表形成了赤裸裸的斑点，皮肤发红，上覆鳞片，抚摸时觉有脓疱，因其寄生部剧痒，病鸡啄拨羽毛，使羽毛脱落。病灶常见于背部、翅膀、臀部、腹部等处。

双梳羽管螨，寄生于鸡飞羽羽管中，可损伤羽毛。

北方羽螨吸食血液并引起贫血、瘙痒、刺激。北方羽螨主要寄生于鸡的肛门周围，被侵袭的禽类泄殖腔部位羽毛成黑色并有结痂。

鸡新棒恙螨的幼虫寄生于鸡的翅膀内侧、胸肌两侧以及肌内侧的皮肤上，大量寄生时，病鸡贫血，消瘦，不食，严重者可引起死亡。夏季比较活跃，流行呈散在的和局限性的特点。

寡毛鸡螨亦称气囊螨，寄生于鸡支气管、肺气囊以及与呼吸道相连的骨腔，导致鸡只消瘦，发生腹膜炎、肺炎和呼吸道阻塞，也是诱发结核病的因素，甚至造成死亡。

4. 诊断

在痘疹病灶的痘脐中央凹陷部可见有小红点，用小镊子取出，放在显微镜下检查，可见该虫体即可确诊。

5. 预防

（1）实行全进全出避免混养，注意新老鸡群的隔离饲养，建立隔离带，严格兽医卫生检疫。鸡场人员应洗澡更衣，进出鸡场的运输车辆和工具应用热水、酸、碱彻底消毒，胶靴、工作服和手套都应经常清洗，以免将螨虫带到清洁舍内。在日常管理中，每天一定要最后进入有感染的鸡舍，发现感染及时诊治。

（2）为了预防连续几群鸡受到感染，应在每换一批鸡时，让鸡舍空舍一段时间，清除残留的羽毛和垃圾，清理蜘蛛网，及时维修鸡舍，堵塞墙缝，进行粉刷。有条件的鸡场应对笼具用洗涤液彻底清洗，晾干后再用火焰烤1次，同时，对鸡舍墙壁也烘烤一下，防止交叉感染。

（3）定期使用杀虫剂，运动场应以植树为主，减少杂草和矮小灌木丛，清除杂草，防止野鸟和老鼠进入鸡舍。

（4）定期检查，每月检查3次，每次可抽检10只，检查其肛门周围的皮肤和羽毛上有无虫体。同时加强饲养管理，降低饲养密度，保持鸡舍清洁和干燥，良好的饲养管理可以提高鸡群抵抗力，螨病的发病率可控制在最低限度。

（5）栏舍环境用2.5%溴氰菊酯按1：2 000倍稀释后喷施杀虫，特别是刺皮螨栖息地要重点喷洒；间隔7~10天后重复1次，以强化杀虫效果；长期防控可交替用药，临床上还有0.25%蝇毒磷和0.5%马拉硫磷溶液，按说明配制、稀释后喷施，注意不要喷进料槽和水槽。

6. 治疗

该病主要依靠药物防治，基本原则是选用广谱、低毒、有效、低成本、使用方便而且安全可靠的驱虫药，使用正确的药物浓度，确保药物达到鸡的皮肤，以产生良好的效果，同时还要防止鸡中毒。

（1）对于商品肉鸡，可用灭虫菊酯做带鸡喷雾。喷洒药物，如乐果0.5%与溴氰菊酯（或氯氰菊酯、速灭菊酯）0.1%混合悬液；间隔7天再喷洒2次，要求用药前让鸡群饮水充足，喷药时要让鸡羽毛湿透。

（2）沙浴法。在运动场上挖一浅池，用10份碘沙加2份硫磺粉拌匀放入池内，任鸡沙浴。

（3）药浴法。可选用一些抗寄生虫药，如灭虫菊酯浸泡鸡体。

（4）缓解痒症以松焦油1份，硫黄1份，肥皂2份，医用酒精2份，调匀涂抹患部，或在患处涂抹2%碳酸软膏或15%硫磺膏，连用3~7天。也可用生姜涂抹，每日一次，连用3天，效果良好。对由突变膝螨引起的该病可用肥皂水去痂皮，再用上述药物浸泡患部。

（5）给发病鸡只投服阿维菌素、伊维菌素等抗寄生虫类药物，阿维菌素可用于拌料供鸡内服，用量为 0.15~0.2g/kg，间隔 1 个月再用 1 次；或用蝇毒磷按 40mg/kg 拌料，连用 10~15 天；或用灭虫丁 0.4mg/kg 拌料，口服 1~2 剂即可。

（6）中药方法，以 100% 的百步、丁香和花椒煎剂具有良好的杀螨作用。

（7）对症治疗"石灰脚"，将患部（鸡脚）浸入温热水中，可滴醋少许，至痂皮软化，软毛刷试去痂皮，消毒棉擦干水渍，涂抹 10% 硫横软膏，连用 5~7 天。

7. 注意事项

药浴应选择晴朗、无风、温暖的天气进行，药浴后使其自然干燥，不要过量通风，防其受凉。药浴要彻底，将鸡全身羽毛浸湿。

药物对鸡、人及其他动物均有一定的毒性，要认真做好个人及动物的防护。要先进行小群试验，安全无问题时，再全群进行。药液的配制浓度要准确，以防发生中毒。不要在药液中加入碱性物质，否则，毒性增加。

五、蜱

鸡蜱，又称鸡蝙子、鸡虱子或壁虱，是鸡体表的一种寄生虫。当大量侵袭寄主时，可使宿主消瘦，贫血，产蛋率下降，有的瘫痪，可造成大批雏鸡死亡。

1. 病原

鸡蜱，属于蜱螨亚纲、寄螨口、硬蜱科和软蜱科。蜱实际上就是大型的螨。硬蜱又称壁虱、扁虱、草爬子等，体壁较硬，背面和大多数的腹面均有几丁质硬化而成的板。软蜱体壁较软，无几丁质硬化成的板，表皮呈革质，有皱纹及细颗粒。对家禽来说危害性最大的主要是软蜱。雌成虫饱血后大小约为10mm×6mm，有4对足，虫体不分节。未吸血的蜱体呈扁平卵圆形，颜色为棕黄色到微红棕色。雌雄体形态相似，吸血后迅速膨胀，虫体背面由有弹性的革状外皮组成。软蜱的发育包括卵、幼虫、若虫和成虫4个阶段，整个发育过程需1~12个月。雌虫一生可产卵500~875个，分4次或5次，每产一次后须寻找宿主吸血一次。卵产于隐蔽的缝隙内，包括树皮的下面。在温暖的季节，卵在6~10天孵化成有3对足的幼虫，而在凉爽的季节孵化期可达3个月。幼虫在不进食的状态下可生存数月，但一般情况下在4~5天即变为饥饿状态并开始寻找宿主。幼虫吸血4~5天后离开宿主，经3~9天脱皮蜕化为4对足的若虫，若虫在不吸血的情况下可生存几个月，若虫再次吸血后蜕变为成蜱。成蜱大约1周后吸饱血后进行交配，交配后3~5天开始产卵。成虫生活力很强，不食也能存活两年半以上，幼虫也在半年左右。幼虫白天晚上都出来活动，爬到鸡身上吸血数天，才离开鸡体。

2. 流行特点

幼蜱、若蜱及成蜱群居于鸡舍的墙、地板等缝隙中，成虫生活习性是昼伏夜出，白天隐匿于鸡舍墙壁缝隙或顶棚内夜晚活动，侵袭鸡体，吸足血后即行离开。幼虫不分昼夜，在鸡体吸附5~7天后脱离鸡体。各期虫体、一般吸血量很大，吸血后虫体增大数倍或数十倍。成虫喜燥热，耐严寒，生活力和耐受性极强，不吸血也能存活1年以上。

3. 临床表现与特征

鸡遭受蜱的侵袭后，轻微的可造成羽毛蓬乱，食欲下降，生长发育缓慢，贫血，消瘦，产蛋量下降；严重时可因失血性贫血造成死亡。某些蜱如波斯锐蜱经唾液分泌的麻痹毒素可使鸡发生肌肉松弛，运动麻痹。另外，蜱还是禽螺旋体病、梨形虫病、立克次氏体病和许多病毒病如脑炎的传播者。

4. 诊断

蜱的个体较大，通过肉眼观察即可发现。

5. 预防

（1）尽量避免平养、散养鸡，而采取笼养或圈养的方式，定期检查房舍、栖架等，并且定期清除鸡舍内的粪便。

（2）室外运动场、食槽、木架及树干可用有效的杀虫剂处理。定期修理房舍，堵塞缝隙及粉刷墙壁，消灭老鼠及野鸟。

（3）引种时，严格检疫，防止带入病原，经常清扫、洗刷地面用具并晾晒，定期用药物预防。经常检查鸡群，对精神委顿、冠色发黄、羽毛松乱以及夜间蜷伏地面、角落的鸡勤做检查。

6. 治疗

（1）对垫料、地面、墙壁、顶棚等进行彻底喷雾消毒，并且使药物喷入缝隙内。用 50～100mg/kg 的溴氰菊酯，200mg/kg 的双甲脒，或 50% 的马拉硫磷用柴油或煤油 2 500 倍稀释对鸡笼舍及墙、地面及周围环境进行喷雾或熏蒸，不留死角，包括人们居住的房屋内外都要进行喷药，最重要的是成片成区大面积同时进行喷药，15 天左右 1 次，用 2～3 次就能取得实效。对鸡舍内的各种缝隙应重点喷药，但要注意的是使用杀虫药物（溴氰菊酯、双甲脒等）时，应先在小群试验，使用安全后再推广应用到整个禽群或禽舍。

（2）用生石灰加敌百虫粉粉刷墙壁。

（3）经常巡视鸡群，对精神委顿、冠色发黄、羽毛松乱以及夜间蜷伏地面、墙角的鸡勤做检查，若发现幼蜱寄生，可用 2% 敌百虫直接涂抹到幼蜱身上。雏鸡身上的幼蜱也可用植物油涂抹，安全有效。

（4）高温灭螨，此法宜可在夏季气温高时进行。先清扫鸡舍，堵塞门窗缝隙，将鸡舍内温度升高至 55～60℃，保持一昼夜。同时，要在舍外墙壁、门窗等处喷药，以杀灭外逃螨。

（5）可用维菌素或阿维菌素制剂（按产品说明使用）拌料或注射驱虫。

第三章　蛋鸡常见的其他微生物性疾病

一、鸡支原体病

鸡支原体病是由鸡败血性支原体引起的鸡接触性传染性慢性呼吸道病，发病慢、病程长。该病主要发生于 1～2 月龄雏鸡，发病后病鸡先流出浆液性或黏性鼻液，打喷嚏，炎症继续发展时出现咳嗽和呼吸困难，可听到呼吸啰音，到后期鼻腔和眶下窦蓄积多量渗出物，并出现眼睑肿胀，眼部突出。感染此病后，幼鸡发育迟缓，产蛋下降，饲料报酬降低，而且可在鸡群长期存在和蔓延，还可通过蛋传播给下一代。在饲养量大、密度高的鸡场更容易发生流行，给养鸡业造成一定的经济损失。

1. 病原

支原体又称霉形体，缺乏细胞壁，仅由胞浆膜包裹的原核微生物，是目前所知的能在无生命培养基中繁殖的最小微生物，也是最小的原核细胞，比病毒大、比细菌小的原核微生物。因而细胞柔软，形态多变，具有高度多形性。在电镜下观察支原体细胞，可见具有细胞膜，细胞内有核糖体、RNA 和环状 DNA。用姬姆萨染色效果良好，革兰氏染色呈弱阴性，一般为球形。明显具有致病性的有如鸡毒支原体、滑液支原体。

2. 流行病学

本病一年四季均可发生，但以气候多变、潮湿多雨的季节最严重。以 4～8 周龄雏鸡最易感，其病死率及生长抑制的程度都比成年鸡显著。纯种鸡比杂种鸡易感染。当成年鸡感染时，如无其他病原体继发感染，则多呈隐性经过，仅表现为产蛋量、孵化率下降和增重受阻等现象。该病传播途径广，可通过接触传染和经蛋传染，也可经过带菌鸡的咳嗽、喷嚏的飞沫传染，也可通过支原体污染的饲料、饮水传播。病鸡所产的蛋含有病原体，带菌蛋孵出的雏鸡带有病原体，可成为传染源。此外，还可以通过交配传染。

一般本病在鸡群中传播较为缓慢，但在新发病的鸡群中传播较快。发病率高，死亡率低。该病易复发，常与其他疾病如鸡大肠杆菌病、鸡新城疫、鸡传染性支气管炎等并发或继发感染，从而加剧了病情，并使死亡率增高。根据所处的环境因素不同。病的严重程度及病死率差异很大，一般死亡率10% ~30%。

3. 临床特点与表现

鸡支原体病是由鸡致病性支原体引起的疾病，其中产生危害较大的主要有鸡毒支原体和鸡滑液支原体。鸡毒支原体能够引起鸡的慢性呼吸道疾病，鸡滑液支原体能引起鸡的传染性滑膜炎、腱鞘炎，与病毒混合感染时能够引起气囊病变。

（1）慢性呼吸道疾病。感染病程持续时间长，潜伏期约为4 ~21天，主要呈慢性经过，病程1 ~4个月，典型症状主要发生于幼龄鸡中，若无并发症，初期鸡只呈现精神不振，食欲减退或不食，腹泻，感染鸡只鼻液增多，流浆液性鼻液，部分病鸡鼻孔周围和颈部羽毛沾污明显，鼻孔堵塞，妨碍呼吸，频频摇头。严重时发出啰音、咳嗽，打喷嚏等明显的呼吸道疾病症状。症状表现为体温升高，生长发育迟缓，逐渐消瘦。当并发感染新城疫、传染性支气管炎时，病情更加严重，死亡率升高。

（2）鸡传染性滑膜炎。接触感染后的潜伏期通常是11 ~21天。发病初期病鸡的症状是冠色苍白，病鸡步态改变，表现轻微八字步，羽毛无光蓬松，好离群，发育不良，贫血，缩头闭眼。

常见含有大量尿酸或尿酸盐的绿色排泄物。由于病情发展，病鸡表现明显八字步，跛行，喜卧，羽毛逆立，发育不良，生长迟缓，冠下塌，有些病鸡的冠是蓝白色的。关节周围常有肿胀可达鸽卵大，常有胸部的水泡，跗关节及足掌是主要感染部位。但有些病鸡偶见全身性感染而无明显关节肿胀。病鸡表现不安、脱水和消瘦。至发病后期，由于久病而关节变形，久卧不起，甚至不能行走，无法采食，极度消瘦，虽然病已趋严重但病鸡仍可继续饮水和采食。上述急性症状之后继以缓慢的恢复，但滑膜炎可持续5年之久。

剖检时可见鼻腔、气管、支气管和气囊中含有黏液性渗出物，特征性病变是全身气囊特别是胸部气囊有不同程度混浊、增厚、水肿。随着病程发展，气囊上有大量大小不等干酪样增性结节，外观呈念珠状，少数大至鸡蛋，有的出现肺部病变。在慢性病例中可见病鸡眼部有黄色渗出物，结膜内有灰黄色似豆腐渣样物质。

4. 临床诊断

根据流行特点、临床症状、病理剖检特征等可以做出初步诊断，需要的时间较长，不适合快速诊断的要求。相对而言，血清学方法更加方便。

（1）全血凝集反应。这是目前国内外用于诊断该病的简易方法，在20～25℃室温下进行，先滴2滴染色抗原于白瓷板或玻板上，再用针刺破翅下静脉，吸1滴新鲜血液滴入抗原中，轻轻搅拌，充分混合，将玻板轻轻左右摇动，在1～2分钟内判断结果。在液滴中出现蓝紫色凝块者可判为阳性；仅在液滴边缘部分出现蓝紫色带，或超过2分钟仅在边缘部分出现颗粒状物时可判定为疑似；经过2分钟，液滴无变化者为阴性。

（2）血清凝集反应。本法用于测定血清中的抗体凝集效价。首先用磷酸盐缓冲盐水将血清进行二倍系列稀释，然后取1滴抗原与 1 滴稀释血清混合，在 1 ~ 2 分钟内判定结果。能使抗原凝集的血清最高稀释倍数为血清的凝集效价。平板凝集反应的优点是快速、经济、敏感性高，感染禽可早在感染后 7 ~ 10 天就表现阳性反应。其缺点是特异性低，容易出现假阳性反应，为了减少假阳性反应的出现，实验时一定要用无污染、未冻结过的新鲜血清。

（3）血凝抑制试验。本法用于检测血清中的抗体效价或诊断本病病原。测定抗体效价的具体操作与新城疫血凝抑制试验方法基本相同。反应使用的抗原是将幼龄的培养物离心，将沉淀细胞用少量磷酸盐缓冲盐水悬浮并与等体积的甘油混合，分装后于 -70℃ 保存。使用时首先测定其对红细胞的凝集价，然后在血凝抑制试验中使用 4 个血凝单位，一般血凝抑制价在 1：80 以上判为阳性。诊断本病病原时可先测其血凝价，然后用已知效价的抗体对其做凝集抑制试验，如果两者相符或相差 1 ~ 2 个滴度即可。

5. 防治

（1）加强饲养管理。环境因素的好坏对鸡支原体病的发生和严重程度影响很大。春夏季节相交时在饲养过程中需要注意天气变化，昼夜温差，既要做好保温工作，使鸡舍内温度保持在一个合适的范围，同时还要考虑通风，避免空气污浊尤其是过浓氨气产生的刺激等不良条件。如果饲养员从外界进入鸡场而感到刺眼流泪时，说明氨气的含量已经超过鸡对氨气的忍受程度。可以采取适当降低饲养密度、负压通风的方式来平衡室内保温和空气质量，以降低鸡支原体病的感染风险。鸡只在饲养过程中应严格做好饲养管理，注意清洁卫生，避免各种应激因素，定期做好药物预防工作，可有效减少本病的发生。选择健康的雏鸡，种鸡必须做好支原体的净化工作。

（2）治疗。抗菌药对本病尤其是临床症状轻微的病鸡疗效显著。喹诺酮类药物、卡那霉素、金霉素、泰乐菌素、泰妙菌素、大观霉素、红霉素等是防治鸡支原体感染的常用药，泰乐菌素还可作为饲料添加剂使用以控制支原体感染，具体用量如下：在第一周和第三周使用，全周用药，泰乐菌素：0.1%、红霉素：0.013%～0.025%、恩诺沙星：饮水 75mg/L（前 3 天），50mg/L（后 3 天）。北里霉素：0.033%～0.05%。金霉素、四环素、土霉素：250g/t 饲料。强力霉素：0.01%～0.02%。

鸡支原体易形成耐药菌株，应对养殖场分离的支原体做药敏实验，选用高敏药物进行支原体病治疗。一种药物长期使用效果往往不明显，建议采用交叉式或轮换式用药的方式。

二、鸡衣原体病

鸡衣原体病又名鹦鹉热、鸟疫，是由鹦鹉衣原体引起的一种急性或慢性传染病。该病主要以呼吸道和消化道病变为特征，不仅会感染家禽和鸟类，也会危害人类的健康，给公共卫生带来严重危害。由火鸡、鸭和鸟类衣原体病在养禽业中引起的经济损失已为人们所重视，而对鸡衣原体病在养鸡业中造成的损失长期以来尚未引起足够的重视。

我国于 1959 年从家禽和人的鸟疫开始了对鹦鹉热衣原体的研究。2003 年，石岩等对北京、天津地区肉鸡流行的严重呼吸道疾病的鸡群进行血清学鉴定，结果肉鸡血清抗体出现 10%～30% 的阳性。

1. 病原

衣原体是介于立克次体和病毒之间的一种病原微生物，以原生小体和网状体两种独特形态存在。原生小体是一种小的、致密的球形体，不运动，无鞭毛和纤毛，是衣原体的感染形态。网状体是细胞内的代谢旺盛形态，通过二分裂方式增值。网状体比原生小体大，渗透性差，在发育过程中能合成自己的 DNA、RNA和蛋白质。用 5% 和 16% 碘化钾酒精溶液染色感染衣原体的组织切片或感染衣原体的单层细胞培养物，可以看到包涵体。衣原体对杆菌肽、庆大霉素和新霉素不敏感，对影响脂类成分或细胞壁完整的化学因子非常敏感，容易被表面活性剂和脂溶剂等灭活，70%酒精、3%双氧水、碘配溶液和硝酸银等几分钟便可将其杀死。

2. 流行病学

衣原体病主要通过空气传播，呼吸道可能是最常见的传播途径。其次是经口感染。吸血昆虫也可传播该病。该病一年四季均可发生，以秋冬和春季发病最多。饲养管理不善、营养不良、阴雨连绵、气温突变、禽舍潮湿、通风不良等应激因素，均能增加该病的发生率和死亡率。该病是一种世界性疾病，流行范围很广，已发生于亚洲、欧洲、美洲、大洋洲等60多个国家和地区。感染禽类近140多种。中国多地鸡病调查的结果显示衣原体的感染普遍存在。

3. 临床特点与表现

鸡容易发生急性感染，寒冷季节、23日龄、33日龄易周期发作，呈喘式呼吸，张口呼气，缩颈吸气，炎热季节，鸣叫死亡。病鸡多蹲伏于鸡笼内，从笼中抓出放在地面，病鸡呈"企鹅"状站立，腹部膨大，肚皮贴近地面，喜卧，不愿行走。触摸腹部有水样波动感，有的表现单侧或双侧眼结膜炎，眼睑肿胀，眼内有浆液性分泌物。还有部分病鸡有呼吸道症状，产蛋停止。病鸡羽毛粗乱无光泽，精神委顿，食欲废绝，结膜发绀，呼吸困难，体温升高，肛门周围沾有黄绿色稀粪，病鸡拉黄绿色胶冻样稀粪。

剖检可见病变为心肌炎，心脏肿大，心外膜增厚、充血，表面有纤维素性渗出物覆盖，肺部充血，气囊膜增厚，腹腔浆膜和肠系膜静脉充血，表面覆盖泡沫状白色纤维素性渗出物。在生殖系统，卵巢囊肿、卵泡萎缩、变性。输卵管壁变薄、输卵管呈不规则球状、里面积有大量的白色胶性液体，约有 300～500mL。有的病鸡剖检后，可见肝脏肿大呈土黄色。并见有卡他性肠炎。

4. 临床诊断

根据临床症状、病理变化，可初步诊断鸡衣原体病。为进一步确诊，要结合实验室诊断。

无菌采集病料，如眼鼻分泌物、血液、肾、肺、肝、脾；腹泻病例还要采结肠内容物。对活禽采集咽鼻拭子、粪便、泄殖腔拭子及眼结膜刮取物等。为防止在运输和贮藏样品的过程中衣原体的感染性消失，要在所采的样品中加入蔗糖/磷酸盐/谷氨酸盐运输培养液。

细胞分离法：用于衣原体分离培养的常用细胞系有 BGM、McCoy、Hela 细胞系。使用含 5%～10% 胎牛血清和对衣原体无抑制作用的抗生素（链霉素等）的标准组织培养液培养细胞长成单层，然后用于接种病料匀浆，进行衣原体分离。

组织化学染色法：用病鸡的肝、脾表面，气囊、心包和心外膜触片，空气干燥或火焰固定后，姬姆萨染色镜检，衣原体原生小体呈红色或紫红色，网状体呈蓝绿色。只有包涵体中的原生小体具有诊断意义。因为网状体易于同细胞正常结构相混淆，也不易与背景颜色区分。丙酮固定的组织或干燥分泌物印片可以用适当的荧光抗体进行荧光抗体染色，然后荧光镜下检查。也可将病料经卵黄囊接种于 6～7 日龄鸡胚，收集接种后 3～10 天内死亡的鸡胚卵黄囊。观察鸡胚病变，制备触片，染色镜检。

间接补体结合反应、间接血凝反应或酶标抗体法来检出抗体。采取发病初期和康复后的双份血清，测出的抗体效价有意义。衣原体病有高度的接触传染性，诊断时应尽量避免感染。

5. 防治

（1）加强饲养管理。建立并严格执行防疫制度。经常清扫环境，鸡舍和设备在使用之前进行彻底清洁和消毒，严格禁止野鸟和野生动物进入鸡舍。发现病禽立即淘汰，并销毁被污染的饲料，禽舍用2%甲醛溶液、2%漂白粉或0.1%新洁尔灭喷雾消毒，0.1%福尔马林、0.5%石炭酸在24小时内，70%酒精数分钟、3%过氧化氢片刻，均可将衣原体灭活。清扫时应避免尘土飞扬，以防止工作人员感染。引进新品种或每年从国外补充种禽的场家，尤其是从国外引进观赏珍禽时，应严格执行国家的动物卫生检疫制度，隔离饲养，周密观察。

对于敏感性较强的禽类的饲养应该警惕，一旦发现可疑征象，应该快速采取方法予以确诊，必要时对全部病禽扑杀以消灭传染源。带菌禽类排出的粪便中含有大量衣原体，故禽舍要勤于清扫，清扫时要注意个人防护。

（2）治疗。禽衣原体对青霉素、四环素、红霉素、金霉素、强力霉素和明氟奎诺龙等抗生素敏感，可以用来预防和治疗禽衣原体病。四环素、土霉素、金霉素等剂量为每100kg饲料中加20~30g。红霉素每100kg饲料中加5~10g或1L水中加0.1~0.2g，连用3~5天，效果明显。强力霉素是一种半合成的四环素衍生物，胃肠道中吸收良好，鸡胸肌注射75~100mg/kg体重，5~6天注射1次。口服剂量8~25mg/kg体重，2次/天连续用30~40天。

但衣原体对链霉素、杆菌肽等具有抵抗力。因此，在使用时必须注意，以免因用错药而导致衣原体蔓延。

三、鸡念珠菌病

鸡念珠菌病又称软嗉症、酸臭嗉囊病、消化道真菌病等，在夏秋季节较常见，多数都是吃霉变饲料引起的。主要症状是：喜饮水，食量减少或停食，消瘦，精神委顿，绒毛稀少松乱，皮肤干燥，嗉囊积食，触膜松软，稍加压力可见口水流出，其口腔有酸臭味。有的鸡在眼睑、口角出现痂皮样病变，开始为基底潮红，散在大小不一的灰白色丘疹样，继而扩大蔓延融合成片，高出皮肤表面凹凸不平。发病率达90%以上，在雏鸡、成年鸡均可发生。

1. 病原

病原为白色念珠菌，是一种真菌，形态与酵母菌相似，在病变组织及普通琼脂培养基中能产生芽生孢子和假菌丝。芽生孢子呈卵圆形。该菌在萨布罗琼脂培养基上生长为白色、圆形、乳汁状、隆起、边缘整齐的菌落。在液体培养基中生长时，管底和沿管壁处形成淡白色长丝状，表面见有厚的菌膜。该菌广泛分布于自然界，在鸡体内尤为常见。该菌能发酵葡萄糖、麦芽糖、果糖和甘露醇，产酸产气；但对乳糖、棉实糖和糊精不发酵，明胶穿刺培养基呈绒毛状至树枝状的侧枝生长而不液化。

2. 流行病学

在自然条件下，鸡和鸽最为易感，危害性最大。以幼龄的家禽和鸟类易感性最高，发病率和病死率均较成禽高。4周龄以下的家禽感染该病后会迅速大量死亡，但3月龄以上的家禽则多数可康复。该菌广泛存在于自然界，尤以植物和土壤中存在最多，易感禽通过各种途径摄食到该菌而感染发病。但该菌也存在于健康禽畜的上消化道，在正常情况下，由于其他微生物区系的拮抗作用而不致病，当使用抗菌药物抑制了某些细菌的生长繁殖或由于饲养管理不当及饲料营养不全等因素降低了禽体的抵抗力时，将会发生该病。

3. 临床特点与表现

该病的病变主要发生在上消化道的口腔、咽喉、食道、嗉囊及腺胃，但有时肌胃的角质膜和肠道黏膜也受到损害。临床表现一般性症状如下，如生长发育不良，精神萎靡，羽毛松乱，食欲减少，嗉囊胀大，嗉囊黏膜增厚，黏膜上有白色、圆形、突起的溃疡，表面往往剥脱。用手触摸时感觉柔软松弛，用力挤压时有酸臭气体或内容物从口腔流出。眼睑、口角有时可见痂皮样病变，发病鸡口腔黏膜上形成一个大的或许多小的突起软斑，表面覆有黄白色假膜渗出物，剥落后留下容易出血的充血面。食道出现溃疡状斑。胃黏膜受损时，可见黏膜肿胀、出血，表面附有由脱落的上皮细胞、腺体分泌物及念珠菌混合物构成的白色黏液。肌胃受损时，见角质膜腐蚀、糜烂，但这种情况常同时见于并发感染球虫病或维生素 K 缺乏症。某些病例还可见肠道黏膜出血和溃疡，肠管内有灰白色或红色稀粥样内容物。组织学检查可见嗉囊的复层上皮甚至生发层有范围广大的破坏，并常见有溃疡和类白喉样的假膜。有卡他性或坏死性渗出物覆盖。有类似溃疡的碎片，口腔、舌、咽喉黏膜可见白色圆形凸出的溃疡和易剥离的黄白色假膜及坏死物。病情严重的家禽由于吞咽困难而常不能进食，逐渐消瘦以至死亡，有的病鸡下痢，粪便呈灰白色。一般 1 周左右死亡。

病理组织学检查在嗉囊黏膜病变部位，可见复层扁平上皮薄，表层红染，核消失，上皮细胞间散在多量圆形或椭圆形厚垣孢子，尚见少数分枝分节，大小不一的酵母样假菌丝。黏膜上皮深层细胞肿胀或水泡样变性。上皮下组织血管轻度扩张充血，未见炎性细胞反应。食管、咽、腭和舌等黏膜病变如同嗉囊，但食管部病变较轻。咽部病变严重，并有出血和异嗜细胞浸润等炎性反应，这可能与继发感染有关。

4. 临床诊断

该病从流行病学、临床症状及病理变化综合分析可作出初步诊断，嗉囊病变最为明显而常见。急性病例黏膜表面有白色、椭圆形和隆起的溃疡，病程稍长扩大形成灰白色、黄白色的干酪物样或伪膜。慢性病例嗉囊壁增厚黏膜面覆盖皱纹样黄白色坏死物形成毛巾样皱纹的伪膜。伪膜下有糜烂、溃疡。口腔、咽部和食道下部有黄白色小点或溃疡。部分病鸡腺胃黏膜肿胀出血，表面上皮脱落有大量黏液。肌胃角质层溃疡角质层下有出血斑。个别在胸气囊上出血淡黄色结节，可能是曲霉菌感染。根据消化道黏膜增生和溃疡病灶，可以初步诊断。但是确诊需要刮取囊嗉黏膜病料，滴加 10% 的氢氧化钾溶液，混合后用革兰氏染色镜检，观察是否有酵母状的菌体和菌丝；也可刮取嗉囊黏膜，在 600 倍显微镜下弱光镜检，可以看到有芝麻粒大小的孢子，中间透明，边缘灰暗。还可用分离培养和动物接种进行确诊。

5. 防治

（1）加强饲养管理。注重良好的饲养管理及环境卫生，减少拥挤、闷热、通风不良、密度过大、氨气浓度过大、饮水不卫生，严重污染病原菌及维生素缺乏症等不利因素。在环境消毒药物中，石炭酸、煤焦油衍生物等消毒剂对白色念珠菌的消毒效果甚微，碘制剂、甲醛或氢氧化钠的消毒效果较好。或用 3% ~ 5% 来苏尔溶液对鸡舍、垫料消毒，能有效地杀死该菌。不用发霉变质的饲料，添加制霉菌素（最低剂量 142mg/kg 饲料）可预防鸡群的念珠菌病。潮湿雨季，在鸡的饮水中加入 0.02% 结晶紫可有效地预防该病。

（2）治疗。隔离发病鸡，用 0.1% 的硫酸铜溶液喷洒鸡舍、鸡笼。保持鸡舍卫生，通风干燥，饮水清洁。清除发病鸡口中的覆盖物，用碘酒涂布，喂服神 E 先锋片，每只 2 粒，每日 2 次，连用 5 天。

应用制霉菌素拌料，每只每日 20mg，并用 0.1% 的硫酸铜溶液饮水，连续 5 日。在饲料中拌入多种维生素，连喂 7 天。经过上述治疗措施，7 天后发病鸡病情好转，吃食、饮水均恢复正常。

四、鸡曲霉菌病

鸡曲霉菌病主要是由烟曲霉菌和黄曲霉菌等曲霉菌引起的多

种禽类的真菌性疾病。主要侵害呼吸器官。幼鸡常见急性、群发性暴发，发病率和死亡率较高，成年鸡则为散发。其主要特征是在呼吸器官组织中发生炎症并形成肉芽肿结节。以肺及气囊发生炎症和小结节为主。偶见眼、肝、脑等组织，故又称曲霉菌性肺炎。在南方潮湿地区常在鸡、鸭、鹅群中发生。当蛋类保存条件差的情况下，蛋壳污染严重时，能引起胚胎死亡，能从死胚中分离到曲霉菌。北方地区以鸡群发生较多，多因饲料和垫料发霉所致。该病常在孵化室呈暴发性流行，对养鸡业造成巨大损失。

1. 病原

本病病原一般认为曲霉菌属中的烟曲霉，是常见的致病力最强的主要病原。曲霉菌的形态特征是分生孢子呈串珠状，在孢子柄膨大形成烧瓶形的顶囊，囊上呈放射状排列。烟曲霉的菌丝呈圆柱状，色泽由绿色、暗绿色至熏烟色，在沙保弱氏葡萄糖琼脂培养基上，37℃温箱中培养生长迅速，菌落最初为白色绒毛状结构，逐渐扩延，迅速变成浅灰色、灰绿色、暗绿色、熏烟色以及黑色。曲霉菌类，尤其是黄曲霉能产生毒素，其毒素（B_1）可以引起组织坏死，使肺发生病变，肝发生硬化和诱发肝癌。曲霉菌孢子对外界环境理化因素的抵抗力很强，在干热120℃、煮沸5分钟才能杀死。对化学药品也有较强的抵抗力。在一般消毒药物中，如2.5%福尔马林、水杨酸、碘酊等，需经1～3小时才能灭活。

2. 流行病学

曲霉菌的孢子广泛存在于自然界，如土壤、草、饲料、谷物、养禽环境、动物体表等都可存在。真菌孢子还可借助于空气流动而散播到较远的地方，在适宜的环境条件下，可大量生长繁殖，污染环境，引起传染。出壳后的幼雏在进入被曲霉菌严重污染的育雏室或装入被污染的席篓或装雏器内，经呼吸道或消化道而感染。48～72小时后即可开始发病和死亡。4～9日龄是本病流行的最高峰，以后逐渐减少。

曲霉菌的孢子通过蛋壳而引起死胚或出壳后不久就会出现临床症状。育雏室内日温差大，通风换气不好，雏禽数量多过分拥挤，阴暗潮湿以及营养不良等因素都能促进发生。同样，孵化环境阴暗、潮湿、发霉，甚至孵化器发霉等，都可能使种蛋污染，引起胚胎感染，出现死亡，导致孵出不久的幼雏出现症状。

3. 临床特点与表现

（1）急性型。表现为病鸡精神沉郁，多卧伏，食欲减退，对外界刺激反应淡漠，常有眼炎。如病程稍长，则呼吸困难，冠和肉髯发绀，个别可见麻痹、共济失调等神经症状。雏鸡的眼睛常被感染，可见瞬膜下形成黄色干酪样的小球状物，以致眼睑突出；日龄较大的雏鸡，角膜中央形成溃疡。急性者常在出现症状后2～3小时死亡，1～4周龄的雏鸡常会引起大群死亡，死亡率一般为5%～50%。

（2）慢性型。表现为精神沉郁，羽毛松乱，两翅下垂，食欲减退，进行性消瘦，呼吸困难，皮肤、黏膜发绀，常有腹泻，有的鸡还伴有嗉囊积液、口腔分泌物增多，个别病例可见颈部扭曲等神经症状。病程一般为3～7天，少数慢性病例可拖至2周以上，如不及时诊治，也会死亡。

鸡曲霉菌病理变化不同菌株、不同禽种、病情严重程度和病程长短有差异，一般而言，主要见于肺和气囊的变化。

肺：在肺脏上出现典型的真菌结节，从粟粒到小米粒、绿豆大小不等，结节呈灰白色、黄白色或淡黄色，散在或均匀地分布在整个肺脏组织，结节被暗红色浸润带所包围，稍柔软，切开时内容物呈干酪样，似有层状结构，有少数可互相融合成稍大的团块。肺的其余部分则正常。肺上有多个结节时，可使肺组织质地变硬，弹性消失。时间较长时，可形成钙化的结节。

气囊：最初可见气囊壁点状或局灶性混浊，后气囊膜混浊、变厚，或见炎性渗出物覆盖；气囊膜上有数量和大小不一的真菌结节，有时可见较肥厚隆起的真菌斑。有时可见气囊上的菌斑约贰分硬币大小，呈圆形、隆起，中心稍凹陷似碟状，呈烟绿色或深褐色，用手拨动时，可见粉状物飞扬。

腹腔浆膜上的真菌结节或真菌斑与气囊上所见大致相似。

4. 临床诊断

根据曲霉菌病的流行特点以及病鸡呼吸困难、剖检肺和气囊上有大小不等的真菌结节即可做出初步诊断，结合实验室检验确诊，进行微生物学检查的病原分离鉴定。

病料压片镜检，取病肺或气囊上的真菌结节病灶，置载玻片上，加生理盐水 1 滴或加 15% ~ 20% 苛性钠（或 15% ~ 20% 苛性钾）少许，用针划破病料，加盖玻片后用显微镜检查，肺部结节中心可见曲霉菌的菌丝；气囊、支气管病变等接触空气的病料，见到分隔菌丝特征的分生孢子柄和孢子。

病料接种，取肺组织典型病料，接种于沙保弱氏琼脂平板培养基上，37℃培养 36 小时后，菌落中心带呈烟绿色，稍凸起，周边呈散射纤毛样无色结构，背面为奶油色，直径约 7mm，有霉味。镜检可见典型真菌样结构。

5. 防治

（1）加强饲养管理。保证饲料和垫料清洁干燥，及时清扫鸡舍内外的粪污；定期用 3% 火碱、5% 来苏儿、0.5% 过氧乙酸等对鸡舍地面墙角等进行消毒，用 0.2% ~ 0.3% 过氧乙酸、碘伏、百毒杀等消毒剂带鸡喷雾消毒；控制好育雏舍温度和饲养密度，并随着日龄的增大逐步降低温度；加强通风换气，以减少育雏舍空气中的真菌孢子数量。定期更换垫料，不使用发霉垫料和饲料是预防曲霉菌病的垫料要经常消毒翻晒，妥善保管，尤其是在梅雨季节，防止曲霉菌生长繁殖。鸡舍要保持干燥，加强通风，要定期消毒，最好是带鸡消毒，做到每周消毒 1 ~ 2 次，最大限度减少舍内空气中曲霉菌孢子的数量。重视孵化卫生工作，保持孵化室、孵化器、育雏室清洁干燥，对饮水器及其他用具要进行刷洗消毒，必须经常更换饮水器的放置地点。在夏季高温潮湿、闷热多雨季节，必须采取有效措施防止饲料和垫料发霉。如有发病，在治疗的基础上要淘汰病重鸡，其他病鸡必须隔离饲养。

（2）治疗。在发病初期，蛋鸡用 1：2 000～1：3 000 的硫酸铜溶液饮水，连用 2～3 天，严重时使用制霉菌素拌料。另外用克霉唑每 100 只鸡一次 1g 拌料，一天 2 次，连用 3～5 天；利高霉素 30mg/kg 饮水，连用 2～3 天，疗效也很明显。

对该病的治疗，制霉菌素效果最好，但必须及时、连续用药。方法是将制霉菌素以每 100 只 10～15 日龄的雏鸡一次 50 万～80 万单位的用药量混料，每天早晚各 1 次，连喂 4～5 天为一个疗程，病情严重的进行人工投服。给予充足的饮水，饮水中加入葡萄糖、电解多维、强力霉素等，其目的增强机体抵抗力，预防继发感染，另外，维生素 C 还有解毒和抑制真菌增殖的作用。病情严重的用滴管饮喂，连续用药 3 天。

五、鸡冠癣

鸡冠癣又称头癣或黄癣，是由头癣真菌引起的一种慢性皮肤霉菌病，在鸡群中会相互传染，特征是在头部无羽毛处，特别是鸡冠上形成黄白色、鳞片状的癣痂，本病多发于夏、秋多雨潮湿的季节。主要通过皮肤伤口传染和接触传染。鸡群拥挤、通风不良、病鸡脱落鳞屑和污染的器具物品都能引起广泛传播。重症病例病变也可扩展到有羽毛处。重型品种鸡较易感染，六月龄之内的小鸡很少发生。

1. 病原

由鸡头癣菌引起。

2. 流行病学

本病由鸡头癣菌（又称鸡毛癣菌）所引起。此种真菌在葡萄糖琼脂上培养生长良好。

3. 临床特点与表现

病初，鸡冠上出现白色或灰黄色的圆斑或小丘疹，皮肤表面皮肤表面有一层麦麸状的鳞屑，尔后由冠部逐渐蔓延至肉髯、眼睑甚至耳颈部和躯体，羽毛逐渐脱落。随着病情的发展，鳞屑增多形成厚痂，病鸡痒痛不安，精神委顿，逐渐瘦弱、贫血，出现黄疸，母鸡产蛋量下降甚至停产。严重时，剖检病鸡可见上呼吸道和消化道黏膜点状坏死，小结节和黄色干酪样沉着物，偶见肺脏及支气管发生炎症变化。

4. 临床诊断

根据患部肉眼所见的特征病变即可作出诊断，必要时可取表皮鳞征用10%氢氧化钠处理1~2小时后进行观察，如发现短而弯曲的线状菌丝体及孢子群即可确定。

5. 防治

（1）加强饲养管理。购鸡时，加强检疫；搞好环境卫生工作，定期消毒；饲养密度适当，通风良好；发现病鸡及时隔离治疗，重病鸡必须做淘汰处理。注意检疫，严防本病传入。隔离病鸡，重症病鸡应淘汰，轻症的治疗。

（2）治疗。治疗：治疗方法治疗可用碘甘油或福尔马林软膏（福尔马林1份，凡士林20份，凡士林熔化后加入福尔马林，在玻璃瓶中摇匀）。治疗时先用肥皂水清除患部痂皮和污垢，然后涂药。用3%~5%克霉唑软膏涂擦患部亦有较好的疗效。鸡舍用福尔马林或氢氧化钠彻底消毒。

六、鸡疏螺旋体病

鸡疏螺旋体病是一种以波斯锐喙蜱和鸡刺皮螨传播，由螺旋体科的鹅包柔氏螺旋体引起鸡败血性传染病。其主要特征是发热、厌食、头下垂、贫血，排浆液性绿色稀粪和长期不卧，以及肝、脾明显肿大和内脏出血。本病在有大量媒介吸血昆虫存在时，病死率极高。

1. 病原

该病病原是鹅包柔氏螺旋体，是螺旋体科疏螺旋体属的一个成员。此菌螺旋弯曲，有疏松排列的 5～8 个螺旋，能运动。病原体存在于病禽的血液中。采取病禽血液，收集血浆，于超低温条件下可长时间保存。鹅包柔氏螺旋体可在鸡胚中生长。据报道，疏螺旋体在禽体内生长繁殖规律是从少到多，继而成网状，最后溶解消失。

这一规律与血清中抗体含量有关。为抗体逐渐增多时，螺旋体发生网状凝集，抗体量进一步增多时则发生溶解，此时血内查不到螺旋体。我国分离到的鸡疏螺旋体抗原性一致，同属一个血清型。螺旋体对外界环境抵抗力不强。

鸡、火鸡、鸭、鹅等均可自然感染，鸽有较强抵抗力。各日龄禽类均易感。由蜱和吸血昆虫叮咬后传播，蜱可通过卵将本病垂直传递给其后代。鸡螨和虱能机械传播。多发于 4～7 月炎热季节。康复禽不携带病原菌，随病痊愈该菌在血液和组织中同时消亡。也经皮肤伤口和消化道感染。死亡率较高。

2. 流行病学

鸡疏螺旋体病对鸡、鸭、鹅、麻雀等均有较强的易感性，各日龄均可感染，但老龄禽有抵抗力。本病自然感染是通过波斯锐缘蜱的刺螫而传播的。该蜱还可通过卵将病原传给下一代，而后代可再继续传播，因此，蜱是本病流行的媒介昆虫。鸡螨、鸡虱也可传播本病，但只起到机械传播作用。幼禽发病或当营养不良时，发病率和死亡率均较高。由于本病主要传播媒介是蜱，所以，该病发生有一定的季节性。

3. 临床特点及表现

（1）临床症状。该病发生时，体温明显升高，病鸡精神不振，食欲减退或废绝。腹泻，排出粪便呈浆液性且分为3层。外层为浆液，中层为绿色，内层有白色块状物。病后期明显贫血并有黄疸。临诊上依症状轻重分为3型。急性型来势凶猛病情重，体温高，此时作血液涂片可见到较多螺旋体，病鸡很快死亡。本病大多数属亚急性型经过，最大特点是体温曲线呈弛张热型，螺旋体随体温升高在体内长时间存留。一过型的临诊病例少见，此型只见发热、厌食，1~2天后体温恢复正常，血中螺旋体消失，常不治自愈。

①急性型突然发病，体温升高，精神不振，此刻做血涂片镜检，可见到较多螺旋体。这时排浆液绿色稀粪，贫血，黄疸，消瘦，抽搐，很快死亡。

②亚急性型鸡多见，体温时高时低，呈弛张热。随体温升高，血液中连续娄日查到螺旋体。

③一过性较少见，发热，厌食，1~2天体温下降，血中螺旋体消失，不治可康复。

（2）病理变化。主要病理变化为脾脏明显肿大，呈瘀斑状出血，外观如斑点状。肝脏肿大，有出血点和坏死灶。有时见肾脏肿大。肠道为卡他性肠炎。涂片镜检取刚病死鸡心血或体温高病鸡翅静脉血涂片，干燥后作姬姆萨染色镜检，发现有"V"、"S"形或大小不等的弧状螺旋体缠绕在红细胞膜上。取肝、脾、肾、肺等内脏涂片做瑞氏染色镜检，发现紫红色螺旋体。

4. 临床诊断

临诊上如若怀疑本病，可在病禽发病初期采集血液制成湿片，在暗视野显微镜下观察，当发现疏螺旋体即可确诊。螺旋体在血中的出现与体温升高有直接关系，螺旋体检出率与体温升高成正比，具有重要诊断价值。此外，采集病料接种鸡胚尿囊腔，

2~3天后在尿囊液中可看到病原体。我国学者曾用琼脂扩散和凝集试验进行诊断。

5. 防治

土霉素是治疗鸡疏螺旋体病的高效药物，治愈率达96.7%。青霉素亦有一定疗效，但治疗后血中螺旋体仍有再现现象，治愈率较低。土霉素还有较好的预防作用。另外，通过药敏试验，发现中药石榴皮对螺旋体有较好的致死作用，其次为黄连和大蒜。

本病的预防主要是消灭该病的传播媒介—蜱。除采用喷洒、药浴方法消灭禽体上的蜱外，还应注意消灭在禽舍内外栖息的蜱。此外，加强饲养管理，增强家禽抗病力，特别是对引进禽只做好检疫，是预防本病不可忽视的问题。

第四章　蛋鸡的普通病

第一节　消化系统疾病

一、嗉囊卡他

嗉囊卡他，又称软嗉病、嗉囊炎、嗉囊下垂，是由于发霉腐败、易于发酵产气的饲料，有毒、有刺激性的物质或者异物，维生素或寄生虫感染及嗉囊阻塞，刺激和损害嗉囊黏膜使其发炎，腐败发酵产生大量气体使嗉囊膨胀的疾病。

1. 病因

原发性病因包括：采食难消化或易腐败发酵的饲料；饮用污秽水；误食酸、碱等腐蚀性物质等。

继发性嗉囊卡他，见于鸡新城疫，白色念珠菌感染，毛滴虫、捻转毛细线虫、穿孔毛细线虫重度侵袭，瞿麦中毒，食盐中毒等疾病；也继发于维生素 A、维生素 B 缺乏症、嗉囊阻塞等。

2. 临床表现

精神沉郁，食欲减退，甚至废绝，冠、髯发绀；头颈伸直，吞咽困难，不断张口，从口鼻流出污黄色的浆液或黏液；嗉囊胀大，叩诊呈鼓音，触摸柔软、有弹性，表现疼痛；有的迅速消瘦、衰竭而死亡；有的转为慢性，后遗症造成嗉囊下垂。

3. 诊断

根据嗉囊膨大变软或有气体，挤压时由口鼻流出嗉囊内容物的症状，结合饲喂史可以诊断。嗉囊卡他与嗉囊阻塞的区别关键在于嗉囊的软硬。

4. 防治

治疗要点在于先高抬后躯，按压嗉囊，排出贮积的内容物，再用0.5%鞣酸、1%明矾或2%硼酸等消毒收敛溶液冲洗。

预防，在于不饲喂发霉变质、易发酵产气、有毒、有刺激性的饲料；清理饲料内的异物；防止散养肉鸡食入异物、污水、化肥等。积极预防和治疗鸡新城疫、维生素A、维生素B缺乏症、嗉囊阻塞和中毒等疾病。

二、嗉囊阻塞

嗉囊阻塞，又称硬嗉症、嗉囊扩张、嗉囊弛缓，是由于嗉囊运动机能减弱所致的嗉囊内硬固性食物停滞，引起阻塞不通，影响营养物质的消化吸收，阻碍生长发育，产蛋下降或停产甚至嗉囊破裂、穿孔。

1. 病因

易发因素包括长期饲喂糊状饲料或寄生虫重度侵袭所致的嗉囊弛缓以及维生素、矿物质元素或砾石缺乏造成的异嗜。

致发病因包括过量啄食高粱、豌豆等干燥颗粒饲料，胡萝卜、马铃薯等大块根茎以及拌有糠麸的干草；大量吞食柔韧的水生植物，或金属块、骨片、皮革、毛发等坚韧的异物。

2. 临床表现

精神沉郁，食欲减退，甚至废绝，翅膀下垂，消瘦；喙频频开张，流恶臭黏液；嗉囊胀大，触之粘硬或坚硬，长时间不能排空；呼吸困难，张口呼吸，甩头，冠髯发绀，俯卧在地，大多于数日内死于窒息、自体中毒或嗉囊破裂；张口时有恶臭淡色液体流出。抢救不及时，可因嗉囊破裂，穿孔或窒息而死亡。少数转为慢性，后遗嗉囊下垂。

3. 防治

治疗措施是，首先可注入 20～30mL 植物油或者 50～100mL 水，再按摩嗉囊，压碎内容物，经口排除。然后用消毒收敛溶液冲洗。按摩无效的，尤其异物性阻塞，可施行嗉囊切开术，方法是：术部拔毛，用 2% 碘酊消毒，作 1.5～2cm 长的切口，取出异物，用消毒液冲洗嗉囊，然后先缝合嗉囊，再缝合皮肤。术后 1～2 天内饲喂易消化的饲料，1 周左右可以康复。

预防在于不饲喂粗硬籽实；消除饲料内的异物；定时定量饲喂；正确配合日粮，防止矿物质、维生素和微量元素的缺乏。

三、泄殖腔炎

泄殖腔炎俗称白带或肛门后淋，是由于鸡场环境不清洁、潮湿、氨气或粪便刺激，或饲料中的芒刺损伤，或粪便中的有毒物质刺激使泄殖腔和肛门发炎、糜烂、黏膜脱落和溃疡的疾病。

1. 病因

泄殖腔炎的主要病因是鸡舍及育雏室环境不清洁，潮湿或氨气刺激泄殖腔，或垫料上的粪便直接刺激泄殖腔；饲喂含有麦芒、麦壳等的饲料，芒刺损伤泄殖腔；均可引起炎症。此外，通风时排出多量含有尿酸盐的粪便，伴有腹泻的疾病粪便内有毒物质刺激泄殖腔，也可引起泄殖腔炎。

2. 临床表现

病鸡食欲缺乏，体质消瘦，冠、肉垂及面部呈灰白色不如产蛋时鲜红。肛门红肿，周围羽毛有恶臭的脓状物污染，肛门的边缘常有假膜形成。严重时肛门部分的组织发生溃烂、脱落，形成溃疡。有时炎症可以蔓延至直肠部分。由于肛门部位受到刺激，病鸡不断用力努责并表现疼痛，往往引起泄殖腔脱垂，和鸡群发生啄肛癖。

3. 诊断

根据鸡舍环境不洁，饲料内有芒刺，痛风，腹泻的病史，肛门出血、糜烂、黏膜脱落、溃疡的症状可以诊断。本病与输卵管炎均有肛门红肿，排出恶臭分泌物等症状，诊断时须根据其各自的临床症状、剖检等特点细加鉴别。

4. 防治

发现本病时要将病鸡立即隔离饲养，剪去肛门附近的污秽羽毛，除去肛门部分坏死组织，用温和的 3% 铬酸水溶液或 10% 明矾溶液或 0.1% 的高锰酸钾溶液，每隔 3 ~ 4 天冲洗一次，约 3 ~ 4 天即可痊愈；部按上述方法处理后涂敷 5% 金霉素类软膏，一般涂敷 2 ~ 3 次也可见效；大群可以投用氟苯尼考制剂、替米考星等。

预防该病可从几个方面入手：搞好鸡舍内的卫生管理，包括合理的饲养密度，适当的通风量，及时清除舍内的鸡粪，舍内的人行道要清洁卫生，避免尘土飞扬，适宜的温湿度环境，要坚持每天清洗消毒饮水器具，要防止饲料被粪便污染，减少舍内地面鸡，病死鸡的安全无害化处理等；搞好对大肠杆菌等病的药物预防工作；饲喂全价配合日粮，饮水中可添加 0.03% 的硫酸镁；熟练掌握鸡人工授精技术。

四、腺胃炎和肌胃炎

腺胃炎和肌胃炎，是由多种因素共同作用，使得肉鸡出现腺胃黏膜溃疡水肿，肌胃角质层增厚、糜烂、溃疡为症状的疾病。该病发病区域广，无季节性，肉鸡最早发病日龄见于 1 ~ 8 日龄，15 ~ 30 日龄为多发期。

1. 病因

腺胃炎和肌胃炎的发生原因，至今尚无定论，大致分类包括传染性因素和非传染性因素两类。

（1）传染性因素。

真菌感染：烟曲霉菌、黄曲霉菌、白色念珠菌等。

细菌感染：厌氧菌，如腐败梭菌。

病毒感染：如传染性支气管炎、传染性喉气管炎、鸡传染性贫血病毒等能够引起鸡免疫抑制的病毒。

（2）非传染性因素。

饲养管理：饲养密度过大，雏鸡早期育雏不良，雏鸡运输时间长，脱水等是此病发生的诱因。在很多情况下这些饲养因素对腺胃炎病发生的严重性及死亡率有关系，这种病常也见于那些经常使用垫料的鸡场，经常注射抗生素特别是四环素也能诱发腺胃炎。

营养因素：饲料营养不良、硫酸铜过量、日粮的氨基酸不平衡、日粮中的生物胺、低纤维素日粮、真菌毒素、霉菌毒素等诱发腺胃炎。

2. 临床表现

（1）直升机羽（或叫螺旋桨状羽毛）。即翅膀翼羽基部不完全断裂，断裂羽毛与体躯垂直，类似飞机螺旋桨状。病鸡食欲减退生长停滞，羽毛粗糙缺乏光泽蓬乱，体重仅为健康鸡的1/20～1/10。病鸡初期表现精神沉郁，畏寒，呆立，缩头垂尾，采食和饮水急剧减少。后期可持续很长时间，最后由于采不到食，病鸡极度消瘦、苍白，逐渐衰弱而死。

（2）神经症状。多发生于发育较好的鸡群。病初表现脚软，蹲地啄食，而后两脚瘫痪完全不能站立。病鸡侧卧两脚颤抖朝向一侧或前后（左右）叉开，头须向后卷曲或一侧卷曲，并出现作后翻滚动作。体温不高，常在1～2天内死亡。

（3）腹泻。病鸡排黄白色稀粪，喂变质鱼粉的病鸡还发现体温升高至43～44℃。由于饲料转化率低，消化不良，粪便中可见到未消化的饲料颗粒。

（4）水肿。气温较高季节或饲养较良好的鸡群发病常可见水肿症状，在头部、下颌部、翅膀的臂部、下腹部等部位出现蓝紫色水肿。

（5）皮肤苍白。病鸡冠、嘴、脚显得苍白。

（6）鸡群鸡只大小参差不齐。部分病鸡逐渐康复，但体形瘦小，不能恢复生长，因此，鸡群鸡只大小参差不齐。

3. 病理变化

病禽腺胃肌胃病变具有特性：病禽腺胃肿大，腺胃壁增厚，或腺胃乳头扁平甚至消失，或腺胃大过肌胃，手感变硬，切开见腺胃壁增厚、水肿、呈月牙状、指压可流出清亮液体，腺胃黏膜肿胀变厚、乳头肿胀、出血、溃疡，有的乳头已融合、界限不清，严重的出现火山口样的溃疡直至穿孔。肌胃角质层增厚、糜烂、溃疡易剥离，边缘苍白有裂缝。胸腺、脾脏及法氏囊严重萎缩，肠壁变薄无物、肠道有不同程度的出血性炎症。粪便呈腹泻，过料、颜色发暗，部分病鸡肾肿大，有尿酸盐沉积。肠道内容物为含大量水的食糜。

4. 诊断

（1）发病前期以"不吃不长不死"为主要特征，后期由于鸡体质弱衰竭死亡，或继发感染其他疾病死亡。这两个病一年四季均可发生，以夏季和季节更替时发病率高，尤以秋转冬时损失更严重，在我国北方地区表现更为明显，肉鸡发病日龄多集中在10～30日龄。

（2）腺胃炎和肌胃炎的不同之处。腺胃炎发病初期表现为粪便过料或细长条。腺胃炎不吃大颗粒饲料，刨料。由于腺胃肿胀，腺胃内径变小，吃大颗粒饲料很难到达肌胃，所以，鸡不爱吃大颗粒饲料；即使吃了，也疼，所以，鸡表现尖叫、疯跑的状态。解剖可见腺胃肿胀如乒乓球状、充血出血；乳头水肿、基部呈粉红色，周边出血；病后期乳头溃疡、凹陷、消失。

鸡得了肌胃炎对饲料的颗粒状大小是没有什么挑剔，但整吃整拉的现象普遍，也就是大家看到的过料严重。因为鸡的肌胃相当于鸡体内的粉碎机，粉碎机坏了，不工作了，吃的大颗粒饲料不能被粉碎，所以，过料相当严重。剖检可见肌胃干瘪萎缩，鸡内金呈现老树皮状、甚至糜烂，鸡内金下方出现白色或灰白色脓疮样附着物，严重的附着物厚度超过1mm。

（3）腺胃炎和肌胃炎的共性。腺胃炎和肌胃炎会造成鸡群生长不良，病鸡体重比正常鸡体重低，鸡群发育大小参差不齐，发病一两天后都会表现头部发尖，不增料的情况。个别鸡出现精神不振、缩头、垂翅的状态，病鸡还表现出脸发白、腿脚发白等贫血症状。这两个病的病程都比较长，治疗及时者3天即可治愈，治疗不及时的，直到出栏都不能治愈，对养殖户的损失较大。这两个病发病率高，前期几乎不死亡，后期会出现衰竭性死亡。死亡率高低不等，无明显的死亡高峰。腺胃炎和肌胃炎的发生，会造成鸡免疫力低下，甚至会造成免疫抑制。临床表现为胸腺、胰腺、法氏囊严重萎缩，甚至有些鸡群还表现为轻微的咳嗽、甩鼻等呼吸道症状。

5. 防治

（1）治疗。根据本病发生的原因，对因和对症治疗，包括抗菌，抗真菌，另外配合均衡的饲料加以治疗。

（2）预防。雏鸡应选择从没有传染性肌腺胃炎的鸡场购进，注重疫苗质量（特别是鸡痘疫苗和马立克疫苗）。日常管理应注重孵化器和孵化房的卫生消毒，降低饲养密度，避免各种应激，控制好育雏温度，避免喂给劣质饲料，及时更换潮湿的垫料等措施预防本病发生。为防止鸡痘引起腺胃炎，还应做好防蚊蝇的工作。

五、肠炎

肠炎是由于饲喂霉败、含粗纤维多的饲料，或用药浓度过大，疲劳、感冒、营养缺乏等饲养管理错误所引起的肠黏膜及黏膜下层组织发炎，黏液分泌增多，腹泻、脱水、失盐、酸中毒，消化吸收障碍，自体中毒的疾病。各日龄鸡均可发生，但是仔鸡多发，且病情重，死亡率高；成鸡病情轻缓，死亡率低。

1. 病因

按照病因分为原发性肠炎和继发性肠炎。

原发性肠炎主要是由于饲养管理不当所引起的，如饲喂了发霉变质的饲料；用药量或者浓度过大，如用高浓度高锰酸钾溶液饮水消炎或者添加多量碳酸氢钠促生长等；含粗纤维的青菜青草饲喂比例过大；不定时定量饲喂致使雏禽暴饮暴食；肌胃内缺乏砂砾又饲喂了整粒谷物。此外，过度疲劳，受寒感冒，长途运输，营养缺乏也可以引起肠炎。

继发性肠炎，主要继发与某些内科病，营养代谢病、中毒病、传染病和寄生虫病。能激发肠炎的内科病主要有肌胃角质层炎、胃肠阻塞、砂砾缺乏症和肉鸡猝死综合征等；营养代谢病主要是痛风、维生素 A 缺乏症、渗出性素质、肌营养不良，维生素 B_1、维生素 B_2 缺乏征；中毒病主要有食盐中毒、棉籽饼中毒、曲霉菌素中毒、磺胺类药物中毒、喹乙醇中毒、土霉素中毒、有机磷农药中毒、氨气中毒等。能继发肠炎的传染病主要是雏鸡白痢、大肠杆菌病、禽伤寒、禽霍乱、传染性法氏囊病、禽白血病、马立克氏病、传染性喉气管炎等；能继发肠炎的寄生虫病主要有鸡球虫病、毛滴虫病等。

2. 临床表现

腹泻是本病的主要症状，拉白色稀粪或水样便，粪内混有绿、黄、棕、黑或血色物，粪便覆有黏液膜，肛门周围羽毛上沾满粪便，有的病雏集聚的粪便使肛门闭塞不能排便，表现疼痛不安，发出"吱吱"的鸣叫声。由于腹泻使得机体脱水及毒物吸收发生自体中毒，病禽表现精神沉郁，呆立嗜睡，羽毛蓬乱，消瘦，皮肤干燥，口渴贪饮，怕冷，聚集在温度高处。最后因脱水、衰竭、自体中毒、心力衰竭而死亡。成禽症状轻缓，病死率低。

3. 病理变化

通过对多群病鸡解剖观察，其主要病理变化为：在发病的早期，十二指肠段空肠的卵黄蒂之前的部分黏膜增厚，颜色变浅，呈现灰白色，像一层厚厚的麸皮，极易剥离；肠黏膜增厚的同时，肠壁也增厚。肠腔空虚，内容物较少，有的肠腔内没有内容物；有的内容物为尚未消化的饲料。此病发展到中后期，肠壁变薄，黏膜脱落，肠内容物呈蛋清样、黏脓样，个别鸡群表现得特别严重，肠黏膜几乎完全脱落崩解，肠壁菲薄，肠内容物呈血色蛋清样或粘脓样、烂柿子样。其他脏器未见明显病理变化。

4. 诊断

根据腹泻，粪内混有血液、脱落的上皮组织等病理产物，皮肤干燥、贪饮的症状，结合病史及流行特点可初步诊断为肠炎。

5. 治疗

对轻症肠炎减少饲喂量，给予易消化的饲料，在日粮内添加不吸收的磺胺类药物。对症治疗肠炎可用0.1%高锰酸钾溶液饮水，并内服磺胺类药物，0.05～0.15g/kg体重，每日2～3次，连服3～4天；或用呋喃唑酮混料饲喂，300～400mg/kg饲料，连用3～4天。

6. 预防

加强饲养管理，不喂发霉饲料，用药要掌握适当的用量和浓度，含粗纤维的青草青菜饲喂比例不能过大，定时定量饲喂，定期饲喂砂砾。防止过度疲劳、受寒感冒和营养缺乏。积极预防和治疗能引起肠炎的某些内科疾病、营养代谢病、中毒病、传染病和寄生虫病。

六、胃肠阻塞

胃肠阻塞是刚出壳的雏鸡在铺有锯末等异物的育雏室饲喂，或过度饥饿时采食了异物，引起肌胃阻塞，使内容物后送困难，胃肠膨胀，排粪困难，疼痛，消化及吸收障碍的疾病。本病主要发生于雏鸡，死亡率较高。

1. 病因

刚出壳的雏鸡在铺有锯末、沙子、煤渣的育雏室饲喂时，由于对饲料和异物辨识能力差而误食，或不定时定量饲喂使雏鸡过于饥饿而采食。也有添加砂粒或腐植酸钠过量而继发病的。

2. 临床表现

精神沉郁，低头缩颈，翅膀下垂，羽毛蓬乱，闭目呆立。嗉囊多软化、空虚；也有个别的嗉囊内有多量内容物。有的排带泡沫的稀粪，内有锯末、砂粒、煤渣等异物；有的排粪困难，排粪时因疼痛而发出"吱吱"的尖叫声。触诊腹部，肌胃处坚硬，直肠段有硬结。

3. 病理变化

多数嗉囊和腺胃空虚；病程长或严重病例可发生因肌胃阻塞继发的腺胃阻塞。肌胃内充满锯末、沙粒、煤渣等异物而坚硬；或胃被纤维团块塞满。未阻塞的肠道空虚，有少量含有异物的泡沫状内容物。因阻塞物的压迫使肌胃发炎、坏死而出血。

4. 病程和预后

个别轻者可以治愈，多数预后不良，一般 1~3 日死亡。

5. 诊断

根据沉郁、嗜睡，粪内有异物或排粪时尖叫，触诊肌胃坚硬的症状，结合接触异物的饲养史；或肌胃阻塞的剖检变化可以诊断。

6. 治疗

立即清除育雏室的异物，或更换育雏室。在饲料中拌石蜡油或植物油 0.5～2mL/只；对不食者，可用注射器灌服。对阻塞严重的，可增加投油的量和次数。

7. 预防

对刚出壳的鸡雏，不在育雏室内铺锯末等异物；定时定量饲喂，防止采食异物。饲料内砂的添加量为 0.5%～1%，不能过量添加。

第二节　呼吸系统疾病

一、喉炎

1. 病因

原发性喉炎，主要起因于受寒感冒，机械性或化学性刺激。继发性喉炎，主要是邻近器官炎症，如鼻炎、咽炎、气管炎等的蔓延或继发于某些传染病，如鸡传染性喉气管炎病、流行性感冒、传染性上呼吸道卡他、禽白喉等。

2. 临床表现

突出的表现是剧烈的咳嗽和喉部体征。病初发短干痛咳，以后则变为湿而长的咳嗽。饮冷水、采食干料以及吸入冷空气时，咳嗽加剧，甚至发生痉挛性咳嗽。喉部肿胀，头颈伸展，呈吸气性呼吸困难。触诊喉部，摇头伸颈，表现知觉过敏，并发连续的痛咳，喉狭窄音远扬数步之外；喉部听诊闻大水泡音。有时流浆液性、黏液性或黏液脓性鼻液，下颌淋巴结急性肿胀。并发咽炎时，则咽下障碍，有大量混有食物的唾液随鼻液流出。重症病例，精神沉郁，体温升高 1～1.5℃，脉搏增数，结膜发绀，吸气性呼吸困难，甚至引起窒息死亡。

慢性喉炎，长期弱咳、钝咳，早晚吸入冷空气时更为明显。触诊喉部稍敏感，引发弱咳。每因喉部结缔组织增生、黏膜显著肥厚、喉腔狭窄而造成持续性吸气性呼吸困难。

3. 病理变化

以喉头、气管上端出血、糜烂、小肠内充气、肾肿大等，其他病变不明显。

4. 防治

治疗鸡喉炎病并无特效药物，多年的传统常规免疫程序和药物治疗，其效果不够理想。有些中草药再配合紧急接种传喉疫苗，效果良好。

有本病流行的地区，首次于45日龄滴鼻或点眼接种，第二次在85日龄进行二免，发病后及时治疗，可采用抗病毒的中西药，结合对症疗法，如祛痰、止咳、清肺理气等治疗方法，有时可采用紧急预防接种。

可选用平喘止咳，消痰化瘀的中草药。

二、支气管炎

1. 病因

寒冷刺激，可使支气管黏膜下的血管收缩，黏膜缺血而防御机能降低，呼吸道常在菌（如肺炎球菌、巴氏杆菌、链球菌、葡萄球菌、化脓杆菌等）或外源性非特异性病原菌乘虚而入，呈现致病作用。

机械性和化学性刺激，如吸入粉碎饲料、尘埃、真菌孢子、氯、氨、二氧化硫等刺激性气体及火灾时的闷热空气；投药以及吞咽障碍时异物进入气管，均可引起吸入性支气管炎。

继发于某些传染病和寄生虫病，如鸡传染性支气管炎及鸡的肺丝虫病等。

2. 临床表现

急性大支气管炎主要症状是咳嗽。病初呈干、短、痛咳，以后变为湿、长咳。从两侧鼻孔流出浆液性、黏液性或黏液脓性鼻液。胸部听诊可听到干性或湿性罗音。全身症状较轻，体温正常或升高 0.5~1.0℃，

急性细支气管炎多继发于大支气管炎，呈现弥漫性支气管炎的特征。全身症状重剧，体温升高 1~2℃，呼吸疾速，呈呼气性呼吸困难，可视黏膜蓝紫色，有弱痛咳，胸部听诊，肺泡呼吸音增强，可听到干罗音和小水泡音，还可听到捻发音。胸部叩诊音较正常高朗，继发肺泡气肿时，呈过清音，肺叩诊界扩大。

腐败性支气管炎除急性支气管炎的基本症状外，全身症状重剧，呼出气带腐败性恶臭，两侧鼻孔流污秽不洁并带腐败臭味的鼻液。该部位听诊可听到支气管呼吸音或空瓮性呼吸音。

慢性支气管炎主要症状是持续性咳嗽。咳嗽多发生在运动、采食、夜间或早晚气温较低时，常为剧烈的干咳，鼻液少而黏稠。并发支气管扩张时，咳嗽后有大量腐臭鼻液流出。病势弛张，气温突变或服重役时症状加重。全身症状一般不明显。后期并发支气管周围炎和肺泡气肿，则显不同程度的呼气性呼吸困难。

3. 病程及预后

急性大支气管炎，经过 1~2 周，预后良好。细支气管炎，病情重剧，常有窒息倾向，或变为慢性而继发慢性肺泡气肿，预后慎重。腐败性支气管炎，病情严重，发展急剧，多死于败血症。

慢性支气管炎，病程较长，可持续数周、数月乃至数年，往往导致肺膨胀不全、肺泡气肿、支气管狭窄、支气管扩张，预后不良。

4. 诊断

主要依据于受寒感冒病史，咳嗽、流鼻液、听诊干，湿罗音等现症。

5. 治疗

目前，尚无治疗鸡传染性支气管炎的特效药。针对其症状，其治疗原则为加强护理，消除病因，祛痰镇咳，抑菌消炎，必要时进行抗过敏治疗。

呼吸困难时，可肌内注射氨茶碱。

6. 预防

本病预防应考虑减少诱发因素，提高鸡只的免疫力。清洗和消毒鸡舍后，引进无传染性支气管炎病疫情鸡场的鸡苗，搞好雏鸡饲养管理，鸡舍注意通风换气，防止过于拥挤，注意保温，适当补充雏鸡日粮中的维生素和矿物质，制定合理的免疫程序。

三、气囊炎

气囊炎不是一个单独的疾病，仅仅是某些全身性感染的症状。一般是由病毒、支原体、大肠杆菌等病原引起，由于该症状病因较多，同时，能相互的继发，给防治带来一定困难。该病一年四季均有发生，但以春秋季节最为高发，给养殖业带来很大的损失。

1. 病因

（1）传染性因素。能引起鸡气囊炎的病原种类繁多，临床上最常见的是大肠杆菌，另外还有新城疫病毒、传染性法氏囊炎病毒、传染性支气管炎病菌、传染性鼻炎病毒、支原体（败血支原体、滑膜支原体）、曲霉菌等病原微生物，感染肉鸡后，都可以引起气囊炎。

（2）非传染性因素。非传染性因素比较复杂，大概包括以下几类：①饲养过程中的通风、温度以及湿度控制不当，是气囊炎的主要诱因，如养殖的密度过大与养殖的环境洁净度不高，消毒不够彻底，另外，很多养殖户不重视养殖场通风，肉鸡舍内常常积聚过多的有害气体（如氨气浓度过高）；②肉鸡呼吸系统结构原因，这种"上呼吸道-肺脏-气囊-骨骼"相互连通的结构特点，使机体形成一个半开放的系统，空气中病原微生物，很容易通过上呼吸道造成全身感染，也是气囊炎高发的重要原因；③正常免疫后应激做完首免或二免后鸡群出现咳嗽、甩鼻、呼噜的，如不能及时治疗很快便引起气囊炎；④免疫抑制病，由于免疫抑制病的存在，机体对外界致病原敏感性增加，条件性病原或弱致病性病原如支原体用了多种大环内酯类的抗生素就是不能完全治愈，接着转型为顽固性呼吸道综合征。

2. 临床表现

以甩鼻、咳嗽、呼噜等上呼吸道症状为主，且逐渐蔓延发展。病鸡眼睛变形，眼结膜发炎、流泪，甚至肿胀导致失明。本病传播快，前期症状较轻，不易发现，中后期多为混合感染，大批死亡。病程较长，治疗不及时或延误病情者死亡率、淘汰率较高，且治疗不彻底，在继发心包炎、肝周炎后死亡率更高，发病中后期或病重鸡群，鸡群精神沉郁、采食量不升或明显减少，排黄白或黄绿色稀粪，鸡群生长缓慢，闭眼、打蔫鸡不断出现，死亡率增加。

3. 病理变化

主要表现为喉头和气管轻微充血、出血、气管内有少量黏液或一层黄色干酪样物附着，严重病例可造成支气管堵塞；肺部气囊混浊、增厚、有黄色或黄白色块儿状干酪样物附着，肺脏充血、淤血，严重病例导致坏死；腹气囊也会出现混浊、增厚，腹腔常有大量小气泡；发病中后期会造成心包炎、肝周炎、腹膜炎及气囊炎。

4. 预防措施

疫苗预防在育雏时控制好支原体与大肠杆菌病，做完疫苗后用大肠杆菌与支原体药，中后期控制好病毒病。选择优质的疫苗，防疫之后做好呼吸道的预防措施。发现鸡群呼吸道病，及时全面治疗，边治疗边调理，不要犹豫，将呼吸道病控制在萌芽阶段是关键。

加强肉鸡饲养管理规范进雏途径，从正规的种鸡场购进优质鸡苗，确保无支原体垂直传播感染的情况；本病发病主要原因与环境因素非常大，饲养管理做好对该病的预防至关重要；采用合理的饲养密度，保证鸡舍良好的通风；给鸡群供给营养均衡的饲料，做好日常的消毒卫生工作，保持鸡场、鸡舍的环境卫生；对于病死鸡要深埋或彻底销毁，杜绝传染源，给予鸡群良好的生存环境；鸡场应建立生物安全体系和采用全进全出的生产制度。

5. 治疗措施

轻度发病治疗方案用中药维乐欣（黄连解毒散）加 20% 氟苯尼考粉各用 1 袋对 300 ~ 400kg 水，集中饮水。

重症发病治疗方案用中药 250g 瘟毒清（主要成分：黄连、板蓝根、连翘等）加气囊三日清（主要成分：盐酸多西环素可溶性粉）各用 1 袋对水 250kg 集中饮水。

四、气囊破裂

气囊破裂是由于饲喂或饮水时拥挤跌撞，粗暴地抓鸡，阉割位置不准或动作不熟练等因素，使颈部、锁骨间和腹部气囊破裂，使气体窜入皮下或腹腔，病禽呼吸活动障碍，呼吸困难，颈部和腹部肿胀膨大，皮肤发红、发绀的疾病。

1. 病因

由于食槽或水槽过少或过小，饲喂和饮水时拥挤而引起跌撞，粗暴地抓鸡，阉割时位置不准确或者动作不熟练，或其他引起猛烈碰撞的因素，均可引起颈部、锁骨间气囊和腹部气囊破裂，气体窜入皮下及腹腔，造成颈部或腹部膨胀隆起。

2. 临床表现

精神沉郁，呼吸困难，独立一隅不愿意活动。颈部气囊破裂，见颈部羽毛逆立，轻的颈基部气肿，重的气肿延续至颈上部。腹部气囊破裂见腹围膨大，触诊腹壁紧张而有弹性，并有捻发音，叩诊似气球。气体集聚部位皮肤毛细血管先充血而是皮肤发红，后期因淤血而发绀。病情轻的能存活一段时间，表现生长发育障碍；严重者很快死亡。

3. 诊断

根据呼吸困难，颈部气肿和腹部似气球，紧张而有弹性的表现，结合拥挤跌撞，猛烈碰撞的病史可以诊断。

4. 防治

本病无治愈的方法，关键在于预防。食槽和水槽要充足，以防拥挤；抓鸡时动作应轻缓。

五、肺炎

肺炎是由于受寒或感冒使其呼吸系统防御屏障机能和机体抵抗力降低，支气管黏膜纤毛向上摆动减弱，分泌物增加，肺炎球菌侵入下呼吸道大量繁殖，引起肺毛细血管扩张充血，浆液渗出，支气管管壁水肿，肺通气障碍，呼吸困难的卡他性肺炎。各日龄鸡均可发生，但是雏鸡多发，病情重剧，易死亡。

1. 病因

多由支气管炎发展而来。病因同支气管炎，如寒冷刺激、理化学因素等。

过劳、衰弱、维生素缺乏及慢性消耗性疾病等呼吸道防卫能力降低的因素，均可导致呼吸道常在菌大量繁殖或病原菌入侵而诱发本病。

已发现的病原有禽多杀性巴氏杆菌、鸡鹦鹉热衣原体、肺炎球菌、绿脓杆菌、化脓杆菌、沙门氏菌、大肠杆菌、坏死杆菌、葡萄球菌、链球菌、化脓棒状杆菌、烟曲霉菌、黄曲霉菌以及腺病毒、鼻病毒和流感病毒等。

2. 临床表现

病初呈急性支气管炎的症状，但全身症状较重剧。病鸡精神沉郁，食欲减退或废绝，结膜潮红或蓝紫。体温升高 1.5~2℃，呈弛张热，有时为间歇热。脉搏随体温而变化，呼吸增数，口渴贪饮。咳嗽，呼吸时有啰音；呼吸困难，喘息，甚至伸颈张口喘气，冠髯发绀。最后多窒息死亡。

3. 病理变化

肺淤血，水肿，挤压可使切面流出液体。组织学上可见初级支气管和次级支气管周围淋巴细胞浸润，管壁水肿。气囊发炎，囊壁水肿，增厚，渗出物增多。

4. 病程及预后

病程一般持续2周。大多康复；少数转为化脓性肺炎或坏疽性肺炎，转归死亡。

5. 诊断

根据受寒后突然发病或由感冒继发，表现张口喘息，咳嗽，呼吸时有罗音，体温升高等症状；肺脏淤血、水肿，挤压可使切面流出液体等剖检变化，排除传染性肺炎或由传染病继发的肺炎可诊断。

6. 治疗

抑菌消炎，主要应用抗生素和磺胺类制剂。常用的抗生素为青霉素、链霉素及广谱抗生素。常用的磺胺类制剂为磺胺二甲基嘧啶。

在条件允许时，治疗前最好取鼻液作细菌对抗生素的敏感试验，以便对症用药。例如，肺炎双球菌、链球菌对青霉素较敏感，青霉素与链霉素联合应用效果更好。对金黄色葡萄球菌，可用青霉素或红霉素，亦可应用苯甲异恶唑霉素。对肺炎杆菌，可用链霉素、卡那霉素、土霉素，亦可应用磺胺类药物。对绿脓杆菌，可合用庆大霉素和多粘菌素 B、多粘菌素 F。对多杀性巴氏杆菌使用氯霉素，按每千克体重 10mg，肌内注射，疗效很高。大肠杆菌所引起的，应用新霉素，按每日每千克体重 4mg，肌内注射，每天注射 1 次。

7. 预防

注意做好环境卫生和通风保暖设备。在日粮中供应足够的维生素。

六、真菌性肺炎

真菌性肺炎，各种动物都可发生，多见于家禽尤其幼禽，常伴有气囊和浆膜的霉菌病。

1. 病因

真菌及其孢子可通过呼吸道吸入感染，病原真菌包括丝孢菌、放线菌、葡萄状白真菌和裂殖菌。家禽多为灰绿曲霉菌、黑曲霉菌、烟曲霉菌及毛霉属的总状毛霉曲菌，这些真菌在自然界广泛分布，潮湿情况下，温度适宜（35～40℃）很易生长发育。在鸡，除接触感染外，还能通过种鸡经卵垂直传播给雏鸡。

2. 症状

家禽流浆液性鼻液，呼吸困难，张口呼吸，吸气时颈部气囊扩大，一起一伏并发出"嘎嘎声"，夜间更加显著。食欲减退，倦怠无力，不愿活动，渐进性消瘦，常有下痢。

3. 病理变化

在家禽，呼吸道黏膜有炎性变化；支气管黏膜和气囊增厚，内有黄绿色真菌菌苔。肺和肋的浆膜表面有黄、灰、灰白色小结节。

4. 诊断

根据流行病学、临床表现及病理变化可做出初步诊断。确诊需进行微生物学检查。取病灶组织或鼻液少许置载玻片上，加生理盐水 1~2 滴，用针拨碎，显微镜检查见有菌丝或孢子，即可确诊。

5. 治疗

制霉菌素成鸡每千克饲料中添加 50 万~100 万单位，连用 1~3 周。雏鸡每 100 只一次用量为 50 万~100 万单位，每天 2 次，连用 3 天。

两性霉素 B 按每千克体重 0.12~0.25mg，以 5% 葡萄糖液稀释成每毫升含 0.1mg，缓慢静脉注射，隔日注射或每周注射 2 次。

克霉唑抗真菌谱广、毒性小、内服易吸收，内服量：雏鸡每 100 只用 1g，混于饲料中喂给。

1:3 000 硫酸铜溶液，作为饮水用，家禽 3~5mL，每天 1 次，连用 3~5 天；或内服 0.5% 碘化钾溶液，鸡 1~1.5mL，每天 3 次。

七、感冒

感冒，是寒冷刺激所引起的一种以上呼吸道黏膜发炎为主症的急性全身性疾病。临床上以体温突然升高、咳嗽、羞明流泪和流鼻液为特征。本病雏鸡多发，治疗不及时可转为肺炎而死亡。

1. 病因

鸡舍及育雏室或运输车船保暖不良（如门窗关闭不严等）而使雏鸡受到寒冷的侵袭；或鸡舍及育雏室通风不良，室内氨气、二氧化碳浓度大，在开窗通风换气时受寒；长途运输而疲劳，缺乏某种营养，患其他疾病也是感冒的诱因。

2. 临床表现

受寒冷作用后突然发病，精神沉郁，呆立嗜睡，羽毛蓬乱，体温升高，畏寒集堆或靠近热源。鼻流清涕，喷嚏，咳嗽。眼结膜发炎，肿胀，羞明流泪。呼吸加快。

3. 病理变化

剖检病死鸡发现，鼻腔气管及支气管内充满半透明渗液，肺淤血，胆囊肿大，脾不同程度肿胀，肝肾轻度充血，腿肌淤血，呈败血性症表现。

4. 诊断

根据受寒冷作用后突然发病，表现体温升高，喷嚏，咳嗽，流鼻液等上呼吸道卡他性炎症的症状可以诊断。

5. 治疗

治疗要点在于解热镇痛，祛风散寒，防止继发感染。

解热镇痛可内服阿司匹林或氨基比林；亦可肌内注射30%安乃近液，或安痛定液，或百尔定液。在应用解热镇痛剂后，体温仍不下降或症状仍未减轻时，可适当配合应用抗生素或磺胺类药物，以防止继发感染。

祛风散寒应用中药效果好。当外感风寒时，宜辛温解表，疏散风寒，方用荆防败毒散加减；当外感风热时，宜辛凉解表，祛风清热，方用桑菊银翘散加减。

6. 预防

注意禽舍、育雏室和车船运输中的保暖，但温度也不能太高，温度过高或忽高忽低反而容易感冒；鸡舍及育雏室要适当通风，避免室内氨气、二氧化碳浓度过大；要防止长途运输而疲劳，防治某种营养缺乏和患其他疾病。

第三节 泌尿系统疾病

一、痛风

痛风又称尿酸素质、尿酸盐沉积症和结晶症，是由于嘌呤核苷酸代谢障碍，尿酸盐形成过多和/或排泄减少，在体内形成结晶并蓄积的一种代谢病，临床上以关节肿大、运动障碍和尿酸血症为特征。

1. 病因

（1）动物性饲料过多。饲喂大量富含核蛋白和嘌呤碱的蛋白质饲料可引起本病。属于这类饲料的有，动物内脏、肉屑、鱼粉及熟鱼等。

火鸡喂饲含50%生马肉的饲料，血中尿酸盐含量持续升高，爪部发生痛风石，但有人用含60%和80%蛋白质的饲料喂鸡，却没有痛风的发生。商品饲料中蛋白质含量一般不超过20%，但照样有痛风的发生，可见高蛋白饲喂是引起本病的主要因素，但非唯一因素。

（2）遗传因素。动物中已发现遗传性痛风。

（3）肾脏损伤。在禽类，尿酸占尿氮的80%，其中大部分通过肾小管分泌而排泄。肾小管机能不全可使尿酸盐分泌减少，产生进行性高尿酸血症，以致尿酸结晶在实质脏器浆膜表面沉着，称为内脏痛风肾中毒型。

（4）维生素A缺乏。输尿管上皮角化、脱落，堵塞输尿管，可使尿酸排泄减少而致发痛风。

雏鸡每月有3天在饲料中添加磺胺粉末（0.15%），亦可发生痛风。

227

2. 临床表现

常呈慢性经过。病禽精神委靡，食欲减退，逐渐消瘦，肉冠苍白，羽毛蓬乱，行动迟缓，周期性体温升高，心跳加快，气喘，排白色尿酸盐尿，血液中尿酸盐升高至150mg/L以上。

关节型痛风运动障碍，跛行，不能站立，腿和翅关节肿大，跖趾关节尤为明显。起初肿胀软而痛，以后逐渐形成硬结节性肿胀（痛风石），疼痛不明显，结节小如大麻子，大似鸡蛋，分布于关节周围。病程稍久，结节软化破溃，流出白色干酪样物，局部形成溃疡。尸体剖检，关节腔积有白色或淡黄色黏稠物。

内脏型痛风多取慢性经过，主要表现营养障碍，增重缓慢，产蛋减少及下痢等症状。尸体剖检，胸腹膜、肠系膜、心包、肺、肝、肾、肠浆膜表面，布满石灰样粟粒大尿酸钠结晶。肾脏肿大或萎缩，外观灰白或散在白色斑点，输尿管扩张，充满石灰样沉淀物。

3. 诊断

依据饲喂动物性蛋白饲料过多，关节肿大，关节腔或胸腹膜有尿酸盐沉积，可作出诊断。关节内容物化学检查呈紫尿酸铵阳性反应，显微镜检查可见细针状或禾束状或放射状尿酸钠晶粒。

将粪便烤干，研成粉末，置于瓷皿中，加10%硝酸2~3滴，待蒸发干涸，呈橙红色，滴加氨水后，生成紫尿酸铵而显紫红色，亦可确认。

4. 防治

尚无有效治疗方法。关节型痛风，可手术摘除痛风石。为促进尿酸排泄，可试用阿托方或亚黄比拉宗，鸡0.2~0.5g，内服，每日2次。

预防要点在于减喂动物性蛋白饲料，控制在20%左右。调整日粮中钙磷比例，添加维生素A，也有一定的预防作用。

二、尿石症

在尿中呈溶解状态的盐类物质，析出结晶，形成的矿物质凝聚结构，称为尿石或尿结石；结石刺激尿路黏膜并造成尿路阻塞，称为尿结石症。尿石分两部分。中央为核心物质，多为黏液、凝血块、脱落的上皮细胞、坏死组织片、红细胞、微生物、纤维蛋白和砂石颗粒等，称为基质；外周为盐类结晶，如碳酸盐、磷酸盐、硅酸盐、草酸盐和尿酸盐，以及胶体物质，如黏蛋白、核酸和黏多糖等，称为实体。其中，盐类结晶约占97%～98%，胶体物质约占2%～3%。

1. 病因及发病机理

（1）高钙饮食。如饲喂高钙饲料时，形成高钙血症和高钙尿症，为碳酸钙尿石的形成奠定了物质基础。

（2）饮水缺乏。饮水不足，尿液浓缩，盐类浓度过高，容易析出结晶而形成尿石。

（3）尿钙过高。如甲状旁腺机能亢进，肾上腺皮质激素分泌增多，过量地服用维生素D等。

（4）尿液理化性质改变。尿液的pH值改变，可影响一些盐类的溶解度。尿液潴留，其中，尿素分解生成氨，使尿液变为碱性，形成碳酸钙、磷酸钙、磷酸铵镁等尿石。酸性尿易促进尿酸盐尿石的形成。尿中柠檬酸盐含量下降，易发生钙盐沉淀，形成尿石。

（5）维生素A缺乏。维生素A缺乏，尿路上皮角化及脱落，可促进尿石形成。

（6）尿中粘蛋白、粘多糖增多。日粮中精料过多，或肥育时应用雌激素，尿中粘蛋白、粘多糖的含量增加，有利于尿石形成。

（7）肾及尿路感染发炎。

2. 临床表现

病鸡表现精神沉郁，羽毛松乱，姿势异常，运步时出现高抬腿动作，小心前进，不愿快步奔跑。食欲减退或废绝，排出石灰浆样粪便，有的病鸡呈跛行或呼吸困难，鸡零星死亡不间断。

3. 病理剖检变化

病鸡病变主要在肾脏和输尿管，一侧或者双侧输尿管显著扩张，内有尿石，有的呈柱状，完全堵塞于肾盂至泄殖腔整个输尿管；有的呈卵圆形，堆塞输尿管局部。但结石上、下部输尿管也扩张，内充满石灰浆样物质，尿石为白色干硬物，不易压碎。有的病鸡肾脏肿大至正常的2~3倍，表面和切面布满白色针帽大病灶，呈白色样外观。

4. 防治

地方性尿石地区动物的饲料、饮水和尿石，应查清其成分，找出尿石形成的原因，合理调配饲料，使饲料中的钙磷比例保持在1.2∶1或1.5∶1的水平，并注意维生素A的供给。应保证足够的饮水和适量的食盐。

第四节　神经系统疾病

中暑

中暑，又称日射病、热射病或中暑衰竭，是产热增多和/或散热减少所致发的一种急性体温过高。临床上以超高体温、循环衰竭为特征。我国长江以南地区多在4~9月发生，长江以北地区多在7~8月发生。发病时间主要在下午15∶00~16∶00。

1. 病因

夏季天气炎热，畜禽容易中暑，中暑分为日射病和热射病两种。日射病：因受到强烈日光照射引起中枢神经发生急性病变、脑及脑膜充血，致使神经机能发生严重障碍的叫做日射病。

热射病：因在炎热和潮湿的环境中，热量产生的多，散发的少，全身过热，而引起中枢神经机能紊乱，叫热射病。

因此，在炎热的夏天，如果不注意管理，畜禽身体特别是头部，受到日光强烈的直接照射，引起脑及脑膜充血，往往发生日射病。长途运输中过度疲劳或车辆运输时拥挤闷热、畜禽舍狭小、饲养密度高、通风不良，畜禽体温散发受到影响，都能发生热射病。

2. 临床表现

体温高于43℃，触摸鸡体有烫手感；张口呼吸，翅膀张开，部分鸡喉内发出明显的呼噜声；采食量下降（严重可下降25%），最严重的鸡会出现杜绝采食现象；饮水量大幅度增加；精神萎靡、运步缓慢、步样不稳、部分鸡趴着；鸡冠、肉髯先充血鲜红，后发绀（蓝紫色），有的苍白，鸡体发烧很烫，最后惊厥死亡，也有趴着死亡。

3. 病理变化

死亡鸡只的两腿多向后平伸；病死鸡冠呈紫色，有的肛门凸出，口中带血；死鸡一般肉体发白，似开水烫过一样；嗉囊多水，粪便过稀；心外膜及腹腔内有稀薄的血液；肺颜色发深或黑色；肝脏易碎；个别的会有腹腔淤血；脑或颅腔内出血。

4. 病程及预后

病情发展迅速，病程短促，如不及时救治，可于数小时内死亡。轻症中暑，如治疗得当，可很快好转。并发脑水肿、出血而显现脑症状的，则预后不良。

5. 治疗

治疗要点是促进降温，减轻心肺负荷，纠正水盐代谢和酸碱平衡紊乱。

应立即将病鸡移置阴凉通风处，保持安静，多给清凉饮水。

降温是治疗成败的关键，可用冷水喷雾浸湿鸡体，并在鸡冠、翅翼部位扎针放血，亦可用酒精擦拭体表，促进散热；药物降温，可用氯丙嗪，肌内注射。

同时，给鸡加喂十滴水 1~2 滴、人丹 4~5 粒，多数中暑鸡很快即可恢复。十滴水：中成药，棕红色或棕褐色液体。主要成分为樟脑、干姜、大黄等。主要治疗因中暑引起的头晕，恶心，腹痛等症状；人丹的主要成分是薄荷冰、滑石、儿茶、丁香、木香、小茴香、砂仁、陈皮等，具有清热解暑、避秽止呕之功效，是夏季防暑的常用药。

第五节　营养代谢病

一、维生素 A 缺乏症

维生素 A 缺乏症是维生素 A 长期摄入不足或吸收障碍所引起的一种慢性营养缺乏病，以夜盲、干眼病、角膜角化、生长缓慢、繁殖机能障碍及脑和脊髓受压为特征。

1. 病因

配合饲料存放时间过长，其中，不饱和脂酸氧化酸败产生的过氧化物能破坏包括维生素 A 在内的脂溶性及水溶性维生素的活性。饲料青贮时胡萝卜素由反式异构体转变为顺式异构体，在体内转化为维生素 A 的效率显著降低。饲料中存在干扰维生素 A 代谢的因素，磷酸盐含量过多可影响维生素 A 在体内的贮存；硝酸盐及亚硝酸盐过多，可促进维生素 A 和 A 原分解，并影响维生素 A 原的转化和吸收；中性脂肪和蛋白质不足，则脂溶性维生素 A、维生素 D、维生素 E 和胡萝卜素吸收不完全，参与维生素 A 转运的血浆蛋白合成减少。

2. 临床表现

主要表现生长停滞，消瘦，羽毛蓬乱，第三眼睑角化，结膜炎，结膜附干酪样白色分泌物，窦炎。由于黏膜腺管鳞状化生而发生脓疱性咽炎和食管炎。气管上皮角化脱落，黏膜表现覆有易剥离的白色膜状物，剥离后留有光滑的黏膜或上皮缺损，还可见有运动失调、反复发作性痉挛等神经症状。近来认为，禽跛腿亦与慢性维生素 A 缺乏有关。

3. 诊断

根据夜盲、干眼病、共济失调、麻痹及抽搐等临床表现可作出诊断。

4. 防治

应用维生素 A 制剂。鸡可在饲料中添加鱼肝油，按鸡大小每天 0.5～2mL。谷物饲料贮藏时间不宜过长，配合饲料要及时喂用，不要存放。

二、维生素 B_1 缺乏症

维生素 B_1 缺乏症是由于饲料中硫胺素不足或饲料中含有干扰硫胺素作用的物质所引起的一组营养缺乏病，临床表现以神经症状为特征。本病多发生于雏鸡。

1. 病因

饲料中硫胺素含量不足可引起硫胺素缺乏。

2. 临床表现

雏鸡多于 2 周龄前发病，表现为食欲减退，生长缓慢，体重减轻，羽毛蓬松，步样不稳，双腿叉开，不能站立，双翅下垂，或瘫倒在地。随着病情进展，呈现全身强直性痉挛，头向后仰，呈观星姿势。

3. 诊断

依据食欲减退和麻痹、运动障碍等神经症状可作出诊断。

4. 治疗

采用皮下、肌内或静脉注射维生素 B_1 直至症状消退。

5. 预防

主要是加强饲养管理，增喂富含硫胺素的饲料，如青饲料、谷物饲料及麸皮等。

三、维生素 B_2 缺乏症

维生素 B_2，又称核黄素，是生物体内黄酶的辅酶，黄酶在生物氧化中起着递氢体的作用，广泛分布于酵母、干草、麦类、大豆和青饲料中。

1. 病因

核黄素易被紫外线、碱及重金属破坏；另外，也要注意，饲喂高脂肪、低蛋白饲粮时核黄素需要量增加；种鸡比非种用蛋鸡的需要量需提高 1 倍；低温时供给量应增加；患有胃肠病的，影响核黄素转化和吸收。否则，可能引起核黄素缺乏症。

2. 临床表现

雏鸡易发生维生素 B_2 缺乏症，表现为生长缓慢，表现腹泻，腿麻痹及特征性的趾卷曲性瘫痪，跗关节着地行走，趾向内弯曲，有的发生腹泻；母鸡产蛋率和孵化率下降，胚胎死亡率增加。

3. 病理变化

病死雏鸡胃肠道黏膜萎缩，肠壁薄，肠内充满泡沫状内容物。有些病例有胸腺充血和成熟前期萎缩。病死成年鸡的坐骨神经和臂神经显著肿大和变软，尤其是坐骨神经的变化更为显著，其直径比正常大 4~5 倍。损害的神经组织变化是主要的，外周神经干有髓鞘限界性变性。并可能伴有轴索肿胀和断裂，神经鞘细胞增生，髓磷脂（白质）变性，神经胶瘤病，染色质溶解。另外，病死的产蛋鸡皆有肝脏增大和脂肪量增多。

4. 诊断

通过对发病经过、日粮分析、足趾向内蜷缩、两腿瘫痪等特征症状，以及病理变化等情况的综合分析，即可作出诊断。

5. 防治

在雏禽日粮中核黄素不完全缺乏，或暂时短期缺乏又补足之，随雏禽迅速增长而对核黄素需要量相对减低，病禽未出现明显症状即可自然恢复正常。然而，对足爪已蜷缩、坐骨神经损伤的病鸡，即使用核黄素治疗也无效，病理变化难以恢复。因此，对此病早期防治是非常必要的。

对雏禽一开食时就应喂标准配合饲料，或在每吨饲料中添加 2～3g 核黄素，就可预防本病发生。若已发病的家禽，可在每千克饲料中加入核黄素 20mg 治疗 1～2 周，即可见效。

四、维生素 C 缺乏症

维生素 C，又称抗坏血酸，主要作用在于促进细胞间质的合成，抑制透明质酸酶和纤维蛋白溶解酶的活性，从而保持细胞间质的完整，增加毛细血管致密度，降低其通透性和脆性。青绿饲料含有较多的维生素 C，畜禽体内亦能合成，很少发生缺乏。

1. 病因

长期及严重的应激，慢性疾病及某些热性疾病可增加维生素 C 的消耗，间接引起缺乏。

2. 临床表现

幼禽维生素 C 缺乏，可出现精神不振，食欲减退，当病情发展时可表现出血性素质，严重时舌也发生溃疡或坏死。红细胞总数及血红蛋白量下降，逐渐发展为正色素性贫血，并伴发白细胞减少症。

虽然禽类的嗉囊内能合成部分维生素 C，较少发病。但维生素 C 有较好的抗热性，可提高产蛋量，增加蛋壳强度，增加公鸡精液生成，增强抵抗感染能力。因此，在鸡饲料中仍应补充维生素C，尤其在应激和发病时更应补充。

3. 防治

药物治疗可给予维生素C制剂或饲料中添加维生素C。治疗采用10%维生素C饲料添加每日1次，连用3~5天以上。

五、胆碱缺乏症

胆碱具有多种重要生理机能，构成神经介质乙酰胆碱及结构磷脂、卵磷脂和神经磷脂，并在一碳基团转移过程中提供甲基。

鸡胆碱缺乏症，是一种营养缺乏病症，由于胆碱的缺乏而引起脂肪代谢障碍，使得大量的脂肪沉积所致的病，病雏鸡表现生长停滞，腿关节肿大，突出的症状是骨短粗症，病鸡表现为行动不协调，关节灵活性差发展成关节变弓形。或关节软骨移位，跟腱从髁头滑脱不能支持体重。

1. 病因

家禽对胆碱的需要量，按NRC标准：雏鸡和肉仔鸡1 300mg/kg，其他阶段均为500mg/kg；种用期为1 500mg/kg。以上是在正常条件下家禽对胆碱最小需要量。若供给不足有可能引起缺乏症。由于维生素 B_{12}、叶酸、维生素C和蛋氨酸都可参与胆碱的合成，它们的缺乏也易影响胆碱的合成。

在家禽日粮中维生素 B_1 和胱氨酸增多时，能促进胆碱缺乏症的发生，因为它们可促进糖转变为脂肪，增加脂肪代谢障碍。此外，日粮中长期应用抗生素和磺胺类药物也能抑制胆碱在体内的合成，引起胆碱缺乏症的发生。

2. 临床表现

雏鸡往往表现生长停滞，腿关节肿大，突出的症状是骨短粗症。跗关节初期轻度肿胀，并有针尖大小的出血点；后期是因跗骨的转动而使胫跗关节明显变平。由于跗骨继续扭转而变弯曲或呈弓形，以致离开胫骨而排列。病鸡由行动不协调，关节灵活性差发展成关节变弓形。或关节软骨移位，跟腱从髁头滑脱不能支持体重。

有人发现，缺乏胆碱而不能站立的幼雏，其死亡率增高。成年鸡脂肪酸增高，母鸡明显高于公鸡。母鸡产蛋量下降，卵巢上的卵黄流产增高，蛋的孵化率降低。有些生长期的鸡易出现脂肪肝；有的成年鸡往往因肝破裂而发生急性内出血突然死亡。

3. 防治

本病以预防为主，只要针对病因采取有力措施就可以预防发病。若鸡群中已经发现有脂肪肝病变，行步不协调，关节肿大等症状，治疗方法可在每千克日粮中加氯化胆碱 1g、维生素 E10 国际单位、肌醇 1g，连续饲喂；或给每只鸡每天喂氯化胆碱 0.1～0.2g，连用 10 天，疗效尚好。若病鸡已发生跟腱滑脱时，则治疗效果差。

六、叶酸缺乏症

叶酸，因其普遍存在于植物绿叶中而得名，又称维生素 B_{11}，在体内转变为具有生物活性的四氢叶酸，作为一碳基团代谢的辅酶，参与嘌呤、嘧啶及甲基的合成等代谢过程。

家禽叶酸缺乏症是以生长不良，贫血，羽毛色素缺乏，有的发生伸颈麻痹等特征症状的营养代谢疾病。

1. 病因

家禽配合饲料对叶酸的需要量，按 NRC 标准：中雏鸡、肉仔鸡 0.55mg/kg，大雏和产蛋鸡 0.25mg/kg，种鸡 0.35mg/kg。当其供给量不足，集约化或规模化鸡群又无青绿植物补充，家禽消化道内的微生物仅能合成一部分叶酸，有可能引起叶酸缺乏症。如若家禽长期服用抗生素或磺胺类药物抑制了肠道微生物时，或者是患有球虫病、消化吸收障碍病均可能引起叶酸缺乏症。

2. 临床症状

雏鸡叶酸缺乏病的特征是生长停滞，贫血，羽毛生长不良或色素缺乏。若不立即投给叶酸，在症状出现后 2 天内便死亡。病雏有严重的巨幼红细胞性贫血症和白细胞减少症，由于在骨髓红细胞形成中巨幼红细胞发育暂停，有些还出现脚软弱症或骨短粗症。

3. 病理变化

病死家禽的剖检可见肝、脾、肾贫血，胃有小点状出血，肠黏膜有出血性炎症。

4. 防治

家禽的饲料里应搭配一定量的黄豆饼、啤酒酵母、亚麻仁饼或肝粉，防止单一用玉米作饲料，以保证叶酸的供给可达到预防目的。但不能达到治疗目的。

治疗病禽最好肌内注射纯的叶酸制剂，或者口服叶酸，在 1 周内血红蛋白值和生长率恢复正常。若配合应用维生素 B_{12}、维生素 C 进行治疗，可收到更好的疗效。

七、维生素 B_{12} 缺乏症

维生素 B_{12}，又称氰钴胺，是唯一含有金属元素钴的维生素，所以，又称为钴维生素。它是动物体内代谢的必需营养物质，参与一碳基团的代谢，通过增加叶酸的利用影响核酸和蛋白质的生物合成，从而促进红细胞的发育和成熟。此外，维生素 B_{12} 是甲基丙二酰辅酶 A 异构酶的辅酶，在糖和丙酸代谢中起重要作用。缺乏后则引起营养代谢紊乱、贫血等病症。

1. 病因

日粮中维生素 B_{12} 添加量，按 NRC 标准：雏鸡、肉仔鸡 0.009mg/kg，育成鸡、种鸡为 0.003mg/kg。影响家禽对维生素

B_{12}需要的因素有：品种、年龄、维生素B_{12}在消化道内合成的强度、吸收率以及同其他维生素间的相互关系等。鸡消化道合成的维生素B_{12}吸收率较差。当采用笼养或地面网养，鸡无法从垫草中获得维生素B_{12}的补充。为此，鸡对维生素B_{12}的需要量很大，每千克饲料中须含2.2mg。此外，饲料中过量的蛋白质能增加机体对维生素B_{12}的需要量，还须看饲料中胆碱、蛋氨酸、泛酸和叶酸水平以及体内维生素C的代谢作用而定。以上所述各种因素皆有可能使家禽发生维生素B_{12}缺乏症。

2. 症状

病雏鸡生长缓慢，食欲降低，贫血。在生长中的小鸡和成年鸡维生素B_{12}缺乏时，未见到有特征性症状的报道。若同时饲料中缺少作为甲基来源的胆碱、蛋氨酸则可能出现骨短粗病。这时增加维生素B_{12}可预防骨短粗病，由于维生素B_{12}对甲基的合成能起作用。有人证明了患维生素B_{12}缺乏病的小母鸡，当处于低胆碱和低蛋氨酸水平时，其输卵管对乙烯雌酚处理的反应低，明显地低于喂了维生素B_{12}的小母鸡。有的学者报道，维生素B_{12}缺乏症血液中非蛋白氮的含量增高，如喂了富含维生素B_{12}的肝精后，则其可降低到正常。

成年母鸡维生素B_{12}缺乏症时，其鸡蛋内维生素B_{12}则不足，于是蛋被孵化到第16～18天时就出现了胚胎死亡率的高峰。

3. 病理变化

特征性的病变是鸡胚生长缓慢，鸡胚体型缩小，皮肤呈弥漫性水肿，肌肉萎缩，心脏扩大并形态异常，甲状腺肿大，肝脏脂肪变性，卵黄囊、心脏和肺脏等胚胎内脏均有广泛出血，肝、心、肾脂肪浸润。有的还呈现骨短粗病等病理变化。

4. 防治

在种鸡日粮中每吨加入4mg维生素B_{12}，可使其蛋能保持最高的孵化率，并使孵出的雏鸡体内贮备足够的维生素B_{12}，以使出壳后数周内有预防维生素 B_{12} 缺乏的能力。有的学者已证明，给每只母鸡肌注 2 微克维生素 B_{12}，可使维生素 B_{12} 缺乏的母鸡所产的蛋，其孵化率在 1 周之内约从 15% 提高到 80%。有人曾试验，将结晶维生素 B_{12} 注入缺乏维生素 B_{12} 的母鸡鸡蛋内，孵化率及初雏的生长率均有所提高。

动物性蛋白质饲料为禽维生素 B_{12} 的重要来源。鸡舍的垫草也含有较多量的维生素 B_{12}。同时，喂给氯化钴，可增加合成维生素 B_{12} 的原料。

八、锌缺乏症

锌缺乏症是饲料锌含量绝对或相对不足所引起的一种营养缺乏病，基本临床特征是生长缓慢、皮肤角化不全、繁殖机能障碍及骨骼发育异常。各种动物均可发生，猪、鸡较多见。

1. 病因

原发性锌缺乏主要起因于饲料锌不足，又称绝对性锌缺乏。继发性锌缺乏起因于饲料中存在干扰锌吸收利用的因素，又称相对性锌缺乏。已证明，钙、镉、铜、铁、铬、锰、钼、磷、碘等元素可干扰饲料中锌的吸收。据认为，钙可在植酸参与下，同锌形成不易吸收的钙锌植酸复合物，而干扰锌的吸收。

2. 临床表现

禽采食量减少，采食速度减慢，生长停滞。羽毛发育不良，卷曲、蓬乱、折损或色素沉着异常。皮肤角化过度，表皮增厚，翅、腿、趾部尤为明显。长骨变粗变短，跗关节肿大。产蛋减少，孵化率下降，胚胎畸形，主要表现为躯干和肢体发育不全。边缘性缺锌时，临床上呈现增重缓慢，羽毛发育不良、折损等。

3. 诊断

依据日粮低锌和/或高钙的生活史，生长缓慢、皮肤角化不全、繁殖机能低下及骨骼异常等临床表现，补锌奏效迅速而确实，可建立诊断。

对临床上表现皮肤角化不全的病例，在诊断上应注意与疥螨性皮肤病、烟酸缺乏、维生素 A 缺乏及必需脂酸缺乏等疾病的皮肤病变相区别。

4. 治疗

每吨饲料中添加碳酸锌 200g，相当于每千克饲料加锌 100mg；或口服碳酸锌，补锌后食欲迅速恢复，1~2 周内体重增加，3~5 周内皮肤病变恢复。

5. 预防

保证日粮中含有足够的锌，并适当限制钙的水平，使钙锌比维持在 100 : 1。

九、硒缺乏症

硒缺乏症是以硒缺乏造成的骨骼肌、心肌及肝脏变质性病变为基本特征的一种营养代谢病。侵害多种畜禽。鉴于硒缺乏同维生素 E 缺乏在病因、病理、症状及防治等诸方面均存在着复杂而紧密的关联性，有人将两者合称为 "硒和/或维生素 E 缺乏综合征"。

1. 病因

20 世纪 50 年代后期研究确认，硒是动物机体营养必需的微量元素，而本病的病因就在于饲粮与饲料的硒含量不足。发病群体的年龄特征本病集中多发于幼龄阶段，如雏鸡、鸭、火鸡等。这固然与幼龄畜禽抗病力弱有关，但主要还在于幼畜（禽）生长发育迅速，代谢旺盛，对营养物质的需求相对增加，对低硒营养的反应更为敏感。

2. 临床表现

硒缺乏症共同性基本症状：包括骨骼肌疾病所致的姿势异常及运动功能障碍；顽固性腹泻或下痢为主症的消化功能紊乱；心

肌病所造成的心率加快、心律失常及心功不全。不同畜禽及不同年龄的个体，还各有其特征性临床表现。1～2周龄雏鸡仅见精神不振，不愿活动，食欲减少，粪便稀薄，羽毛无光，发育迟缓，而无特征性症状；至2～5周龄症状逐渐明显，胸腹下出现皮下水肿，呈蓝（绿）紫色，运动障碍表现喜卧，站立困难，垂翅或肢体侧伸，站立不稳，两腿叉开，肢体摇晃，步样拘谨、易跌倒，有时轻瘫；见有顽固性腹泻，肛门周围羽毛被粪便污染。如并发维生素E缺乏，则显现神经症状。

3. 病理变化

以渗出性素质，肌组织变质性病变，肝营养不良，胰腺体积缩小及外分泌部变性坏死、淋巴器官发育受阻及淋巴组织变性、坏死为基本特征。

渗出性素质心包腔及胸膜腔、腹膜腔积液，是多种畜禽的共同性病变；皮下呈蓝（绿）紫色水肿，则是雏鸡的剖检特征。骨骼肌变性、坏死及出血所有畜禽均十分明显。肌肉色淡，在四肢、臀背部活动较为剧烈的肌群，可见黄白、灰白色斑块、斑点或条纹状变性、坏死，间有出血性病灶。某些幼畜（如驹）于咬肌、舌肌及膈肌也可见到类似的病变。心肌病变仔猪最为典型，表现为心肌弛缓，心容积增大，呈球形，于心内、外膜及心肌切面上见有黄白、灰白色点状、斑块或条纹状坏死灶，间有出血，呈典型的"桑葚心"外观。胃肠道平滑肌变性、坏死十二指肠尤为严重。肌胃变性是病禽的共同特征，雏鸡尤为严重，肌胃表面尤其切面上可见大面积地图样灰白色坏死灶。肝脏营养不良、变性及坏死仔猪、雏鸭表现严重，俗称"花肝病"。肝脏表面、切面见有灰、黄褐色斑块状坏死灶，间有出血。雏鸡胰腺的变化具有特征性。眼观体积小，宽度变窄，厚度变薄，触之硬感。病理组织学所见为急性变性、坏死，继而胞质、胞核崩解，组织结构破坏，坏死物质溶解消散后，其空隙显露出密集、极细的纤维并交错成网状。在雏鸭和仔猪，也见有类似病变。淋巴器官胸腺、脾脏、淋巴结（猪）、法氏囊（禽）可见发育受阻以及重度的变性、坏死病变。

4. 诊断

依据基本症状群，结合特征性病理变化，参考病史及流行病学特点，可以确诊。对幼龄畜禽不明原因的群发性、顽固性、反复发作的腹泻，应给以特殊注意，进行补硒治疗性诊断。

5. 预防

在低硒地带饲养的畜禽或饲用由低硒地区运入的饲粮、饲草时，必须普遍补硒。当前简便易行的方法是应用硒饲料添加剂，硒的添加量为 0.1~0.2mg/kg。

十、笼养蛋鸡疲劳症

笼养蛋鸡疲劳症，又称笼养蛋鸡骨质疏松症，是笼养蛋鸡特有的代谢性疾病，是由多种因素引起的成年蛋鸡骨钙进行性脱失，造成骨质疏松的一种营养不良性疾病。该病 1954 年首次发现于美国南部的一些地区，我国在 20 世纪 90 年代初发现此病。发病鸡大多是进笼不久的鸡或高产鸡。病鸡初期表现为腿软无力，站立困难，继而蹲卧不起，两腿麻痹，最后因脱水衰竭而死亡。同时，产蛋过程中出现软壳蛋、无壳蛋。

1. 病因

造成笼养蛋鸡疲劳症的病因比较复杂，主要原因就是钙缺失。钙缺失之后，蛋壳形成困难，为此需动用骨骼中的钙，易造成骨钙缺乏，导致骨骼变软，骨骼不能负重，而出现瘫痪。具体包括以下几个方面。

（1）日粮中钙含量不足。饲料配方不合理或饲料原料不合格，致使日粮中钙含量不足，导致机体缺钙，引发疲劳症。

（2）日粮中钙、磷不平衡。钙、磷比例适当时，有助于相互促进吸收，以满足机体对钙、磷的需求，若钙、磷比例失调，则影响吸收，导致机体缺钙，引发疲劳症。

（3）日粮中维生素D缺乏。维生素D_3可促进机体对钙、磷的吸收利用，因此，当维生素D_3缺乏时，肠道对钙、磷的吸收减少，血液中钙、磷浓度下降，钙、磷不能在骨骼中沉积，严重时成骨作用发生障碍，骨盐再溶解而引起疲劳症的发生。

（4）饲料中的石粉或贝壳粉过细。石粉或贝壳粉粉碎过细，使得吸收快，排泄也快，而蛋壳形成又主要在晚上，所以在蛋壳形成时，大量的钙已被排泄，而缺钙，长期下去，动用骨钙，而引发疲劳症。

（5）肠道疾病。由于肠道疾病，如鸡白痢、肠炎等致使维生素A、维生素D、钙等营养成分吸收量减少，导致缺钙，引发疲劳症。

（6）运动缺乏。笼养鸡活动余地小，运动量不足，使骨骼发育低下，功能不健全，抗病能力差，容易发生疲劳症。常见于育成期转笼过早。

（7）使用霉变饲料。霉变饲料，特别是被黄曲霉污染的饲料，容易影响钙的吸收利用，导致缺钙，引发疲劳症。

（8）应激因素。环境的突然变化，例如，高温、严寒、噪音、捕捉、喂药、疫苗接种、光照及饲料的突然变化都可引起蛋鸡的应激，造成生理障碍，钙磷代谢紊乱而引发疲劳症。

2. 防制

（1）日粮中钙、磷含量要充足。科学合理的设计配方，且根据不同阶段调整配方，并选用合格的饲料原料，禁止使用劣质原料，诸如劣质的鱼粉、骨粉、石粉等。

（2）日粮中维生素D要充足。在配合饲料时，要使维生素D的含量达到2 000单位/kg饲料，同时应防止饲料放置时间过长，而使维生素D被氧化分解。

（3）使用粗粒石粉或贝壳粉。保证长时间有钙源的存在，以满足合成蛋壳的需要。

（4）注意饲料、饮水卫生。以防肠道疾病的发生。

（5）掌握好上笼时间。为保证骨骼的发育良好，上笼时间不宜过早，保证鸡只的充分运动和骨骼的充分发育。

（6）防止饲料的霉变。特别是被真菌污染。

（7）加强管理，减少不良应激。如在炎热夏季要适当增加饮水次数，加强通风换气，降低湿度，保持舍内正常的温度、湿度。

（8）对于已发病的鸡，挑出单独饲养，找出病因，针对病因进行治疗。

第六节　中毒性疾病

一、黄曲霉毒素中毒

黄曲霉毒素是黄曲霉等真菌特定菌株所产生的代谢产物，广泛污染粮食、食品和饲料。黄曲霉毒素中毒是其靶器官肝脏损害所表现的一种以全身出血、消化障碍和神经症状为主要临床特征的中毒病。

自 1960 年英国发现"火鸡的 X 病"即黄曲霉毒素中毒病以来，美国、巴西、前苏联、印度、南非等国家相继发生。我国江苏、广西、贵州、黑龙江、天津、北京等省（市、区）也相继见有畜禽发病的报道。

1. 病因

致病因素为黄曲霉毒素。但现今研究证实，只有黄曲霉和寄生曲霉能产生黄曲霉毒素。而且，自然界分布的黄曲霉中，仅有 10% 菌株能产黄曲霉毒素。产毒菌株的比例，近年有明显上升的趋势。黄曲霉毒素的分布范围很广，除粮食、饲草、饲料外，在肉眼看不出霉败变质的食品和农副产品中，也可检测出。花生、玉米、黄豆、棉籽等作物及其副产品易感染黄曲霉，含黄曲霉毒素量较多。

2. 临床表现

患病雏鸡食欲丧失，步态不稳，共济失调，颈肌痉挛，在角弓反张状态下急性死亡。雏鸡较为敏感，冠色浅淡或苍白，腹泻的稀粪中常混有血液。成年鸡多为慢性中毒，呈现恶病质，产蛋率和孵化率降低，伴发脂肪肝综合征。

3. 病理变化

中毒家禽，肝脏有特征性损害。急性型，肝脏肿大，弥漫性出血和坏死。亚急性和慢性型，肝细胞增生、纤维化和硬变。病程在 1 年以上的，常出现肝细胞瘤、肝细胞癌或胆管癌。

4. 治疗

无特效解毒药物和疗法。应立即停止饲喂致病性可疑饲料，改喂新鲜全价日粮，加强饲养管理。重症病例，可投服人工盐、硫酸钠等泻药，清理胃肠道内的有毒物质。同时，注意解毒、保肝、止血、强心，应用维生素 C 制剂进行对症治疗。

5. 预防

要点在于饲料防霉、去毒和解毒 3 个环节。

二、铜中毒

动物因一次摄入大剂量铜化合物，或长期食入含过量铜的饲料或饮水，引起铜在体内过多蓄积，称为铜中毒。临床表现为腹痛、腹泻、肝机能异常和溶血危象。鸡喂给含 800 ~ 1 600 mg/kg 铜的日粮，表现生长缓慢，贫血，病死率有时可达 30% 以上。

诊断急性铜中毒可根据病史，结合腹痛、腹泻、贫血而作出初步诊断。饲料、饮水中铜含量测定有重要意义。慢性铜中毒诊断，可依据于肝、肾、血浆铜浓度及某些含铜酶活性测定。鸡饲料中铜浓度 >250mg/kg，可作进一步诊断。

铜中毒的治疗原则是，立即中止铜供给，迅速使血浆中游离铜与白蛋白结合，促进铜排出体外。对亚临床中毒及经用硫钼酸钠抢救脱险的病畜，可在日粮中补充 100mg 钼酸铵、0.2% 的硫磺粉，拌匀饲喂，连续数周，直至粪便中铜含量接近正常水平后停止。预防鸡饲料中补充铜的同时，应补充锌 200mg/kg、铁 80mg/kg，以减少铜中毒概率。

三、食盐中毒

发病原因主要是饲料中食盐添加量过多，或采食了含盐多的鱼粉、肉粉、酱渣，或在饮水中添加了食盐以及过度限制了饮水等因素。鸡发生食盐中毒时，疾病的严重程度，取决于食盐的采食量和时间的长短。轻的表现为口渴、食欲减少、精神不振、生长发育受阻，严重者食欲废绝、极度口渴、嗉囊扩张膨大、口鼻流出黏性分泌物、运动失调。有的出现神经症状，后期呼吸困难，抽搐、衰竭而死。雏鸡发生食盐中毒时出现大批量死亡。剖检发现嗉囊中充满黏液性液体，黏膜脱落。腺胃黏膜充血，表面有时形成假膜。小肠发生急性卡他性肠炎或出血性肠炎，黏膜充血发红，有出血点。有时可见皮下组织水肿，腹腔和心包囊中有积水，肺发生水肿。心脏有出血点，肾脏肿大。发现食盐中毒时立即停喂食盐、含盐多的饲料或饮水，大量供给患鸡清洁饮水，中毒不严重者可以恢复。平时注意饲料或饮水中添加食盐量不能过量。

四、一氧化碳中毒

多发生于育雏期，由于育雏室内通风不良或煤炉未装置烟筒或烟筒火道漏气等因素急性中毒的症状为病雏不安、嗜睡、呆立、呼吸困难、运动失调。随后病雏不能站立、倒于一侧、头向后伸。临死前发生痉挛和惊厥。亚急性中毒时，病雏羽毛松乱、食欲减少、精神委顿、生长缓慢。急性中毒主要变化是肺和血液呈樱桃红色。育雏室用煤炉和火道取暖时，最好有排放煤气的烟囱，避免用明火炉供温装置，并防止烟囱和火道煤气泄漏。雏鸡一旦有中毒现象，应立即打开窗户，加强通风，同时，也要防止雏鸡受凉。轻度中毒的雏鸡会很快恢复。

五、氨气中毒

氨气中毒主要是由于鸡舍内的粪便、饲料、垫料等腐烂分解产生大量氨气的结果，尤其是鸡舍潮湿、肮脏等环境会促进氨的产生。管理不善，鸡舍通风不良，可使禽舍氨气含量大增，鸡只将氨气吸入呼吸道，刺激气管、支气管使之发生水肿、充血、分泌黏液充塞气管等变化；氨气还可损害呼吸道黏膜上皮，使病原菌易于侵入；氨气吸入肺部，则通过肺泡进入血液与血红蛋白结合，降低血液的携氧功能，导致贫血等变化，引起中毒。

临床表现为精神沉郁，食欲缺乏或废绝，喜饮水，鸡冠发紫，口腔黏膜充血，流泪，结膜充血，部分病鸡眼睑水肿或角膜混浊，部分鸡可表现伸颈张口呼吸。临死前出现抽搐或麻痹。中毒病鸡多位于鸡笼上层，而且距门窗越远，鸡的死亡率越高。病鸡消瘦，皮下发绀。尸僵不全，血液稀薄色淡。鼻、咽、喉、气管黏膜、眼结膜充血、出血。肺淤血或水肿，心包积液、脾微肿。肾脏变性，色泽灰白。肝大，质地脆弱。在慢性中毒病例胸腹腔可见到尿酸盐沉积。

鸡群一旦发生氨中毒，应立即开启病鸡舍全部通风换气设备和门窗，进行强制性通风换气，力争在短时间内使舍内氨气浓度降至25mg/kg以下，或根据鸡群中毒程度考虑更换鸡舍。

为防止氨气中毒发生，可采取下列措施：加强通风管理；鸡舍要安装通风换气设备，并根据情况定时开启。

控制鸡群饲养密度：舍内鸡群饲养密度越大，越易引起舍内氨气浓度超标。所以，舍内鸡只密度应合理，一般冬季密度可适当高些，夏季密度可适当低些。

切断舍内产生氨气之源：要勤于打扫，定期清除粪便，保持舍内清洁卫生。为防止鸡舍潮湿，可按鸡只比例放置饮水器并旋转合理位置，及时通风换气，在舍内垫料潮湿处用生石灰吸湿或用干木屑吸湿，从而降低鸡舍内湿度，减少氨气的产生。

六、磺胺类药物中毒

磺胺类药物中毒，磺胺类药物是一类化学合成的抗菌药物。有着较广的抗菌谱，对某些疾病疗效显著，性质稳定易于储藏，特别是药品生产不需消耗粮食，结合我国兽医具体情况，适于更为广泛地使用此类药物。但是，此类药物的副反应比用抗生素稍多，甚至引起中毒。

临诊上常用的磺胺药剂分为两类。一类是肠道内容易吸收的如磺胺嘧啶（SD）、磺胺二甲基嘧啶（SM2）、磺胺间甲氧嘧啶（SMM）、磺胺喹曝啉（SQ）和磺胺甲氧嗪（SMP）等；另一类是肠内不易吸收的如磺胺脒（SG）、酞磺胺噻唑（PST）及琥珀酰磺胺噻唑（SST）等。前一类药物比较容易引起急性中毒。

在防治家禽寄生原虫病中，常用SMM、SM2和SQ等这一类药。用药过程中，要求必须使用足够的剂量和连续用药，才能收效，否则原虫容易产生抗药性，并将这种抗药性能遗传好几代。有些磺胺药的治疗量与中毒量又很接近。因此，用药量大或持续大量用药、药物添加饲料内混合不均匀等因素都可能引起中毒。

中毒后病仔鸡表现抑郁，羽毛松乱，厌食，增重缓慢，渴欲增加，腹泻，鸡冠苍白，有时头部肿大，呈蓝紫色，由于局部出血造成。凝血时间延长，血液中颗粒性白细胞减少，溶血性贫血。有的发生痉挛、麻痹等症状。成年母鸡产蛋量明显下降，蛋壳变薄且粗糙，棕色蛋壳褪色，或者下软蛋。有的出现多发性神经炎和全身出血性变化。

血液凝固不良，皮肤、肌肉、内部脏器广泛出血。胸部和腿部皮肤、冠、髯、颜面和眼睑均有出血斑。胸部和腿部肌肉有点状出血或条状出血。心外膜和心肌有出血点。肝肾肿大，有散在出血点，肝脏黄染，脾脏肿大出血、梗死或坏死。腺胃浆膜和黏膜出血。肌胃角质膜下出血。肠道浆膜和黏膜可见出血点或出血斑。骨髓呈淡红色或黄色。肾脏苍白，输尿管增粗，内积有大量白色尿酸盐。

为了防止用磺胺药引起鸡群中毒，应严格选择好适宜的毒性小的磺胺药，控制好剂量、给药途径和疗程，并在给药期间增加饮水量，保证供应适宜温度的饮水。

七、甲醛中毒

甲醛作为一种消毒剂，能使蛋白质变性，呈现强大的杀菌作用，主要用于各种物品的熏蒸消毒，也可用于浸泡消毒和喷洒消毒，能杀死繁殖型细菌，且能杀死芽孢、病毒和真菌。但是如果使用不当，就会引起甲醛中毒。

急性中毒时，鸡精神沉郁，食欲、饮欲均明显下降，眼流泪、怕光、眼睑肿胀。流鼻、咳嗽、呼吸困难，甚至张口喘息，严重者产生明显的狭窄音。排黄绿色或绿色稀便。往往窒息死亡。慢性中毒时，鸡精神沉郁，食欲减退，软弱无力，咳嗽，有罗音。

预防方法：应在进鸡前 7 天对鸡舍进行熏蒸消毒，密封消毒 1 天后，要通风排净余气，提高鸡舍温度，仍无刺激性的气味，方可进雏；严禁带鸡消毒。如发生中毒，立即将鸡群转移到无甲醛气体的鸡舍，加强通风和保温，配合广谱抗菌药物治疗。

八、高锰酸钾中毒

鸡高锰酸钾中毒由于饮用的高锰酸钾溶液浓度过高，而引起中毒。当在饮水中浓度达到 0.03% 时对消化道黏膜就有一定腐蚀性，浓度为 0.1% 时，可引起明显中毒。成年鸡口服高锰酸钾的致死量为 1.95g。其作用除损伤黏膜外，还损害肾、心和神经系统。临床症状：鸡高锰酸钾中毒口、舌及咽部黏膜发紫、水肿，呼吸困难，流涎，排白色稀便，头颈伸展，横卧于地。严重者常于 1 天内死亡。

预防：给家禽饮水消毒时，只能用 0.01% ~ 0.02% 的高锰酸钾溶液，不宜超过 0.03%。消毒黏膜、洗涤伤口时，也可用 0.01% ~ 0.02% 的高锰酸钾溶液。消毒皮肤，宜用 0.1% 浓度。用高锰酸钾饮水消毒时，要待其全部溶解后再饮用。

治疗：立即停用高锰酸钾溶液，供足洁净饮水，一般经 3 ~ 5 天可恢复。必要时在饮水中加入牛奶或奶粉适量，以保护消化道黏膜。

九、棉籽饼（粕）中毒

本病因过量饲喂棉籽饼，棉籽饼中含有棉酚，棉酚在体内大量积蓄而引起中毒。

中毒症状：病鸡食欲减退，排黑褐色稀粪，冠髯发紫，四肢无力，抽搐，症状出现后数天内死亡。种蛋孵化率降低，母鸡产蛋量下降，卵黄颜色发淡，贮存稍久，蛋内出现粉红等异常颜色。剖检可见胃肠炎，肝、肾变性，肺水肿，胸、腹腔积液。

防治措施：用棉籽饼喂鸡，必须经过去毒处理，如浸泡或煮沸 1 小时以上，以除去毒素。棉籽饼喂量雏鸡日粮中不宜超过 3%，成年鸡日粮不宜超过 7%。中毒病鸡应立即停喂棉籽饼，然后服用盐类泻剂。加强鸡群饲养管理，增加日粮中的蛋白质、维生素和矿物质，适量增喂青绿饲料对预防棉籽饼中毒具有良好效果。

十、菜籽饼（粕）中毒

菜籽饼中毒是由于家禽采食过量含有芥子苷的菜籽饼而引起的以胃肠炎，甲状腺、肝、肾肿大，产蛋率和孵化率下降，蛋有腥味等为临床特征的一种中毒性疾病。主要多见于鸡，且雏鸡比成年鸡易发。

菜籽饼是油菜的种子提油后的副产品，含蛋白质 35% ~ 41%、粗纤维 12.1%，硫氨基酸含量高，是一种高蛋白饲料。菜籽饼中含有芥子苷、芥子碱等成分，在胃肠道内芥子酶等的作用下水解为异硫氰丙烯酯、异硫氰酸盐、硫酸氢钾等物质，从而对禽类产生毒害作用。引起中毒的原因主要是菜籽饼在饲料中所占比例过大，如果菜籽饼在蛋鸡饲料中占 8% 以上、肉鸡后期料中占 10% 以上，就会引起中毒。此外，当菜籽饼变质、发热或饲料中缺碘时会加重毒性反应。

重剧性中毒大多先前无任何症状就突然两腿麻痹倒卧在地，肌肉痉挛，双翅扑地，口及鼻孔流出黏液和泡沫，腹泻，冠、髯苍白或发紫，呼吸困难，很快痉挛而死。慢性中毒精神食欲不好，采食量减少，粪便干硬或稀薄带血，生长停滞，冠、髯色淡发白，产蛋量下降，且常产小型蛋、破壳蛋、软壳蛋，蛋壳表面不平，蛋有腥味，种蛋孵化率降低。

该病缺乏特效的解毒方法，轻度中毒的立即停喂有毒菜籽饼，改喂其他饲料后即可逐渐恢复。严重中毒可采用对症疗法。预防时控制饲喂量。一般而言，后备蛋鸡饲料中菜籽饼含量应限制在 5% 以下，产蛋鸡限制在 3% 以下，4 周龄以下的雏鸡饲料不要用菜籽饼。目前，国内外已经培育出"双低"（低芥酸、低硫苷）油菜品种，其芥子苷含量是常规品种的 1/3

（40 毫摩/kg）。

去毒处理方法很多，如溶剂浸出法、微生物降解法、化学脱毒法、挤压膨化法等，现介绍以下两种：

一是化学脱毒法。二价金属离子铁、铜、锌的盐，如硫酸亚铁、硫酸铜和硫酸锌等是硫葡萄糖苷的分解剂，并能与异硫氰酸酯、恶唑烷硫铜形成难溶性络合物，使其不被家禽吸收，因此，有较好的去毒效果。氨气与碱（氢氧化钠、碳酸钠、石灰水）曾用作去毒剂，有一定的去毒效果，但往往会降低饲料的营养价值和适口性。

二是微生物降解法。筛选某些菌种（酵母、真菌和细菌）对菜籽饼（粕）进行生物发酵处理，不仅可使硫葡萄糖苷、异硫氰酸酯、恶唑烷硫铜等毒素减少，而且还可使可溶性蛋白质和B 族维生素有所增加，因此，有较好的去毒和增加营养的效果。

十一、有机磷农药中毒

有机磷农药在我国广泛使用，常用的有机磷农药有 1605、1059、乐果、敌敌畏、3911、敌百虫、杀螟松等，其毒性虽有差异，但均属于剧毒农药。鸡对这类农药很敏感，比家畜更易中毒。鸡即使是少量接触（皮肤接触或吸入）就能引起中毒或死亡。目前，此类农药中如 1605 等已被禁用。敌百虫是这类农药中毒性较低的一种，但鸡每千克体重口服 10mg 就会引起中毒，口服 70mg 即可造成中毒死亡。此外，残留在农作物籽实中的有机磷还会引起鸡慢性中毒。

本病病因有以下几点：饮水或饲料被有机磷农药污染后被鸡食入；鸡误食被有机磷农药喷洒不久的农作物、蔬菜，这类中毒主要见于农村散养鸡；用敌百虫溶液杀灭鸡体外寄生虫时浓度过大，浸泡时间过长；在鸡舍内用敌敌畏灭蝇或蚊等。

敌敌畏气体中毒很轻时，鸡呼吸道受刺激，频频甩头、打喷嚏，此时将鸡赶到有新鲜空气的地方，鸡可恢复健康。严重中毒的鸡从毒物进入体内约1～3小时，最快半小时出现症状，表现为不食，从口角流出大量液体，鸡流泪，腹泻，瞳孔缩小，肌肉震颤，站立不稳，呼吸困难，鸡冠发紫，最后体温下降，在昏迷状态下死亡。最急性中毒的鸡没有明显症状即突然死亡。

诊断应细致分析，询问有无有机磷农药的接触史，根据本病的临床症状和病理剖检特征变化，结合用阿托品等进行治疗性诊断和实验室化验进行综合分析、判断即可做出诊断。

对本病的预防，主要是根据发病原因，采取相应的措施：如杀灭鸡体外寄生虫时防止敌百虫的浓度过高，或用溴氰菊酯取代敌百虫；对此类农药应妥善保管，远离鸡舍；鸡舍内杀灭蚊蝇时避免使用敌敌畏等。

对于已中毒发病的鸡，立即停喂可疑饲料和饮水，给鸡灌服盐类泻剂，尽快排除鸡体内的农药。常用的解毒药物如下。

①解磷定，具有特效，大鸡每只肌注0.2～0.5mL，数分钟后症状即有所减轻。

②硫酸阿托品，解毒效果也较好。每只成年鸡肌肉或皮下注射0.2～0.5mL，小鸡剂量减半。此外，给鸡饮水中加入多维葡萄糖粉，也有保肝解毒作用，有利于病鸡的康复。如果中毒时间较长，毒物已吸收，鸡濒临死亡，则任何药物都不起作用，所以，对本病要早发现，迅速治疗。

主要参考文献

［1］陈溥言. 兽医传染病学.（第五版）. 北京：中国农业出版社，2006.

［2］孔繁瑶. 家畜寄生虫学（第二版）. 北京：中国农业大学出版社，1997.

［3］李普霖. 动物病理学. 长春：吉林科学技术出版社，1994.

［4］李祥瑞. 动物寄生虫病彩色图谱. 北京：中国农业科学技术出版社，2011.

［5］李允鹤. 寄生虫免疫学及免疫诊断. 南京：江苏科学技术出版社，1991.

［6］刘约翰，赵慰先. 寄生虫病临床免疫学. 重庆：重庆出版社，1993.

［7］马国文，霍晓伟，毛景东，等. 禽病学. 吉林：长春出版社，2009.

［8］马学恩. 家畜病理学.（第四版）. 北京：中国农业出版社，2007.

［9］沈继隆. 临床寄生虫和寄生虫检验（第二版）. 北京：人民卫生出版社，2002.

［10］汪明. 兽医寄生虫学（第三版）. 北京：北京农业大学出版社，2003.

［11］赵辉元. 家畜寄生虫与防制学. 长春：吉林科学技术出版社，1996.

［12］张宏伟，杨廷桂. 动物寄生虫病. 北京：中国农业出版

社，2006.

[13] 张西臣，李建华．动物寄生虫病学（第三版）．北京：科学出版社，2010.

[14] 张西臣，赵权．动物寄生虫病学．长春：吉林人民出版社，2005.